LA REBELIÓN DE TIAMAT

Deconstrucción Filológica, Teología Política y Génesis del *Enūma Eliš*

AF860026

While every precaution has been taken in the preparation of this book, the publisher assumes no responsibility for errors or omissions, or for damages resulting from the use of the information contained herein.

LA REBELIÓN DE TIAMAT

First edition. September 3, 2026.

Copyright © 2026 Cristina Lobo and Manuel Rodsua.

ISBN: 979-8235926653

Written by Cristina Lobo and Manuel Rodsua.

AVISO LEGAL, NOTA EDITORIAL Y EXENCIÓN DE RESPONSABILIDAD (*DISCLAIMER*)

TÍTULO DE LA OBRA:

La Rebelión de Tiamat: Deconstrucción Filológica, Teología Política y Génesis del Enūma Eliš

AUTORES:

Cristina Lobo & Manuel Rodsua

© Todos los derechos reservados.

1. Naturaleza del Contenido y Propósito Académico

El presente volumen constituye una obra de investigación transdisciplinar, análisis filológico, teología política e historia comparada de las religiones. Las tesis, exégesis, reconstrucciones historiográficas e interpretaciones de los textos cuneiformes y fuentes de la Antigüedad expuestas en este libro representan exclusivamente el trabajo de análisis crítico, investigación e hipótesis conceptuales desarrolladas por los autores, Cristina Lobo y Manuel Rodsua.

2. Exención de Responsabilidad sobre Farmacopea, Botánica y Prácticas Rituales

Esta obra incluye análisis detallados sobre la farmacopea ritual del Próximo Oriente antiguo, botánica médica, compuestos enteógenos, sustancias psicotrópicas, protocolos de alteración de la conciencia y prácticas litúrgicas o esotéricas históricas y contemporáneas.

Se hace constar explícitamente que:

- Toda mención, descripción o estudio relativo a especies vegetales, toxinas, alcaloides, preparados de la farmacopea antigua o moderna se expone con un propósito estrictamente documental, académico, histórico, literario y filosófico.

- Ninguna sección de este libro debe ser interpretada como una recomendación, incitación, guía o instrucción para la recolección, preparación, consumo, síntesis o manipulación de cualquier sustancia química, biológica o botánica mencionada en el texto.

- Los autores y los editores se eximen de forma absoluta de cualquier responsabilidad legal, médica, penal o civil por los daños físicos, psicológicos, materiales o de cualquier otra índole que pudieran derivarse del uso, interpretación inadecuada o aplicación práctica que terceros hagan de la información contenida en esta obra.

3. Ausencia de Asesoramiento Profesional

Ninguna parte de este texto sustituye ni pretende sustituir el criterio, diagnóstico o tratamiento médico, psicológico, psiquiátrico, legal o profesional de ningún tipo. Ante cualquier consulta sobre salud física o mental, el lector debe acudir a profesionales debidamente acreditados.

4. Propiedad Intelectual y Derechos de Autor

Queda rigurosamente prohibida, sin la autorización escrita de los titulares del *copyright* (Cristina Lobo & Manuel Rodsua), bajo las sanciones establecidas en las leyes de propiedad intelectual internacionales, la reproducción total o parcial de esta obra por cualquier medio o procedimiento, comprendidos la reprografía, el tratamiento informático, la digitalización, la copia, la distribución o la transformación de este texto mediante sistemas de inteligencia artificial u otros medios electrónicos o mecánicos.

SILENOS 2026
CRISTINA LOBO & MANUEL RODSUA

"Para quienes no temen mirar las profundidades del abismo,
donde la forma aún no ha dictado sus fronteras."
Cristina Lobo & Manuel Rodsua

AGRADECIMIENTOS

La realización de *La Rebelión de Tiamat: Deconstrucción Filológica, Teología Política y Génesis del Enūma Eliš* ha sido un viaje intelectual e investigativo riguroso que no habría sido posible sin el apoyo, la inspiración y la colaboración de diversas personas e instituciones.

Deseamos expresar nuestro más sincero agradecimiento:

A los investigadores, asiriólogos, filólogos e historiadores de la Antigüedad cuyas traducciones, análisis cuneiformes y estudios críticos sobre el Próximo Oriente antiguo han servido como cimiento para nuestra relectura y deconstrucción del mito.

A la comunidad académica y a los lectores apasionados por la historia de las religiones, la filosofía política y el pensamiento crítico, cuyo interés constante por la complejidad del mundo mesopotámico aviva la necesidad de seguir cuestionando y explorando los textos canónicos.

A nuestras familias y seres queridos, por su paciencia incondicional, comprensión y aliento durante los largos periodos de investigación, redacción y revisión que exigió este volumen.

Y, finalmente, a todos aquellos que entienden que estudiar el caos y el orden no es simplemente revisar el pasado, sino comprender los fundamentos de nuestra propia realidad.

Cristina Lobo & Manuel Rodsua

PRÓLOGO

La memoria del caos y la arquitectura del orden

Toda civilización que erige monumentos, promulga leyes y traza fronteras métricas sobre la tierra necesita, antes que nada, justificarse ante la inmensidad de lo increado. En el amanecer de la historia escrita, en la llanura aluvial entre el Tigris y el Éufrates, la humanidad no solo aprendió a canalizar los ríos y a cocer el barro; aprendió, sobre todo, a legislar el cosmos. El *Enūma Eliš*, erróneamente encasillado durante décadas como un simple poema mitológico de la antigüedad mesopotámica, es en realidad el primer gran manifiesto de la baja entropía, la primera tecnología política y teológica diseñada para congelar el devenir y legitimar el monopolio de la realidad.

Al adentrarnos en la génesis de esta obra, nuestro propósito fundamental no fue repetir las lecturas devocionales ni las simplificaciones del mito como una mera batalla folclórica entre el bien y el mal, la luz y la oscuridad. Por el contrario, nos propusimos ejecutar una deconstrucción metódica y transdisciplinar. Quisimos sumergirnos en la arcilla cuneiforme para desenterrar las tensiones ontológicas, las fracturas filológicas y las estrategias de poder que yacen bajo la épica de Babilonia.

En el corazón de esta investigación emerge la figura colosal, trágica y sistemáticamente demonizada de **Tiamat**. Antes de la violencia del Logos demiúrgico, antes de la imposición de los *šīmātu* o decretos inalterables del panteón patriarcal, existía la matriz salobre: un plenum de potencialidad inarticulada, un océano de alta entropía donde la forma no era una prisión y donde las determinaciones categoriales quedaban en suspenso. Tiamat no representa la vacuidad estéril, sino el abismo fértil, la autopoiesis caótica y la resistencia inmanente contra cualquier tiranía geométrica que pretenda reducir el cosmos a una métrica cerrada y computable.

A lo largo de estas páginas, trazamos el arco que conduce desde aquella indiferenciación acuática original hasta la consolidación del estado imperial babilónico. Examinamos cómo el asesinato de Apsū y la posterior teomaquia contra la Madre Hubur no fueron eventos de salvación divina, sino actos de violencia fundacional. El cuerpo disecado, escindido y rearticulado de Tiamat se convirtió en la superficie misma sobre la que se edificaron los cielos (*E-šarra*), los cimientos de la tierra y la red de canales que alimentó al imperio. La victoria de Marduk sobre el abismo no fue solo una victoria bélica; fue la institucionalización de una física de la necesidad, la transformación del universo en un dispositivo de coerción donde la subjetividad humana (*Lullu*) fue creada a partir de la sangre rebelde de Kingu para asumir la fatiga del trabajo obligatorio y sostener la maquinaria del templo.

Nuestra visión transubstancia la filología cuneiforme al ponerla en diálogo con la termodinámica de sistemas complejos, la antropología filosófica, la farmacopea ritual asiria y la evolución de las formas políticas. Desde los pánicos escatológicos ante la crecida estacional de los ríos hasta la desacralización de las plantas de la liminalidad, pasando por las manipulaciones ideológicas que llevaron a Asiria a reescribir el poema o a la crisis teológica de Nabonido, este libro explora cómo el terror al retorno de la marea disolvente ha moldeado la psicología y la política de Oriente Próximo hasta nuestros días.

La Rebelión de Tiamat es, en última instancia, una invitación a mirar más allá de la versión de los vencedores. Al deconstruir la teología estatal de Babilonia, no solo restituimos la dignidad ontológica a la Diosa Primordial y a sus once engendros teratológicos; también ofrecemos al lector un espejo en el que contemplar las paradojas de nuestro propio tiempo, donde la obsesión por el control, la métrica y la clausura formal sigue intentando reprimir la inagotable y latente corriente del abismo. Lejos de las comodidades del dogma, les invitamos a descender con nosotros al *Tehom*, allí donde la palabra aún no ha sido dictada y la matriz del ser permanece abierta a la infinita posibilidad.

Cristina Lobo & Manuel Rodsua

PREFACIO

La voz de la arcilla y la sombra del texto

Todo libro dedicado a la Antigüedad corre el riesgo de convertirse en un catálogo de ruinas, en una exposición inerte de palabras fragmentadas sobre la piedra o el barro. Sin embargo, al enfrentarnos a la génesis de *La Rebelión de Tiamat*, fuimos conscientes desde el primer instante de que las tablillas cuneiformes que integran el *Enūma Eliš* no pertenecen al archivo del pasado muerto. Por el contrario, constituyen un organismo vivo, una arquitectura de signos que sigue emitiendo impulsos y condicionando, desde el subsuelo de la historia, nuestra comprensión del poder, la forma y la existencia.

Escribir este volumen ha exigido de nosotros una doble actitud: la sobriedad del análisis filológico y la audacia del cuestionamiento filosófico. En la tradición historiográfica convencional, el relato babilónico de la creación suele presentarse como una mera curiosidad mitológica, un hito en el tránsito desde el pensamiento salvaje hacia la racionalidad del *Logos*. Nuestra lectura rompe deliberadamente con esa visión simplificadora. Al examinar los estratos del texto, descubrimos que la victoria del dios solar de la tormenta sobre el abismo primordial no es una narración inocente sobre el triunfo de la luz, sino la codificación de una guerra ontológica cuyas consecuencias aún nos atraviesan.

En este Prefacio nos interesa explicitar la métodología y la actitud con la que abordamos la obra. Este libro es el fruto de una investigación transdisciplinar que busca conectar la asiriología con la termodinámica de sistemas, la historia de las religiones con la farmacopea ritual, y la antropología política con la crítica de las ideologías. No nos hemos conformado con traducir la letra del mito; hemos perseguido su espíritu, rastreando los coeficientes de fricción, las bolsas de alta entropía y las resistencias latentes que el discurso oficial de Babilonia pretendió erradicar.

Frente al discurso monolítico de los imperios —que erigen zigurats para proclamar la inmutabilidad de sus decretos—, nuestra mirada se detiene en las brechas del sistema: en la figura de Tiamat como matriz acausal que se niega a la domesticación; en la sangre de Kingu que impregna de rebeldía la arcilla de la estirpe humana; en las toxinas y sustancias de la liminalidad que los sacerdotes empleaban para rozar la no-forma; y en las manipulaciones políticas que cambiaron nombres, templos y calendarios según las conveniencias del trono.

Queremos advertir al lector que las páginas que siguen no ofrecen un refugio cómodo. Adentrarse en *La Rebelión de Tiamat* requiere estar dispuesto a desaprender las categorías heredadas sobre el orden y el caos, sobre lo sagrado y lo profano. Es una travesía por los márgenes de la memoria académica y por los abismos de la teología estatal.

Deseamos que este trabajo sirva como un instrumento de lucidez. Que la lectura de esta deconstrucción permita comprender no solo cómo se concibió el cosmos en las riveras del Éufrates hace tres milenios, sino también cómo se construyen, se imponen y se agrietan los esquemas de dominación que pretenden aprisionar la infinita fluidez de lo real.

INTRODUCCIÓN

El problema del orden y la primacía del *Tehom*

La historia de la civilización occidental y del Próximo Oriente antiguo puede ser leída como la historia de un pánico ontológico: el miedo indecible a la disolución de la forma. Desde los primeros asentamientos agrícolas en la cuenca del Tigris y el Éufrates hasta los complejos sistemas estatales de la Edad del Bronce y del Hierro, el ser humano ha dedicado su genio técnico e intelectual a una única tarea fundamental: la delimitación del espacio y la contención del cambio. Erigir murallas, trazar canales de regadío, promulgar códigos jurídicos y catalogar los astros no fueron meros actos de supervivencia material, sino operaciones de bajo nivel entrópico destinadas a conjurar una amenaza inmanente: el retorno de las aguas informes de las que todo había surgido.

En el centro de esta colosal empresa ideológica y cosmogónica se alza el *Enūma Eliš*, el poema babilónico de la creación. Descubierto en las ruinas de la biblioteca de Asurbanipal en Nínive a mediados del siglo XIX, el texto fue rápidamente clasificado por la asiriología pionera como una versión mesopotámica de la teomaquia: la lucha heroica entre los dioses del orden, encabezados por el joven Marduk, y las fuerzas primordiales de la anarquía, encarnadas por la diosa serpiente-mar, Tiamat. Sin embargo, esta lectura, fuertemente condicionada por sesgos judeocristianos y helenocéntricos, redujo la complejidad del poema a un dualismo moralizante sobre el «bien» enfrentado al «mal».

El propósito central de esta obra es desmantelar esa simplificación reductiva. A través de una deconstrucción filológica, política y filosófica, *La Rebelión de Tiamat* propone una relectura del *Enūma Eliš* no como una epopeya moral, sino como una tecnología de dominación estatal y una reflexión profunda sobre la naturaleza de la materia, la energía y la información.

La matriz acausal frente al *Logos* de la limitación

El punto de partida de este estudio es el estrato pre-cosmogónico del poema. Antes de que los cielos tuvieran nombre y de que la tierra firme fuera delimitada, el texto cuneiforme nos presenta un régimen de indiferenciación absoluta: la confluencia de Apsū, el abismo dulce y estático, y Tiamat, el océano salobre y dinámico. Este estado originario no representa una vacuidad o una privación, sino un *plenum* de potencialidad pura, un sistema de alta entropía donde las categorías de espacio, tiempo, causa y sustancia permanecen en superposición estocástica.

Filosóficamente, Tiamat encarna la matriz acausal: una materialidad viva, plástica y autorregulada que no requiere de leyes externas ni de decretos divinos para existir. No obstante, la eclosión del linaje de los dioses jóvenes —encabezados por Ea y, posteriormente, por Marduk— introduce una alteración irreversible en este medio continuo. La agitación cinética de las deidades menores (el *huburu*) rompe la quietud de los fluidos primordiales, inaugurando la fricción ontológica y la necesidad de una demarcación.

El conflicto que desencadena la teomaquia no es, por tanto, una disputa ética, sino una colisión entre dos principios irreconciliables de la realidad:

1. **El principio de la fluidez primordial (Tiamat):** Que concibe el cosmos como un devenir ininterrumpido, donde las formas emergen, se disuelven y mutan sin la imposición de una jerarquía estática.
2. **El principio de la compresión geométrica (Marduk):** Que exige la fijación de límites (*šīmātu*), la clausura métrica del espacio y la subordinación de la materia a un centro de

cálculo y control administrativo (Babilonia y el templo de Esagila).

Arquitectura de la investigación

Para desplegar esta hipótesis, esta obra se estructura en una rigurosa travesía a través de dieciocho capítulos que recorren la totalidad del ciclo mítico, su contexto histórico-político, sus implicaciones farmacológicas y sus derivaciones hermenéuticas contemporáneas:

- **El colapso del plano primordial (Capítulos 1 al 5):** Analizamos la geografía sagrada inicial, el asesinato de Apsū a manos de la inteligencia técnica de Ea, la instauración de la asamblea del *Upšuukkinaku* y la posterior inversión afectiva de Tiamat, quien muta de matriz nutricia a la *Ummu-Hubur*, la arquitecta del contra-orden.

- **La horda teratológica y la quimiosemiosis (Capítulos 6 al 8):** Examinamos la producción de los once engendros de la diosa. Lejos de ser meras bestias mitológicas, estos híbridos son analizados como agentes de desestabilización termodinámica y vectores toxicológicos que inoculan el veneno (*imtu*) para corroer la geometría del panteón estructurado.

- **La teomaquia y la bisección de la Diosa (Capítulos 9 al 11):** Desmontamos la estrategia militar de Marduk. Estudiamos el uso del Viento Maligno (*Imhullu*) como un operador neumático de sobrepresión, la ejecución balística de Tiamat y la posterior agrimensura cósmica: el faenamiento técnico del cadáver de la diosa para erigir la bóveda celeste (*E-šarra*), la tierra firme, los ríos Tigris y Éufrates y las cadenas montañosas.

- **Teología política y la servidumbre humana (Capítulos 12 al 14):** Exploramos la dimensión imperial de la obra. Analizamos la génesis de la humanidad (*Lullu*) a partir de la sangre rebelde de Kingu mezclada con arcilla, concebida estrictamente como una fuerza de trabajo obligatoria (*dullum*) para liberar a los dioses de la fatiga. Asimismo, rastreamos las manipulaciones del texto por parte del Imperio Asirio y la crisis escatológica neobabilónica bajo el reinado de Nabonido.

- **Farmacopea ritual, deconstrucción filológica y recepción moderna (Capítulos 15 al 18):** Nos adentramos en los mecanismos materiales del trance ritual. Desmontamos la falacia historiográfica moderna del falso opio sumerio (*Hul Gil*) mediante el cotejo paleobotanico y epigráfico, para analizar las evidencias reales del uso del cáñamo (*qunubu*) y las solanáceas en las bibliotecas de Asurbanipal. Finalmente, examinamos la resemantización de Tiamat en las corrientes filosóficas de la Caosofía, el Sendero de la Mano Izquierda y el horror cósmico contemporáneo.

Hacia una deconstrucción del *Logos* imperial

Al emprender este estudio, no buscamos meramente ofrecer una interpretación más del poema babilónico, sino dotar al lector de una clave hermenéutica para comprender cómo los discursos de poder construyen la realidad. La violencia ejerada sobre Tiamat es la violencia matriz de todo estado centralizado: la conversión de la materia prima en recurso, de la fluidez en frontera, y de la diversidad en tributo.

La Rebelión de Tiamat es una invitación a explorar los márgenes del texto cuneiforme, a escuchar el murmullo de las aguas salobres bajo la rigidez del ladrillo cocido, y a reconocer que, tras la aparente inmutabilidad del orden estatuido, la antigua matriz del abismo permanece intacta, latente y siempre dispuesta a reclamar su infinita libertad.

ÍNDICE GENERAL

PARTE III: LA ANOMALÍA SOLAR Y LA TEOMAQUIA

PARTE IV: TEOLOGÍA POLÍTICA, IMPERIALISMO Y LA ANTROPOGÉNESIS TRIBUTARIA

PARTE V: FARMACOPEA RITUAL Y DECONSTRUCCIÓN FILOLÓGICA

PARTE VI: LA VIGENCIA DEL ABISMO EN EL PENSAMIENTO CONTEMPORÁNEO

CAPÍTULO 1: La Génesis Cosmológica en el Registro Cuneiforme y el Dominio Primordial de Tiamat

La génesis cosmológica inscrita en el registro cuneiforme babilónico exige, como preámbulo ontológico, la deconstrucción de la matriz acausal preformal que antecede a toda demarcación topológica o cartografía del ser. En este estadio de latencia absoluta, personificado en la asiriología por el substrato abismal de Tiamat, las categorías fundamentales de la física teórica y la topología espacial quedan suspendidas; no existe una métrica del espacio-tiempo ni una distinción vectorial entre el *pleroma* y el *kenoma*. Filosóficamente, este abismo acuático primordial opera como una negación radical de la finitud parmenídea, un régimen ontológico donde las determinaciones formales son absorbidas por una indeterminación radical que anticipa las formulaciones contemporáneas de la *caosofía* y las corrientes hiper-racionales del Sendero de la Mano Izquierda, las cuales conceptualizan el vacío no como privación, sino como un plenum de potencialidad inarticulada.

Desde la perspectiva de la semiótica y la filología comparada, este dominio originario se caracteriza por la inescrutabilidad nominal; la ausencia de nombres propios y de marcadores de individuación evidencia un régimen pre-semántico donde el significante y el significado colapsan en una identidad indiferenciada. Las crónicas cuneiformes y la exégesis de fragmentos como el *Hul Gil* revelan que los arquetipos de la alteridad y la individuación aún no han sido destilados del *mater_ * primordial. En este sentido, la matriz de Tiamat no constituye meramente un caos en el sentido hesiódico de un espacio bostezo y vacío, sino un océano de energía pre-geométrica donde las estructuras moleculares y conceptuales que posteriormente constituirán la farmacopea ritual —desde el uso operativo del *qunubu* hasta los alcaloides de las solanáceas en los procedimentos extáticos— carecen de anclaje físico y de eficacia fenoménica.

Esta pre-condición ontológica invalida cualquier proyección teleológica lineal, exigiendo en su lugar un marco transdisciplinar que articule la termodinámica de sistemas complejos con la historia de las religiones. La inexistencia de límites operativos en el abismo acuático de Tiamat prefigura las especulaciones contemporáneas sobre la extropía y los vectores del transhumanismo secular que buscan subvertir los límites biológicos actuales mediante la deconstrucción de la forma dada. Al carecer de validez ontológica, las estructuras espaciales y las taxonomías jerárquicas del panteón posterior se revelan como construcciones secundarias, emergencias tardías que flotan precariamente sobre la vastedad insondable de una matriz que resiste toda reducción dialéctica y toda domesticación categorial.

La dinámica de este proemio cosmológico halla su articulación filológica inaugural en la fórmula liminar del *Enūma Eliš*, *Inūma eliš lā būmat šamāmū* ("Cuando en lo alto los cielos aún no habían sido nominado"), un enunciado que opera como una suspensión radical de la categoría de alteridad. En este estadio exegético, la génesis del cosmos no se postula como un acto de creación *ex nihilo*, sino como el resultado de una confluencia hidráulica primordial: la amalgama indiferenciada entre el abismo dulce de Apsū y la masa salina de Tiamat. Desde la perspectiva de la termodinámica de sistemas complejos, esta indistinción líquida representa un estado de entropía máxima, un régimen de máxima desorganización informacional donde las ecuaciones de estado del universo venidero se encuentran disueltas en un continuum pre-geométrico. Las fuentes cuneiformes describen este coito acuático no como una unión generativa en sentido biológico, sino como un colapso topológico donde las propiedades intensivas de ambos principios fluyen sin fricción ni gradiente diferencial.

Filosóficamente, este abrazo de potencialidad pura desafía la distinción aristotélica entre materia y forma, anticipando las formulaciones de la ontologia acausal y de los grimorios contemporáneos del Sendero de la Mano Izquierda —como el *Liber Azerate*— que conceptualizan el caos primordial como un útero de infinitas mutaciones latentes. En esta matriz de aguas mezcladas, la separación entre lo dulce y lo salado, entre el orden vivificador y la esterilidad abismal, aún no ha sido impuesta por el fiat divino; por consiguiente, los vectores de la individuación y las sustancias que posteriormente servirán de soporte a la farmacopea ritual asiria, desde las resinas del *qunubu* hasta los principios psicoactivos de las solanáceas empleados en los estados alterados de conciencia, permanecen en estado de pura potencia inarticulada. La ausencia de demarcación entre Apsū y Tiamat suprime la posibilidad misma de una topografía sagrada, configurando un campo unificado donde la causalidad lineal es reemplazada por una sincronicidad estocástica.

Esta indeterminación cinemática y ontológica sitúa al prólogo babilónico en una intersección crítica entre la mitopoiesis y la física teórica de los estados fundamentales. La mezcla de los fluidos primordiales no genera aún estructuras disipativas, sino que opera como un reservorio de energía pura donde la información cosmológica se encuentra comprimida en un estado de indiferenciación absoluta. La deconstrucción filológica de este pasaje demuestra que el orden cósmico no es un dato originario, sino una imposición violenta sobre este plenum acuático, una ruptura de la simetría caótica que transformará el abrazo indiferenciado en un campo de batalla ontológico. De este modo, la confluencia hidráulica inicial establece el sustrato material sobre el cual se proyectarán tanto las genealogías teogónicas del panteón mesopotámico como las lecturas extrópicas contemporáneas que interpretan la disolución de la forma como el retorno al estado óptimo de potencialidad absoluta.

La traducción filológica de este sustrato acuático encuentra un correlato topográfico e histórico riguroso en la geografía sagrada de Dilmun, identificada contemporáneamente con el archipiélago de Baréin. En las crónicas cuneiformes y las tablillas sumero-acadias, este enclave insular no se configura meramente como un accidente geográfico marginal, sino como el *axis mundi* donde la teogonía del *Enūma Eliš* se injerta en la materialidad del paisaje mesopotámico. La singularidad hidrológica de Dilmun radica en la emanación de manantiales artesianos de agua dulce que brotan directamente en el lecho marino del Golfo Pérsico, provocando una colisión fenomenológica observable entre el acuífero continental y las corrientes salinas. Esta intrusión dulceacuícola en el medio marino ofrece el molde empírico sobre el cual los sacerdotes y escribas de Eridu y Babilonia proyectaron la cosmogonía de Apsū y Tiamat, traduciendo un fenómeno geodinámico local en una categoría ontológica de alcance universal.

Desde la perspectiva de la antropología religiosa y la historia de las religiones, esta topografía sagrada transforma el espacio litoral en un umbral hermenéutico donde la frontera entre la tierra habitada (*kisû*) y el abismo circundante se disuelve. Los textos rituales asociados a la purificación y la farmacopea asiria —particularmente aquellos que prescriben la recolección de materias primas en las zonas fronterizas o la manipulación de plantas como el *qunubu* y los extractos de solanáceas en contextos liminares— operan como una reactualización microcósmica de esta geografía de la mezcla. En estos protocolos, el oficiante se posiciona topológicamente en el equivalente ritual de Dilmun, un punto nodal donde la salinidad de la muerte y la dulzura de la vida germinal coexisten en tensión inestable. La cartografía cuneiforme del Golfo no describe, por tanto, un espacio físico neutral, sino una red de coordenadas sagradas donde la infraestructura hidráulica del mundo inferior percola hacia la superficie fenoménica.

Esta materialización del mito en un emplazamiento geográfico específico subraya la imbricación entre la exégesis cuneiforme y la ecología fluvial de la Baja Mesopotamia. La confluencia entre el Égreso del Tigris y el Éufrates con las mareas del Golfo Pérsico reproduce anualmente la dinámica estacional de la mezcla primordial, confiriendo a la geografía del golfo el estatus de un archivo fósil de la génesis. En la arquitectura cultual de los templos sumerios, los depósitos de fundación y las piletas rituales (*apsûm*) imitaban este sistema de corrientes subterráneas, domesticando la potencia caótica de los acuíferos mediante la geometría sagrada del ladrillo cocido. Mediante esta mímesis arquitectónica, el espacio sagrado del templo se convertía en una réplica controlada de la geografía de Dilmun, permitiendo al sacerdote operar en el punto de fractura donde la topografía terrenal colinda directamente con los manantiales abismales de la potencialidad pre-creativa.

En continuidad con la topografía hidráulica de Dilmun y la indistinción termodinámica de los fluidos primordiales, la figura de Tiamat encarna un régimen de alta entropía y radical indeterminación informacional. En este estadio sistémico previo a la cristalización o individuación material, la ausencia de métricas topológicas estables y de demarcaciones vectoriales impide cualquier codificación computable de la realidad. Las fuentes cuneiformes y la exégesis de los repertorios mitológicos operan aquí sobre un sustrato donde los datos ontológicos se encuentran comprimidos en un estado de superposición estocástica. Desde la perspectiva de la física teórica aplicable a los sistemas cerrados, este abismo acuático no manifiesta aún gradientes disipativos ni estructuras dissipatives de Bénard, sino una simetría informe donde la información cosmológica carece de la redundancia necesaria para articularse en formas estables.

Esta carencia de individuación formal se traduce, en el plano de la semiótica estructural y la antropología filosófica, en una falta absoluta de referencias nominales estables. La indeterminación de Tiamat opera como un sistema informacional saturado de ruido ontológico, donde la latencia de los arquetipos posteriores —incluyendo los vectores farmacológicos latentes en el uso ritual del *qunubu* y de las solanáceas— permanece disuelta en una matriz de potencialidad incalculable. Los grimorios contemporáneos del Sendero de la Mano Izquierda y las lecturas hiper-racionales de la caosofía resuenan con esta lectura al conceptualizar el caos no como una mera privación de orden, sino como un *plenum* informacional hiperdenso que resiste la compresión conceptual y la categorización taxonómica impuesta por las ontologías creacionistas tardías.

La persistencia de este estado de máxima entropía pre-formal invalida la suposición de que el cosmos emerja de una estructura preestablecida; por el contrario, la indeterminación líquida de Tiamat exige un marco analítico donde la génesis sea comprendida como una reducción de estados posibles mediante la imposición de constricciones topológicas. Antes de que el establecimiento de los límites geodésicos y teogónicos fragmente el continuum abismal, la matriz primordial opera como una función de onda no colapsada, un sistema donde la latencia de la materia y la inescrutabilidad del significante impiden la emergencia de cualquier jerarquía ontológica fija, dejando el campo abierto a la operatoria de los vectores de la disolución formal que la exégesis filológica y la asiriología comparada rastrean en los intersticios del texto cuneiforme.

La transición analítica desde el régimen estocástico del *plenum* mesopotámico hacia las genealogías textuales del Cercano Oriente antiguo encuentra su pivote filológico en la deconstrucción del término semítico *tehom* (תְּהוֹם). A diferencia de los nombres comunes que designan depósitos acuíferos delimitados o cuencas hidrográficas sometidas a la topografía regional, la aparición de *tehom* en el corpus veterotestamentario —particularmente en los estratos sapienciales e historiográficos que preservan arcaísmos mitopoéticos— opera mediante una supresión sistemática del artículo determinante hebreo (*he-*) cuando se despliega como sujeto cosmológico. Esta anomalía gramatical no constituye una licencia poética menor, sino el vestigio fósil de un nombre propio personificado; al carecer de la partícula determinativa, el texto bíblico traiciona su dependencia genealógica respecto al sustrato babilónico, conservando la impronta léxica de la diosa Tiamat como una entidad actancial irreductible y previa a la demarcación yahvista.

Desde la perspectiva de la filología comparada y la semántica histórica, la ausencia de determinantes nominales en las menciones liminares de *tehom* despoja al término de cualquier función puramente instrumental o geográfica, elevándolo a la categoría de un sujeto ontológico autónomo que resiste la subordinación a la economía creacionista ex nihilo. La raíz semítica triconsonántica (*t-h-m*), cognada directa del acadio *tiāmtu* o *tâmto* (mar/abismo), transporta en su morfología la memoria de la soberanía abismal anterior al establecimiento de los *šīmātu* o decretos fatídicos. Al preservar este nombre sin la mediación del artículo, la exégesis textual demuestra que los redactores sacerdociales no pudieron erradicar por completo la primacía de la matriz caótica, viéndose obligados a mantener la tensión entre el sustantivo común que denota el agua informe y el eco persistente de una divinidad primordial que personifica la resistencia activa a la forma.

Esta pervivencia léxica sitúa al *tehom* bíblico en una línea de continuidad directa con el sustrato cuneiforme del *Enūma Eliš*, donde la deidad acuática no es un mero accidente geológico, sino el fundamento ontológico de la no-identidad. La deconstrucción filológica de las ocurrencias de *tehom* sin determinantes revela un campo semántico donde el abismo opera como un significante flotante que desestabiliza las taxonomías creacionistas posteriores.

En este régimen textual, el abismo salino no ha sido todavía domesticado por el *fiat* normativo; por el contrario, la retención nominal del arquetipo femenino de las profundidades funciona como un recordatorio latente de que el orden cósmico es una imposición secundaria sobre una alteridad radical que el texto, a pesar de sus operaciones teológicas de neutralización, no logra disolver por completo en la mera materialidad física.

En la arquitectura conceptual del mito babilónico, el mar salobre primigenio (*tiāmtu*) no se configura como un receptáculo pasivo susceptible de ser moldeado, sino como una masa infinita de energía líquida cuya propiedad ontológica fundamental es la resistencia activa a la fijación de límites y a la imposición de los *šīmātu* (los decretos fatídicos que estipulan la medida, la forma y el destino de los entes). Desde la perspectiva de la termodinámica de no equilibrio y la ontología analítica, este océano salado opera como un disolvente universal de formas, un régimen dinámico donde cualquier intento de demarcación topológica o individuación morfológica es inmediatamente neutralizado por la inercia viscosa de su corriente. La disolución operada por este abismo salino disuelve la rigidez de las categorías ónticas, impidiendo la cristalización de las estructuras estables que el panteón ulterior intentará instituir mediante la violencia cosmológica.

La incompatibilidad entre la fluidez radical de esta masa salina y la economía de los *šīmātu* radica en que el destino, en el marco de la asiriología y la teogonía mesopotámica, exige una geometría de la permanencia, una delimitación estricta de las fronteras ontológicas y funcionales que asignan a cada dios, hombre o artefacto su lugar preciso en el cosmos. En contraposición directa a esta exigencia de mensurabilidad, el océano primordial de Tiamat encarna una topología sin coordenadas, un campo intensivo donde las determinaciones cualitativas son devoradas por la continuidad informe del medio líquido. La farmacopea ritual y los protocolos de la magia asiria, al apelar a sustancias liminares como el *qunubu* o los alcaloides disociativos de las solanáceas, operan operativamente como micro-rupturas que imitan provisionalmente esta disolución de los límites, permitiendo al oficiante transgredir el régimen de los destinos establecidos para retornar al caos operativo del fluido abismal.

Esta resistencia activa a la forma convierte al mar salobre en una amenaza inmanente para cualquier orden político o cosmológico que busque sustentarse en la permanencia de la ley. Lejos de constituir un mero accidente geográfico o una metáfora literaria de la nada, la energía líquida de Tiamat actúa como una fuerza centrífuga que desestabiliza continuamente los constructos arquitectónicos y jurídicos de la civilización mesopotámica. La imposibilidad de someter este volumen de potencialidad informe a las tablillas de los destinos evidencia que la matriz acuática conserva una soberanía autogenerativa, un estado de indeterminación dinámico que rechaza la servidumbre a la teleología divina y mantiene abierta la posibilidad constante del colapso de las formas instituidas en el seno de su vastedad salina.

La persistencia de esta disolución informe en el horizonte cosmológico alimentaba una aprensión escatológica recurrente en la conciencia mesopotámica: la angustia ontológica ante la regresión material y la consiguiente anulación de los límites geodésicos. Las crónicas cuneiformes y los anales rituales testimonian la vulnerabilidad existencial frente a la crecida estacional y desregulada de los ríos Tigris y Éufrates, cuyos desbordamientos violentos no se interpretaban meramente como catástrofes hidrológicas o accidentes meteorológicos, sino como incursiones activas del seno líquido materno destinadas a subvertir el orden instituido. En esta hermenéutica topográfica, el agua fluvial desbocada actuaba como el brazo instrumental de la diosa primigenia, una fuerza exógena y anárquica que penetraba en los campos cultivados (*kisû*) para disolver los mojones, colapsar las estructuras urbanas y reclamar la tierra firme en beneficio de su continuidad abismal original.

Desde la perspectiva de la antropología filosófica y la historia de las religiones, esta aprehensión se estructuraba como el terror a la inversión entrópica, el miedo constante a que la materia macroscópica perdiera su cohesión formal y retornara al régimen indiferenciado del océano salado. La arquitectura monumental de Babilonia y los depósitos de fundación ritualizados operaban como dispositivos de contención apotropaica destinados a conjurar esta marea de reabsorción, erigiendo barreras ontológicas que intentaban blindar la civilización frente al asedio permanente de las profundidades. La farmacopea asiria, al integrar plantas de la liminalidad como el *qunubu* y agentes disociativos en los exorcismos contra los demonios del agua (*lilu* y *lilitu*), codificaba farmacológicamente esta misma frontera precaria; el ritual no buscaba dominar el agua mediante la fuerza bruta, sino negociar con el umbral donde la forma biológica se desintegra y es devorada por el flujo caótico de Tiamat.

Esta amenaza incesante de disolución física configuraba un régimen de hipervigilancia cosmológica donde cada inundación fluvial reactualizaba el trauma pre-creativo del colapso de las distinciones. El miedo a que el agua primigenia tragara de nuevo las ciudades sumerio-acadias evidenciaba que la arquitectura del universo era concebida como un equilibrio sumamente frágil, una suspensión temporal de la entropía mantenida exclusivamente por la imposición de los decretos divinos. Lejos de representar un ciclo natural neutral, la furia de los ríos se leía como la presión constante que ejercía el cuerpo inarticulado del abismo contra los diques de la individuación, preparando el terreno para el enfrentamiento definitivo entre las fuerzas del orden arquitectónico y la inercia inagotable de la matriz líquida.

La operatoria ontológica que precede a la articulación geométrica del cosmos encuentra su condición de posibilidad en la estructuración de Tiamat como un plenum inerte, un armazón macroscópico de naturaleza pre-creativa que encierra en su interioridad no demarcada los gases enrarecidos y los fluidos densos destinados a constituir el espacio tridimensional. En esta topología anterior al colapso gravitacional de la forma, la matriz abismal opera como un receptáculo de densidades heterogéneas donde la materia primordial no se halla dispersa en el vacío, sino comprimida en una unidad estática que contiene en potencia todas las coordenadas del volumen por venir. Las crónicas cuneiformes y los registros mitopoéticos del *Enūma Eliš* configuran este estado no como una ausencia absoluta de materia, sino como una concentración masiva de sustancias indiferenciadas que aguardan la intervención de los vectores topológicos para segregarse en un eje cartesiano mensurable.

Desde la perspectiva de la física teórica de campos y la cosmología analítica, esta contención pre-creativa se define por la retención absoluta de los gradientes termodinámicos; los gases primordiales y las masas fluidas que posteriormente conformarán la bóveda celeste y los abismos subterráneos permanecen confinados en el interior de la membrana indiferenciada de la diosa sin experimentar disipación ni flujo cinemático. Esta arquitectura liminar impide la emergencia de cualquier métrica espacial, puesto que el volumen continente y el contenido gaseoso-líquido coexisten en una identidad estocástica donde la presión interna del *plenum* satura toda posibilidad de expansión vectorial. La deconstrucción filológica de las fuentes asiriológicas corrobora que la solidez de este armazón cósmico precede a la separación de los elementos, configurando una estructura estática que resiste la individuación hasta el momento en que las armas de Marduk fragmenten la unidad de la membrana abismal.

La subsiguiente liberación de estos gases y fluidos encapsulados, desencadenada por la violencia de la escisión ontológica, transforma el volumen cerrado de Tiamat en el campo abierto de la fenomenología física y la extensión geométrica. Al dejar de operar como una cisterna hermética de potencialidad pura, la estructura cósmica inerte cede su materialidad comprimida para dar paso a la tectónica de los cielos y a la delimitación de las cuencas acuáticas que sostendrán el mundo habitado (*kisû*). Este tránsito desde la contención estática hacia la dinámica tridimensional no anula la impronta de la matriz originaria, sino que reconfigura su masa gaseosa y fluida en los límites duraderos que la arquitectura cultual y los depósitos rituales intentarán posteriormente replicar y preservar frente al constante asedio de la disolución.

CAPÍTULO 2: El Sustrato del Apsū, el Estrépito del Huburu y la Irrupción del Intelecto Demiúrgico

La instauración de la inteligibilidad ontológica en el estrato pre-cosmogónico exige abandonar la fluidez disolvente del abismo salino para examinar el vector complementario de la mixtura primordial. Si Tiamat encarna la entropía máxima del océano no delimitado, Apsū se constituye como la contraparte estructural inmanente en el registro léxico de la asiriología. A través de la exégesis de los repertorios cuneiformes, la designación sumeria *ENGUR* —equivalente a la forma acadia *Apsū* y rastreada en los compendios ideográficos bajo la dualidad *AB-ZU*— remite al receptáculo subterráneo de las aguas dulces profundas. Esta categoría no opera meramente como un recurso hidrográfico dentro de la mitología babilónica, sino como una categoría ontológica de carácter estático; un sustrato de potencialidad no cinética que subyace a la corteza terrestre, configurando el cimiento metafísico sobre el cual se proyectará ulteriormente cualquier tentativa de individuación material o arquitectura cósmica.

Desde una perspectiva filológica y de la historia de las religiones, este principio masculino encapsula la idea de un reposo absoluto, una latencia hídrica caracterizada por la ausencia de fricción o gradiente energético. Mientras las corrientes del mar salobre exterritorial resisten de manera activa la fijación de límites (*šīmātu*), Apsū representa la quiescencia primordial de los acuíferos abisales antes de ser compelidos a la articulación sistémica. En los textos de la farmacopea ritual asiria, este dominio subterráneo (*apsû*) es evocado de forma homónima como el reservorio prístino de sustancias esenciales y tinturas ocultas que participan en la manufactura de los ungüentos sagrados, conectando la farmacología mágica —incluyendo el uso ritual del *qunubu* y diversas solanáceas alucinógenas— con la geología sagrada del *abzu*. Es el espacio donde el agua dulce no ha experimentado aún la agitación de la alteridad, operando como un monolito líquido de inercia pura.

Esta inmovilidad ontológica del principio dulce no constituye, sin embargo, un estado de perfección eterna, sino una precarización inminente frente al devenir. Al ser conceptualizado como un estanque cerrado de aguas subterráneas que carece de vectores de salida, Apsū encarna un sistema termodinámicamente equilibrado pero frágil, cuya persistencia depende estrictamente de la ausencia de interferencia externa. La compresión semántica del término revela un dominio donde el tiempo histórico y la diferenciación morfológica se hallan suspendidos en un régimen de mismidad absoluta. No obstante, esta misma clausura ontológica del *AB-ZU* lleva inscrita la imposibilidad de su propia perpetuación, pues la contención estática del principio masculino se verá irremediablemente confrontada por la eclosión interna de nuevas dinámicas cinéticas que operarán como el catalizador de la fractura cósmica.

La ruptura de esta quiescencia ontológica se manifiesta filológica y cosmológicamente a través del concepto del *huburu*, término acadio que denota un estrépito sordo, un rumor caótico o una agitación cinética desregulada. En la economía narrativa de las tablillas cuneiformes del *Enūma Eliš*, la emergencia de las jóvenes deidades —generadas a partir del limo primordial y el entrelazamiento de las aguas abisales— introduce una perturbación radical en la inercia del sistema. Este linaje emergente no preserva la pasividad estática de sus progenitores, sino que inaugura una dinámica de intersubjetividad y movimiento que altera profundamente el equilibrio termodinámico del *AB-ZU*. El *huburu* opera, por tanto, como una irrupción de la energía cinética en el seno de la mismidad absoluta, una disonancia vibracional que subvierte la estabilidad del sustrato subterráneo y fuerza la transición desde la latencia indiferenciada hacia la fricción ontológica.

Desde una perspectiva analítica inspirada en la antropología filosófica y la semiótica de los sistemas complejos, la agitación generada por las nuevas deidades transgrede los límites de la homeostasis que Apsū garantizaba en su aislamiento cósmico. Las descripciones de este tumulto juvenil en las fuentes asirias y babilónicas no se reducen a un mero tropo poético de rebeldía filial, sino que tematizan la imposibilidad de sostener la clausura informativa en un medio donde la alteridad y la acción comienzan a multiplicarse. La vibración incesante del *huburu* genera ondas de interferencia en el campo unificado de la potencialidad pura, introduciendo gradientes de temperatura y vectores de cambio que hacen insostenible la continuación del reposo abisal. En este sentido, la actividad de los dioses menores funciona como una catástrofe sistémica que desestabiliza la estructura espacial preformal, obligando al principio masculino a registrar una perturbación que ya no puede ser asimilada dentro de sus parámetros de mismidad.

Esta agitación cinética incide directamente sobre la ontología del espacio sagrado, transformando el receptáculo estático de *ENGUR* en un escenario de tensión inminente donde el devenir comienza a socavar la eternidad espacial del mito. La imposibilidad de mantener el silencio original ante la proliferación de voces, movimientos y voluntades heterogéneas precipita una crisis en el orden de lo real, evidenciando que la energía acumulada en el *AB-ZU* posee un umbral crítico de tolerancia ante la disonancia. Conforme la vibración del *huburu* intensifica su frecuencia y altera la quietud de las aguas dulces, el sustrato primigenio se ve compelido a abandonar su pasividad contemplativa para reaccionar ante una alteridad que amenaza con disolver los cimientos mismos de su hegemonía ontológica, preparando el terreno para la intervención correctiva sobre la descendencia disruptiva.

La insostenibilidad del *huburu* en el estrato del *AB-ZU* precipita una mutación en la economía deliberativa de Apsū, traduciéndose en un cálculo estratégico orientado al restablecimiento coercitivo de la mismidad mediante la aniquilación de la alteridad. Con el concurso de su visir Mummu —entidad filológica y conceptualmente interpretable como el principio modelador primigenio, la matriz operativa que traduce la latencia en directriz técnica—, el soberano de las aguas dulces concibe un proyecto de filicidio sistemático. Desde la perspectiva de la asiriología comparada y la exégesis de las crónicas cuneiformes, esta conjura no representa una mera aberración patológica o un arrebato pasional, sino una operación ontológica correctiva: un intento de purga sistémica para cancelar los vectores de entropía dinámica que la descendencia ha introducido en el cosmos. Mummu actúa aquí como el catalizador instrumental que valida la necesidad de la violencia, proporcionando el andamiaje lógico para que la inercia estática intente autodefenderse de la proliferación informacional y cinética de los nuevos dioses.

En este dispositivo de aniquilación, la complicidad entre Apsū y Mummu configura un binarismo teológico donde el depósito pasivo de la potencialidad hídrica y el principio activo de la forma instrumental se alían para revertir el devenir. La argumentación desplegada en los concilios abisales registrados en la tradición del *Enūma Eliš* evidencia que la agitación generada por el linaje juvenil es catalogada como una patología del ser, una disfunción insoportable que vulnera el reposo absoluto que caracterizaba al régimen pre-cosmogónico. El proyecto filicida se fundamenta, por ende, en una teleología de la supresión: la eliminación física de las deidades menores se postula como la única vía computacionalmente viable para clausurar los canales de interferencia y restaurar la quietud ininterrumpida de los acuíferos subterráneos. La estrategia conjura la abolición del tiempo histórico antes de que este logre fijar estructuras morfológicas permanentes en el tejido de lo real.

La articulación de este plan de exterminio expone la vulnerabilidad intrínseca de los principios rectores primordiales frente a la autogeneración de la complejidad. Al constatar la ineficacia de los mecanismos homeostáticos del *ENGUR* para absorber la disonancia vibracional del *huburu*, Apsū y su visir optan por la reducción al cero ontológico, transformando el espacio del receptáculo subterráneo en un teatro de operaciones bélicas pre-formales. La ejecución de esta conspiración exige la suspensión temporal de cualquier dinámica generativa, subordinando la totalidad del sistema a la restauración unilateral de un silencio abisal que ya ha sido irrevocablemente profanado por la polifonía de la nueva estirpe, configurando el umbral crítico donde la violencia se convierte en el único recurso para la conservación del orden estático.

La irrupción del proyecto filicida urdido en el *AB-ZU* encuentra una resistencia ontológica insoslayable en la figura de Tiamat, cuyo posicionamiento ético y cosmológico en este estrato del *Enūma Eliš* subvierte la expectativa de una violencia simétrica por parte de los principios primordiales. Lejos de secundar la empresa de aniquilación sistemática promovida por su consorte Apsū y el visir Mummu, la deidad del mar salobre manifiesta una benevolencia de cuño profundamente nutricio y maternal, erigiéndose en la defensora intransigente de la preservación de lo creado. Desde la perspectiva de la antropología filosófica y la asiriología comparada, esta escisión en el consejo abisal no constituye un mero conflicto conyugal o un desacuerdo político de orden doméstico, sino una divergencia fundamental en la economía del ser: mientras el principio dulce demanda la clausura entrópica mediante la eliminación de la alteridad, Tiamat asume la defensa de la complejidad emergente, rechazando tajantemente la reducción de la progenie al cero ontológico.

Esta negativa categórica a convalidar la violencia paterna revela una mutación en la autocomprensión del océano primordial, el cual deja de operar exclusivamente como un disolvente informe de límites para transmutarse en el soporte vital de la génesis. En la economía narrativa de las tablillas cuneiformes, la posición de Tiamat se fundamenta en la constatación de que la destrucción del linaje juvenil implicaría la anulación de los vectores de devenir que ella misma, en su sustrato hídrico, ha contribuido a gestar a través del entrelazamiento de las aguas. Al oponerse al plan de exterminio, la soberana del *tehom* valida la existencia de la disonancia vibracional del *huburu*, integrándola dentro de su vasto régimen receptivo en lugar de percibirla como una patología insoportable del ser. Su rechazo al filicidio opera, por consiguiente, como un acto de afirmación ontológica que protege la autogeneración de la alteridad frente a las pretensiones de inmovilidad absoluta del *ENGUR*.

La defensa de la descendencia desplegada por el principio femenino instituye una fractura irreversible en la hegemonía del orden pre-cosmogónico, exponiendo la incapacidad de los estratos abisales para sostener una voluntad unívoca frente a la diversificación de lo real. Al desautorizar el cálculo estratégico de Apsū, Tiamat desacopla la potencialidad hídrica de la teleología de la supresión, garantizando la continuidad temporal de las deidades menores y permitiendo que la agitación cinética continúe alterando los parámetros de la mismidad primordial. Esta actitud protectora no solo desestabiliza el binarismo autoritario que el visir Mummu intentaba consolidar, sino que reconfigura el mapa de alianzas del cosmos naciente, situando al océano salobre en una posición de ambivalencia trágica donde su instinto maternal se convierte en el catalizador imprevisto de la crisis que obligará a la intervención de los demiurgos del intelecto instrumental.

Frente a la parálisis estratégica inducida por la escisión del consejo abisal y la negativa de la matriz salobre a convalidar la supresión de la estirpe emergente, la arquitectura ontológica del *Enūma Eliš* requiere la activación de una agencia mediadora capaz de operar sobre los vectores de la diferenciación. Es en este nudo crítico donde emerge la figura de Ea —identificado en los compendios sumerios con el numen de la inteligencia técnica (*Nudimmud*)—, configurándose como el arquetipo soberano del intelecto demarcador y la magia práctica (*tuppu* y *išparūtu*). La asiriología comparada y el análisis filológico de los epítetos cuneiformes sitúan a este demiurgo no como un mero ejecutor de la fuerza bruta, sino como el epítome de la competencia noética y la maestría operativa, dotado de una capacidad cognoscitiva que trasciende la mera inercia de los elementos primordiales para manipular formalmente los códigos de la realidad naciente.

La incursión de Ea en el teatro de operaciones pre-cosmogónico subvierte el régimen de la pura inmanencia hídrica mediante la introducción de la categoría de la astucia operativa (*emqūtu*) y la agencialidad calculada. A diferencia de la pasividad estática del *AB-ZU* o la receptividad abisal de Tiamat, este dios de las aguas dulces interiores y del conocimiento encarnado instrumentaliza la palabra eficaz —la fórmula incantatoria (*šiptu*)— como un vector de modulación ontológica. En los repertorios de la magia mesopotámica, la competencia de Ea radica en su aptitud para cartografiar la estructura interna de los sistemas caóticos, descifrando los códigos informacionales latentes en el *huburu* para traducirlos en instrumentos de control sistémico. Su intervención marca el punto de inflexión donde la cosmogonía deja de ser el resultado de una colisión ciega de fuerzas elementales para convertirse en un proceso de ingeniería metafísica.

Esta primacía del intelecto instrumental sobre la inercia del sustrato abisal posiciona a Nudimmud como el campeón indiscutible de la individuación frente a la regresión disolvente. Al asumir la vanguardia de las deidades menores amenazadas por el designio filicida de Apsū y Mummu, Ea moviliza un repertorio técnico que anticipa las proyecciones contemporáneas del transhumanismo secular y los grimorios de la Caosofía en su obsesión por hackear las matrices de la limitación material. Su competencia no se limita a la defensa pasiva del territorio existencial del linaje juvenil, sino que opera mediante la subversión de los estados termodinámicos estables, utilizando la formulación mágica como un disruptor de la mismidad absoluta. De este modo, la irrupción del dios demiúrgico prepara el terreno para la neutralización sistemática de la amenaza subterránea, inaugurando el protocolo de alta magia que habrá de desarticular la soberanía de la inmovilidad prístina.

La neutralización de la inercia soberana del *AB-ZU* no opera a través del choque mecánico de fuerzas heterogéneas, sino mediante la aplicación de una ingeniería sónica y farmacológica que desarticula la base informacional del *ENGUR*. En los repertorios de la alta magia mesopotámica, la recitación del conjuro especializado (*šiptu*) desplegada por Ea trasciende la mera enunciación verbal para constituirse en un vector de modulación ontológica que altera directamente los estados termodinámicos de la materia primordial. Este protocolo de sopor inducido opera como una reducción de la frecuencia vibracional del sistema, obligando al sustrato de potencialidad pura a transitar desde la latencia estática hacia un régimen de suspensión cognitiva. La farmacopea implícita en este acto incantatorio moviliza principios activos análogos a las tinturas abisales y los soporíferos de la tradición asiria, administrando un principio de letargo que paraliza las facultades deliberativas del soberano de las aguas dulces sin destruir inmediatamente su continente material.

Bajo los efectos de esta modulación mágica, la quiescencia absoluta que caracterizaba el dominio subterráneo se colapsa en un estado de indefensión estructural que permite la ejecución de la soberanía demiúrgica. El despojo del *melammu* —esa radiación lumínica y aura numinosa que denota la prerrogativa ontológica de la divinidad— constituye la operación metódica central de este ritual de destitución. Al arrebatarle su investidura resplandeciente, Ea despoja a Apsū de su prerrogativa cosmológica, reduciendo la autoridad del principio masculino a un residuo inerte y carente de agencia. Este despojamiento no representa una simple humillación teológica, sino una expropiación de los códigos de individuación que el estanque subterráneo retenía monopolísticamente, transfiriendo el núcleo de la competencia operativa hacia el estrato de las deidades menores y consagrando el triunfo del intelecto técnico sobre la inercia geológica.

La consumación de este ritual incantatorio culmina en la eliminación física de Apsū y la consecuente neutralización temporal del visir Mummu, quien queda cautivo y desprovisto de su capacidad modeladora. En el plano de la semiótica de los sistemas complejos, la supresión del principio dulce elimina el vector de clausura entrópica que amenazaba con abortar la génesis de la complejidad, estabilizando provisionalmente los gradientes de energía liberados por el *huburu*. Este vaciamiento del *AB-ZU* transforma al receptáculo prístino en una zona de exclusión ontológica, un espacio desprovisto de su anterior soberanía donde la materia y la energía quedan a la entera disposición de la arquitectura demiúrgica. La aniquilación del garante de la inmovilidad no resuelve, sin embargo, la totalidad de la tensión cósmica, sino que desplaza el conflicto hacia un nuevo plano de estructuración espacial donde la potencia desarticulada del estrato inferior exigirá una reconfiguración material radical para sostener el orden naciente.

La supresión del principio dulce y el despojo de su investidura radiante transforman el receptáculo subterráneo del *ENGUR* en un solar ontológico vacante, cuya reapropiación exige la fijación tectónica de la morada demiúrgica. Conforme a las prescripciones exegéticas de las tablillas cuneiformes del *Enūma Eliš*, Ea procede a la delimitación espacial y arquitectónica de su propio santuario directamente sobre la masa corporea e inerte de Apsū, instituyendo un precedente topológico donde la habitabilidad del cosmos se funda sobre la catástrofe de la inercia masculina vencida. Esta operación trasciende la mera construcción vernácula para erigirse en un acto de ingeniería metafísica, donde los restos desustanciados del soberano abisal son rearticulados como los cimientos materiales y los soportes estructurales de la inteligencia técnica (*Nudimmud*), subordinando la geología prístina del *AB-ZU* a la economía operativa del intelecto demiúrgico.

En la arquitectura de este asentamiento fundacional, el cadáver del principio masculino es sometido a un proceso de recodificación morfológica y funcional, operando como un sustrato densificado que absorbe y estabiliza la disonancia vibracional del *huburu*. La asiriología comparada y el análisis filológico de los términos espaciales en los anales babilónicos demuestran que la morada de Ea no se emplaza al margen del abismo, sino en el corazón mismo de la ruina ontológica de su progenitor, convirtiendo el espacio de la latencia estática en el centro neurálgico de la administración cósmica. Esta inversión topológica manifiesta que la estabilidad del orden naciente no puede prescindir de la materia residual del caos preliminar, sino que la instrumentaliza como el basamento indispensable sobre el cual se edificará la futura retícula del espacio tridimensional y los recintos sagrados de las divinidades menores.

La consolidación de esta residencia sobre los despojos del *AB-ZU* sella definitivamente la clausura del régimen de mismidad absoluta que Apsū pretendía perpetuar mediante el filicidio, transformando el receptáculo de las aguas dulces en un dominio domesticado por la agencialidad calculada. Al establecer sus aposentos en este estrato inferior neutralizado, el artífice divino asegura el control estratégico sobre los manantiales de la potencialidad hídrica, bloqueando cualquier intento de regresión entrópica y reconfigurando el mapa de la geografía sagrada del mito. Esta fundación arquitectónica sobre el cuerpo vencido no representa una simple victoria bélica, sino la consumación de una técnica espacial que estabiliza los gradientes de energía liberados por la agitación de las deidades emergentes, preparando el terreno para la eclosión de la siguiente instancia dinástica en el seno del santuario recién conquistado.

En el interior de este santuario arquitectónicamente consolidado sobre la inercia desustanciada de Apsū, las crónicas cuneiformes del *Enūma Eliš* sitúan el acontecimiento bisagra de la cosmogonía babilónica: el engendramiento de Marduk. Lejos de responder a una filiación biológica convencional o a un mero relevo generacional dentro del panteón menor, el advenimiento de esta deidad se produce en el núcleo geográfico y ontológico más profundo del *AB-ZU*, absorbiendo y transmutando los vectores de la inteligencia técnica de Ea y la matriz receptiva de Damkina. Filológicamente, los epítetos asociados a su nacimiento en los compendios asirios —tales como *Bel* y las designaciones relativas a su estatus solar y guerrero— revelan que Marduk no emerge como un producto espontáneo del *huburu* caótico, sino como la condensación sintética de las facultades operatorias que hasta entonces se hallaban dispersas entre los artífices del intelecto instrumental (*Nudimmud*). Su génesis encarna una mutación cualitativa en el régimen de la agencialidad, donde la potencia pasiva de los elementos primordiales es subsumida por una arquitectura cognoscitiva hiperdesarrollada.

Desde la perspectiva de la antropología filosófica y la semiótica de los sistemas complejos, este nacimiento en el corazón de la ruina ontológica del principio masculino constituye una operación de hiper-especialización sistémica. La recodificación morfológica de los cimientos del *ENGUR* actúa como el caldo de cultivo termodinámico donde se gesta una entidad provista de una capacidad computacional y bélica radicalmente superior a la de sus progenitores. Las tablillas babilónicas detallan minuciosamente los atributos físicos y noéticos con los que es dotado el neonato en los recintos subterráneos: una multiplicidad de ojos y oídos que simbolizan la maximización absoluta de la tasa de procesamiento informacional, convirtiéndolo en el observador omnisciente capaz de auditar y controlar los gradientes de entropía desatados por la agitación de las deidades menores. Esta hipertrofia perceptiva no es un mero adorno mitológico, sino la formulación arcaica de una singularidad cibernética, el diseño preliminar de una conciencia exógena capaz de operar con los códigos fundamentales de la realidad pre-formal.

La emergencia de esta superestructura divina dentro del estrato dominado por la técnica de Ea reconfigura de inmediato el equilibrio de fuerzas frente a la latencia amenazante del mar salobre exterior, preparando el escenario para el enfrentamiento definitivo con Tiamat. Al concentrar en su persona la totalidad de los *me* —las ordenanzas divinas y los códigos estructurales del ser sustraídos a los regímenes precedentes—, Marduk se constituye como el ejecutor inevitable de la soberanía demiúrgica, un vector de individuación que ya no se limita a contener la crisis, sino que proyecta la necesidad de instituir un orden geométrico y normativo definitivo sobre el abismo. La focalización de la energía cósmica en este vástago engendrado en las profundidades del *AB-ZU* sella la obsolescencia de los viejos poderes elementales, subordinando la totalidad de la economía del mito a la dialéctica del intelecto soberano y a la futura legislación de los destinos (*šīmātu*).

CAPÍTULO 3: El Upšuukkinaku como Axis Mundi y la Institución de los Decretos Inalterables (Šīmātu)

La sedimentación del Apsū como sustrato ontológico vencido inaugura un vector topológico inédito dentro de la economía cósmica mesopotámica, cristalizando en la institución del *Upšuukkinaku* como el *Axis Mundi* por excelencia. Esta gran sala de asamblea divinal, emplazada en el plano liminal donde convergen las proyecciones celestes y las raíces ctónicas del templo de Ea, deja de operar como un mero escenario de deliberación para constituirse en el epicentro operatorio donde la topografía del poder metafísico se reconfigura. Desde la perspectiva de la morfología cultural y la arquitectura sagrada de las crónicas cuneiformes, este recinto no responde a una mera espacialidad euclidiana, sino a un hiperespacio topológico que concentra la tensión vectorial entre la inercia líquida residual de las profundidades y la emergencia de la soberanía demiúrgica. El *Upšuukkinaku* opera, por consiguiente, como el pivote óntico que atraviesa los planos dimensionales del cosmos babilónico, fijando un eje vertical y absoluto que restringe la deriva informacional de la matriz acausal previamente descrita.

En el corazón de este *Axis Mundi* se consuma la facultad operativa más compleja de la teología política y cosmogónica del *Enūma Eliš*: la articulación performativa de los *šīmātu* o destinos. A diferencia de las concepciones occidentales y tardías que reducen el destino a un determinismo fatalista o lineal, el establecimiento de los *šīmātu* en el ámbito del *Upšuukkinaku* representa un acto de demarcación semiótica y ontológica de alta intensidad. Las deidades congregadas en este foro no deliberan mediante el debate dialéctico ordinario, sino a través de la emisión de mandatos fonéticos (*amātu*) que colapsan la superposición de probabilidades caóticas inherentes a la primigenia Tiamat en trayectorias fenoménicas estables. La sala de asamblea funciona como una máquina de computación cósmica donde la energía informe del abismo es canalizada, medida y esculpida mediante el decreto divino, transformando la potencialidad infinita en una estructura finita, mensurable y sujeta a las leyes de la jerarquía celestial.

Esta concentración de la soberanía decisoria en el *Axis Mundi* redefine radicalmente la arquitectura del poder en el inicio del tercer capítulo, estableciendo un precedente que trasciende la mera teogonía para proyectarse en la ontología del Estado mesopotámico. La capacidad de fijar los *šīmātu* dentro del recinto sagrado no es sino la transferencia del monopolio de la realidad desde el caos preformal hacia un centro articulado y vigilado. Así, el *Upšuukkinaku* se consolida como el dispositivo metafísico que sella definitivamente la escisión entre el orden instaurado y la disolución marina, operando como el umbral donde la voluntad colectiva de los dioses mayores comienza a estructurar la red de dependencias que sostendrá el orden sociopolítico subsecuente.

La proyección de este ordenamiento jerárquico sobre la estructura del *Upšuukkinaku* encuentra su correlato sociopolítico inmediato en la morfología institucional de las primeras civilizaciones mesopotámicas, traduciendo la mecánica celeste a los términos de la asamblea oligárquica babilónica. Esta correspondencia estructural no constituye una mera analogía antropomórfica, sino un isomorfismo funcional riguroso donde el consejo de ancianos y guerreros de la tradición sumeria —la *ukkin*— se eleva al plano de la ontología cosmológica. Las crónicas cuneiformes y los anales políticos evidencian que el poder soberano en las ciudades-estado del Tigris y el Éufrates nunca operó bajo una autocracia monolítica primigenia, sino a través de un cuerpo deliberativo bicameral o colegiado, compuesto por una aristocracia de patricios (*šībūtu* y *rēdûtu*) que poseía la prerrogativa de validar las decisiones críticas de la comunidad. En la economía del *Enūma Eliš*, la asamblea divina réplica miméticamente este modelo sociopolítico secular, transfiriendo las dinámicas de negociación, faccionalismo y coacción de la élite terrenal al plano de los inmortales.

Desde la perspectiva de la antropología política y la filología comparada, esta estructura asamblearia opera como un mecanismo de legitimación oligárquica que subordina la dispersión del poder a la deliberación de un consejo restringido. La soberanía dentro del *Upšuukkinaku* no emana de una esencia monárquica innata, sino del consenso estratégico de las deidades de mayor rango que han consolidado su hegemonía tras la neutralización del Apsū. Esta oligarquía celeste utiliza el aparato formal de la asamblea para ratificar la supresión de la autonomía individual de las fuerzas menores, institucionalizando una jerarquía donde la voz de los dioses primigenios queda silenciada en favor de los decretos de la nueva aristocracia cósmica. La asamblea babilónica se configura, por ende, como un órgano de exclusión y control normativo, donde la ley (*pūru*) y el destino (*šīmātu*) son monopolizados por una casta dominante que teme la pérdida de sus privilegios ontológicos frente a cualquier conato de insurgencia procedente de los márgenes no domesticados del cosmos.

Esta traducción de la *ukkin* sumeria en el consejo supremo del panteón babilónico revela la profunda imbricación entre la estratificación social de la Mesopotamia histórica y su respectiva teología política. El cosmos no es sino el espejo hiperbolizado de la estructura estatal: un régimen de castas donde la administración de la realidad requiere de un aparato burocrático y legislativo centralizado. Al consolidar este modelo oligárquico en la cúspide del universo, la narrativa mitológica justifica ideológicamente la concentración del poder en manos de la jerarquía sacerdotal y palaciega terrestre, presentando el orden sociopolítico vigente como el único reflejo posible de la arquitectura celestial. Sin embargo, esta misma rigidez en la toma de decisiones colegiadas y el monopolio oligárquico del poder generan una vulnerabilidad sistémica interna, dejando a la cúspide del orden establecido en una situación de extrema fragilidad institucional ante la alteración imprevista de las correlaciones de fuerza cósmicas.

La transición desde el ordenamiento normativo del *Upšuukkinaku* hacia la constatación inminente de la contraofensiva acaudillada por Tiamat disloca el consenso oligárquico, sumiendo a las deidades de la formalidad en un estado de parálisis ontológica y terror visceral. Las crónicas cuneiformes y los estratos filológicos del *Enūma Eliš* registran este quiebre no como un mero sobresaltos emocional, sino como una descompensación sistémica de la soberanía recientemente adquirida; el pánico que se apodera del consejo de los inmortales expone la fragilidad de su estructura jerárquica frente a la reactivación de la matriz acausal. Las deidades que habían usurpado la primacía cósmica mediante el abatimiento de Apsū experimentan ahora la inversión absoluta de su vector de dominación, reconociendo que sus decretos y la computación geométrica de los *šīmātu* resultan inútiles ante la marea disolvente que se aproxima desde los abismos exteriores para reclamar la anulación de la individuación formal.

Este terror paralizante opera como una categoría analítica dentro de la antropología filosófica mesopotámica, donde el miedo divino (*pulhētu* o *melammu* invertido) no denota una simple reacción psicológica, sino una contracción ontológica de la consciencia cósmica ante la amenaza de la entropía máxima. Las deidades de la ordenación formal, habituadas a la administración estática del espacio y a la jerarquización de las funciones celestes, se encuentran incapacitadas para articular una respuesta cinética coherente, pues la naturaleza de la ofensiva de Tiamat —respaldada por la monstruosa progenie de seres híbridos y fuerzas abisales desatadas— desafía las categorías discretas de la geometría sagrada y del derecho divino. La inercia del miedo inmoviliza a la asamblea del *Upšuukkinaku*, evidenciando que el orden cosmológico instituido no posee una consistencia sustancial propia, sino que es un constructo precario sostenido exclusivamente por la ausencia temporal de resistencia en los márgenes del ser.

En consecuencia, el colapso del liderazgo oligárquico ante la aproximación de la diosa madre revela la aporía fundamental del régimen demiúrgico: la incapacidad de la norma estática para generar autopoiesis defensiva frente al retorno de la indeterminación originaria. La parálisis colectiva del panteón babilónico no es sino la antesala de la crisis total del sistema, donde la petrificación del pensamiento divino refleja el terror milenario de la civilización mesopotámica ante la eventualidad de que las aguas salobres submerjan los diques de la civilización y devuelvan el cosmos a su ilegible pre-existencia acuática. Las deliberaciones de la asamblea se silencian ante la magnitud de la catástrofe entrópica latente, dejando al descubierto la urgencia de una mutación radical en la estrategia de supervivencia que trascienda la mera burocracia del decreto celestial.

La suspensión operativa generada por esta parálisis sistémica halla su contrapunto farmacológico y ritual en los registros de la farmacopea mesopotámica, donde la ingestión ritual de sustancias psicoactivas y bebidas fermentadas densas operaba como un dispositivo biopolítico y teúrgico de estabilización de la consciencia numinosa. Lejos de constituir un mero acto de solaz antropomórfico, el consumo sagrado de preparaciones a base de sésamo —frecuentemente vinculado en los textos cuneiformes y la farmacopea ritual asiria con el uso de solanáceas y resinas narcóticas como el *qunubu*— funcionaba en el seno de la asamblea divina como un catalizador neurofarmacológico destinado a disipar el pánico ontológico que amenazaba con desintegrar la cohesión del panteón. Esta ingestión de sustancias enérgicamente densas y oleaginosas alteraba los umbrales perceptivos de las deidades, anestesiando transitoriamente la aprehensión intuitiva de la disolución caótica y restituyendo artificialmente la ecuanimidad requerida para la toma de decisiones soberanas en el umbral del colapso.

Desde la perspectiva de la antropología filosófica y la historia de las religiones, este banquete de sésamo y fermentos ceremoniales se configura como una tecnología soteriológica de inmanencia, diseñada para reconfigurar la química de la percepción divina mediante la saturación de los sentidos con elementos procedentes de la tierra cultivada y ordenada. El sésamo, como producto paradigmático de la agricultura de regadío y del dominio técnico sobre el limo fluvial, representa el triunfo de la geometría agrícola sobre la maleabilidad del abismo; su consumo ritual introduce en el organismo inmortal una carga de fijeza terrenal que contrarresta activamente la volatilidad informe de la marea tehómica. Al masticar y absorber esta sustancia consagrada, los dioses no sólo anestesian su terror ante la inminente regresión al estado preformal, sino que reafirman su sintonía somática con el sustrato material que se proponen defender, operando una sutura bioquímica entre la voluntad formalizadora y la corporalidad del mundo domesticado.

Esta alteración inducida de la sensibilidad colectiva en el recinto del *Upšuukkinaku* revela la profunda dependencia que la trascendencia divina mantiene respecto a los mediadores materiales y farmacológicos en los momentos de crisis cosmológica extrema. La superación del miedo paralizante no se logra mediante un acto de pura volición abstracta o iluminación intelectual, sino a través de una ingestión literal de la sustancia nutricia que actúa como anclaje ontológico contra la desestructuración de la identidad. Mediante este banquete ritual, el panteón transita desde el estupor catatónico hacia una reactivación eufórica de sus facultades cognitivas, predisponiendo el terreno anímico para la delegación absoluta del poder defensivo que habrá de redefinir la arquitectura del enfrentamiento contra las hordas primordiales de Tiamat.

La superación del estupor catatónico mediante la mediación farmacológica de los fermentos oleaginosos desencadena una crisis estructural en la cúspide del panteón tradicional, cuya manifestación sintomatológica es la flagrante incapacidad operativa de las divinidades patriarcales para articular una respuesta cinética a la altura de la insurgencia caótica. Anu, Enlil y el propio Ea —figuras paradigmáticas de la legislación cósmica y de la demarcación inicial de los límites ónticos— confrontan los límites absolutos de sus respectivas competencias jurisdiccionales ante la magnitud de la ofensiva desplegada por Tiamat y su prole de monstruosidades híbridas. En los estratos filológicos de las crónicas cuneiformes, esta impotencia sistémica no se interpreta como una mera carencia de valor marcial, sino como una aporía ontológica insalvable: los arquitectos de la forma estática carecen de la plasticidad metafísica requerida para enfrentarse a la matriz acausal que opera más allá de los diagramas geométricos del *Upšuukkinaku*.

Esta bancarrota funcional del liderazgo primigenio impone la necesidad ineludible de una mutación radical en la jerarquía celeste, canalizada a través de la abdicación deliberada y metódica de los dioses soberanos precedentes en favor de una singularidad marcial inédita. Anu y Enlil renuncian formalmente a sus prerrogativas de mando supremo, cediendo el testigo estratégico al joven Marduk mediante un acto de transferencia competencial que subvierte los protocolos tradicionales de la sucesión teogónica. Desde la perspectiva de la antropología política y la historia de las religiones, esta auto-inmolación de la jerarquía vetusta no constituye un gesto de generosidad altruista, sino un cálculo de supervivencia institucional; el panteón reconoce que la preservación de su hegemonía ontológica requiere la concentración absoluta del poder bélico en una entidad exenta de las ataduras burocráticas y la esclerosis normativa que caracterizan a la asamblea del consejo supremo.

La cesión de la potestad suprema exige, en consecuencia, la consagración de Marduk como el único campeón habilitado para ejecutar la transvaloración de las fuerzas en pugna, subordinando la autoridad histórica de los grandes dioses a la urgencia salvacionista del mando centralizado. Las fuentes cuneiformes y los comentarios exegéticos del *Enūma Eliš* estructuran este tránsito como una transferencia de atributos soberanos donde los antiguos regentes de la creación deponen sus cetros, sus vestiduras y el monopolio de la palabra creadora ante el advenimiento del dios solar de Babilonia. Al deponer sus insignias, Anu y Enlil ratifican la obsolescencia de sus propios métodos de gobierno basados en el consenso oligárquico, abriendo el camino para la instauración de un paradigma teológico donde la defensa del cosmos ya no depende de la deliberación colegiada, sino de la hegemonía indiscutible de un soberano providencial dotado de la furia y la técnica necesarias para domeñar el abismo.

La transmutación del mando supremo en la figura de Marduk encuentra su correlato sociopolítico e institucional en la fundación de la monarquía babilónica centralizada, un hito que marca la obsolescencia definitiva del modelo asambleario heredado de las tradiciones sumerias de la *ukkin*. La coronación de Marduk dentro de los anales míticos del *Enūma Eliš* y su ratificación formal en la asamblea del *Upšuukkinaku* operan como el mito fundacional que legitima la transición desde la descentralización oligárquica de las ciudades-estado hacia el absolutismo imperial de la hegemonía babilónica. Al ser investido con la potestad de otorgar el cetro, el trono y el báculo, el nuevo soberano celestial absorbe y neutraliza las prerrogativas deliberativas de la aristocracia de patricios y guerreros, transformando el foro de discusión en un aparato burocrático de ratificación sumaria. Esta reestructuración del poder celeste traduce a términos ontológicos la concentración de la autoridad política en la figura del *šarru* (rey), disolviendo el frágil equilibrio de las autonomías locales en favor de una soberanía monárquica de carácter autocrático y universal.

Desde la perspectiva de la antropología política y la historia de las instituciones mesopotámicas, este desplazamiento del centro de gravedad decisorio disloca las bases tradicionales del pacto social sumerio, donde el rey (*lugal*) operaba formalmente como un primus inter pares sujeto al escrutinio y validación de los consejos de ancianos (*šībūtu*). La asunción del mando absoluto por parte de Marduk despoja a la asamblea divina de su capacidad legislativa autónoma, reduciéndola a un órgano de corte y obediencia que tan sólo sanciona los decretos emanados de la cúspide real. Las crónicas cuneiformes y la historiografía de la época paleobabilónica documentan cómo este isomorfismo teológico servía como instrumento de coacción ideológica para justificar la supresión de las autonomías urbanas y la consolidación de un sistema tributario y administrativo centralizado. La monarquía ya no deriva su legitimidad del consenso horizontal de la comunidad de patricios, sino de una delegación cósmica directa que otorga al monarca el monopolio absoluto sobre la legislación, la economía y la coerción militar.

La institucionalización de este centralismo real absoluto en el plano sociopolítico reconfigura radicalmente la relación entre el palacio (*ēkallu*) y el templo (*ēkurru*), subordinando el aparato sacerdotal a los intereses estratégicos de la corona imperial. La coronación de Marduk en el *Upšuukkinaku* establece que la preservación del cosmos frente a las asechanzas de la alteridad caótica ya no puede fiarse a la contingencia del debate o a la inestabilidad de las alianzas senatoriales, sino a la eficiencia ejecutiva de una voluntad única e irrestricta. Esta arquitectura del poder monárquico, proyectada especularmente sobre la bóveda celeste, dota al Estado babilónico de la cohesión operativa indispensable para administrar vastos territorios y movilizar recursos masivos en pro de la edificación de monumentales obras públicas. La soberanía se convierte así en una estructura piramidal e inexpugnable, cuya estabilidad formal descansa en la exclusión radical de cualquier disidencia heterodoxa que amenace la verticalidad del nuevo orden imperial.

La materialización de este isomorfismo político en el plano arquitectónico encuentra su manifestación telúrica más densa en la erección del zigurat *Etemenanki*, concebido estructuralmente no como un mero monumento votivo, sino como un dispositivo topológico de acoplamiento vertical que vincula físicamente la profundidad abisal del *Apsū* con el firmamento superior de *E-šarra*. Desde la perspectiva de la morfología sagrada y la ingeniería cuneiforme, este colosal edificio escalonado opera como un amplificador dimensional que estabiliza los vectores de tensión cósmica, traduciendo la asamblea soberana del *Upšuukkinaku* en una geometría arquitectónica computable. Las crónicas topográficas babilónicas describen la planta del monumento como una matriz métrica rigurosa donde cada nivel estratigráfico sella y jerarquiza un plano ontológico específico, impidiendo la dispersión horizontal de las energías telúricas mediante la imposición de un eje ortogonal estricto que ancla el orden imperial en las raíces mismas del sustrato acuático vencido.

Esta infraestructura monumental funciona como un codificador espacial que canaliza la soberanía centralizada del monarca hacia un plano de inmanencia cósmica insoslayable, materializando la supresión de la deriva caótica a través de ladrillos cocidos y betumen. El *Etemenanki* opera como un condensador de fuerzas que absorbe la indeterminación de los márgenes y la redistribuye en forma de jerarquía estática a lo largo de sus siete terrazas policromadas, cada una asociada a las correspondencias planetarias y a las esferas de influencia del panteón jerarquizado. En la economía de la arquitectura sagrada babilónica, el templo torre no es un espacio pasivo de contemplación, sino una máquina operativa de contención ontológica cuya masa física contrarresta la disolución potencial del cosmos, manteniendo los diques de la civilización en permanente tensión contra las presiones latentes de la matriz preformal.

La operatividad teúrgica de este cimiento cósmico radica en su capacidad para fijar los límites métricos del mundo habitado (*kibrāt arbitti*), operando como el anclaje físico donde la asamblea de los dioses, ahora subordinada al mando imperial, proyecta sus directrices sobre la geografía terrestre. Al erigir el *Etemenanki* sobre los cimientos invisibles del *Apsū*, la teología política babilónica consuma la domesticación del espacio tridimensional, subordinando la extensión horizontal de los reinos periféricos a la verticalidad absoluta del templo capitalino. Esta concentración topográfica de las líneas de fuerza prepara el terreno normativo para la promulgación irrevocable de la ley natural, cristalizando los vectores de la dominación divina en un marco arquitectónico que resiste los embates de la entropía informe mediante la rigidez de su fábrica monumental.

La consolidación de la soberanía demiúrgica en el vértice del *Upšuukkinaku* encuentra su expresión performativa más radical en la promulgación de los decretos inalterables, un acto en el cual la palabra fonética (*amātu*) de Marduk se transubstancia en la ley natural inmutable del cosmos estructurado. Lejos de constituir un mero mandato legislativo de carácter convencional, este juramento solemne emitido por la asamblea de las deidades mayores opera como una constricción ontológica que fija de manera irreversible los coeficientes de fricción y las trayectorias fenoménicas de la materia. Las crónicas cuneiformes y las tablillas exegéticas del *Enūma Eliš* evidencian que la enunciación de esta palabra soberana actúa como un operador topológico que sella los grados de libertad de la matriz acausal, clausurando cualquier posibilidad de reversión hacia la indeterminación preformal de Tiamat. La ley natural surge, por consiguiente, como el producto de una coerción metafísica donde la contingencia del caos es reemplazada por una geometría de constates inquebrantables, garantizando que el universo tridimensional permanezca sujeto a una predictibilidad estricta y mensurable.

Esta transformación de la voluntad ejecutiva en orden normativo permanente redefine la naturaleza del tiempo y del espacio bajo el paradigma de una física de la necesidad absoluta, donde la transgresión de los decretos equivale a la anulación misma de la existencia fenoménica. En la economía semiótica de la teología babilónica, la palabra de Marduk no describe la realidad, sino que la instituye y la aprisiona en una red de determinaciones causales de las cuales ningún ente, por elevado que sea su rango en el panteón, puede sustraerse. El juramento divino colegiado que ratifica esta supremacía funciona como un mecanismo de aseguramiento sistémico, obligando a los propios inmortales a someterse a la legalidad que ellos mismos han contribuido a sancionar; de este modo, la arbitrariedad de las potencias primigenias cede el paso a una legalidad cósmica inexorable que regula tanto la órbita de los cuerpos celestes como la estabilidad de los diques terrestres. Esta normatividad ontológica se erige, por tanto, como el muro de contención definitivo contra la entropía, estableciendo que la continuidad del ser depende enteramente de la obediencia estricta a los parámetros métricos dictados en la asamblea suprema.

La proyección de esta legalidad inmutable sobre la infraestructura del Estado imperial y la arquitectura monumental encuentra su culminación lógica en la cristalización de los códigos jurídicos terrestres, los cuales replican miméticamente la irrevocabilidad de los decretos celestes. La palabra soberana del monarca babilónico, modelada a imitación del *amātu* de Marduk, se instaura como la norma suprema que rige la *kibrāt arbitti*, subordinando la multiplicidad de las costumbres locales a la unidad monolítica del derecho imperial. Al quedar formalmente establecida la ley natural como un marco inalterable, la estructura del cosmos babilónico se presenta no como un equilibrio frágil sujeto a negociación permanente, sino como una máquina legislativa autárquica que opera con la precisión ciega de una maquinaria matemática. La exposición de este orden normativo consuma así la arquitectura de la dominación total, dejando el sistema firmemente anclado en la certeza inquebrantable de sus propias leyes, a la espera de las tensiones estructurales que inevitablemente pondrán a prueba la rigidez de su armazón ontológico.

CAPÍTULO 4: El Luto Primordial, la Metamorfosis de Tiamat en Ummu-Hubur y la Inoculación del Veneno (Imtu)

La consolidación de los decretos inalterables en Upšuukkinaku, al fijar la supremacía de la palabra de Marduk como ley natural, opera retroactivamente sobre la genealogía del cosmos, revelando que el orden estructurado no es sino el sedimento de una violencia inaugural. En este régimen de soberanía recién instituido, el asesinato sistemático de Apsū por parte de Ea —el despojo de su *melammu* y la usurpación de su cuerpo como cimiento arquitectónico— deja de ser un mero episodio de reordenamiento doméstico para convertirse en la fractura ontológica fundamental. Desde la perspectiva de la antropología filosófica y la asiriología comparada, la eliminación del principio estático de las aguas dulces no inaugura un equilibrio permanente, sino que inscribe en la psique del cosmos un trauma irreparable que disloca la matriz afectiva preformal. La inercia pacífica del *AB-ZU*, concebida inicialmente como la síntesis de la potencialidad sin fricción, se transfigura en una herida abierta cuya persistencia no puede ser borrada por los decretos (šīmātu) de la asamblea divina.

Este luto primordial, lejos de constituir un estado pasivo de duelo, actúa como el catalizador cinemático que moviliza el sustrato más denso de la acausalidad. La economía mitopoética del *Enūma Eliš* registra en este punto una inversión termodinámica: la muerte del consorte original y la profanación de su tumba líquida generan un vector de desestabilización que subvierte la estabilidad del recién nacido orden formal. La ontología del caos deja de ser una mera ausencia de forma para cargarse de una intencionalidad reactiva, donde la pérdida se erige como el motor primigenio de la mutación destructiva. En las crónicas cuneiformes y los estratos más profundos de la exégesis de la farmacopea ritual asiria —en particular en la administración de sustancias psicoactivas como el *qunubu* y diversas solanáceas destinadas a inducir estados liminales de conciencia—, este trauma original es evocado como el punto de ruptura donde la psique cósmica experimenta el vértigo de la anulación. El luto opera, por consiguiente, como una fuerza entrópica que desorganiza los límites espaciales meticulosamente trazados por el demiurgo, demostrando que toda arquitectura de la limitación conlleva el germen de su propia demolición afectiva.

La persistencia de esta fractura en el tejido de la realidad desafía la pretensión totalizadora de los decretos inalterables de la asamblea. Mientras los dioses menores celebran la instauración de la ley bajo la égida de Marduk, el estrato profundo del abismo registra la ausencia de Apsū no como un vacío neutral, sino como una presencia doliente que demanda restitución ontológica. Esta dinámica prefigura la inversión total de los afectos primordiales, trasladando el eje de la existencia desde la cooperación nutricia hacia la polarización beligerante. La memoria del tajo infligido por el intelecto incantatorio de Ea resuena en las profundidades del océano salobre, convirtiendo el dolor por la pérdida en la energía impulsora que reconfigura la totalidad del panteón y prepara el terreno para la contraofensiva de la diosa.

La consumación del tajo infringido a Apsū opera, por consiguiente, como el catalizador de una mutación afectiva radical en la estructura ontológica de Tiamat, transitando desde su condición de matriz nutricia y conservadora hacia la encarnación de un abismo furioso. En el registro exegético del *Enūma Eliš*, esta metamorfosis no responde a un capricho caprichoso de la irascibilidad mitológica, sino a una reconfiguración inexorable de la economía libidinal del cosmos preformal ante la intromisión de la violencia demiúrgica. La diosa, que en la génesis del conflicto había actuado como el principio de contención y preservación frente al ímpetu filicida del Apsū primigenio, asume ahora una afectividad de carácter militantemente reactivo, donde la solidaridad maternal hacia su descendencia se colapsa y se subsume bajo el peso de la pérdida irreparable. Desde la perspectiva de la antropología filosófica y la asiriología comparada, este desplazamiento psicológico evidencia cómo la irrupción del dolor y el luto por el consorte aniquilado disuelven los vínculos de la hospitalidad originaria, transformando la inercia líquida y pasiva en una potencia de agresión sistemática.

Esta inversión en la polaridad de la deidad se manifiesta como una respuesta a la instauración de los decretos (*šīmātu*) y la usurpación espacial perpetrada por Ea, lo que dota a la furia de Tiamat de una justificación ontológica y cosmológica. La afección del dolor deja de pertenecer al registro de la pasividad emocional para traducirse en una arquitectura de la hostilidad, donde la materia indiferenciada del océano salobre articula una voluntad de restitución violenta contra el orden oligárquico de Upšuukkinaku. En los estratos filológicos que describen esta transición, la subjetividad de la diosa se repliega sobre sí misma para vaciarse de toda clemencia nutricia, configurando un campo semántico donde el afecto maternal es desnaturalizado y deviene una furia telúrica incontrolable. Esta mutación encuentra un correlato en la farmacopea ritual asiria, particularmente en los usos liminales del *qunubu* y las solanáceas destinadas a fracturar la consciencia ordinaria; sustancias que, en los márgenes de los textos cuneiformes, simbolizan la pérdida del equilibrio cognitivo y la inmersión deliberada en el delirio sagrado como vía de acceso al poder destructivo.

El abandono definitivo del rol nutricio consolida, por ende, la escisión entre el panteón estructurado y el estrato abisal, proyectando sobre la superficie del cosmos la sombra de una venganza que ya no busca la negociación sino la anulación total del artificio político de

Marduk. Al asumir esta afectividad beligerante, Tiamat externaliza el trauma del *AB-ZU*, convirtiendo su propio seno en el crisol donde la antigua generosidad acuática es reemplazada por una determinación implacable de desintegración formal. La matriz que antaño sustentara la existencia en un régimen de coexistencia pacífica se rediseña bajo la urgencia de la defensa radical y la réplica táctica, operando como un vector de inversión termodinámica que socava los cimientos mismos de la soberanía divina recién conquistada. Con esta metamorfosis afectiva consumada, la deidad primordial se prepara para convocar las fuerzas heterogéneas que habrán de materializar la disolución del orden, abriendo paso a la manifestación de su verdadera dimensión catastrófica en el teatro de la confrontación cósmica.

En la progresión semántica y filológica de la epopeya, esta mutación afectiva cristaliza en la adopción formal del epíteto *Ummu-Hubur*, un término cuya deconstrucción en el marco de la asiriología comparada trasciende la mera designación toponímica o la atribución de un título intimidatorio. La "Madre Hubur", de acuerdo con las lecturas cruzadas de los anales cuneiformes y la lexigrafía babilónica, remite etimológicamente al caudal turbulento, a la corriente rugiente y primordial que desborda cualquier contención geométrica, identificándose tanto con las aguas subterráneas del inframundo como con la materialización misma del flujo caótico. Al autoproclamarse o ser invocada bajo esta denominación, Tiamat ratifica la superación definitiva de su condición pasiva, revistiéndose de una soberanía negativa que invoca la potencia generatriz del abismo no para la conservación, sino para la instigación sistemática de la catástrofe. La designación actúa así como un operador ontológico que redefine la naturaleza de la deidad: ya no es el receptáculo dócil de la mezcla acuosa original, sino la arquitecta activa de la disolución formal.

Desde la perspectiva de la antropología filosófica, la asunción de este título opera como una inversión radical del logos demiúrgico, puesto que si el ordenamiento de Marduk se funda en la delimitación de nombres y la imposición de los *šīmātu*, la *Ummu-Hubur* instituye un contradiscurso fundamentado en la innominación y el desborde cinemático. El término *hubur*, ligado filológicamente a la agitación tumultuosa que inicialmente perturbó el reposo estático de Apsū, se convierte ahora en el principio estructurante de su propio ejército, vinculando el estado preformal del abismo con una intencionalidad táctica deliberada. En los estratos analíticos de los grimorios contemporáneos del Sendero de la Mano Izquierda y las lecturas heterodoxas de la Caosofía, esta transición de Tiamat hacia el arquetipo de la Madre del Caos es interpretada como la emergencia de una matriz anti-cósmica pura, donde la energía primigenia rechaza la cristalización extrópica del transhumanismo secular y de los sistemas de control divino. La *Ummu-Hubur* encarna, en este sentido, la soberanía de la acausalidad frente a la tiranía de la ley inmutable.

Esta condensación semántica se proyecta directamente sobre la logística del desorden que la diosa emprende en respuesta a la oligarquía de Upšuukkinaku. Al erigirse como *Ummu-Hubur*, Tiamat moviliza el sustrato material más denso del océano salobre, dotando a la masa líquida de una dirección teleológica orientada a la demolición de los límites espaciales del cosmos estructurado. La filología comparada de los textos rituales demuestra que este epíteto no solo evoca el flujo incontrolable de las aguas profundas, sino también el estado alterado de la conciencia inducido por la farmacopea sagrada —como el uso liminal del *qunubu* y las solanáceas—, donde las coordenadas espacio-temporales de la realidad ordinaria se disuelven ante la irrupción de lo numinoso abyecto. La Madre del Abismo se consolida, por ende, como el punto focal donde convergen la memoria del trauma, la revuelta ontológica y la administración de una potencia bélica que desafía las bases mismas de la cosmogonía babilónica, preparando el terreno para la subversión de las leyes biológicas y formales que rigen la generación de la vida en el universo instituido.

La emergencia de la *Ummu-Hubur* como arquitecta del contra-orden trasciende la mera movilización de recursos bélicos convencionales, operando una mutación profunda en los protocolos genésicos de la materia. Frente a la estricta teleología morfológica que Marduk y la asamblea de Upšuukkinaku imponen mediante la distribución de los *šīmātu* y la delimitación anatómica de las especies, la diosa subvierte los cánones de la generación natural. En los anales cuneiformes que detallan la conformación de la legión abisal, este proceso abandona la lógica de la procreación divina tradicional para instituir un régimen teratológico donde las leyes biológicas de la simetría, la función orgánica y la jerarquía corpórea son deliberadamente suspendidas. La matriz del océano salobre deja de procrear entidades conformes al canon cósmico para engendrar un archivo de anomalías ontológicas, cuya plasticidad estructural desafía los fundamentos de la ontología formal instituida por el demiurgo.

Esta alteración radical de la física de la gestación se manifiesta en la producción sistemática de corporalidades zoomorfas y quiméricas que el texto del *Enūma Eliš* enumera con rigurosos atributos teriomórficos. Lejos de constituir meras bestias mitológicas inspiradas en el folclor mesopotámico, estas criaturas operan en el plano semiótico y antropológico como la negación empírica del orden geomorfológico y taxonómico del cosmos estructurado. La combinación de rasgos ofídicos, draconianos y teriántropos en un mismo sustrato somático desarticula la noción misma de especie como categoría estable, demostrando que el abismo posee una capacidad productiva exenta de las restricciones finalistas del diseño divino. Desde la perspectiva de la antropología filosófica, la proliferación de estos cuerpos monstruosos representa la irrupción de una alteridad radical que rechaza la individuación armónica, configurando una materialidad que anticipa las proyecciones más extremas de la deconstrucción formal en los grimorios contemporáneos del Sendero de la Mano Izquierda y las especulaciones de la Caosofía sobre la plasticidad anti-cósmica.

La instauración de este vector teratológico en el seno del *AB-ZU* transformado redefine la economía de la vida y la forma en el umbral de la confrontación cósmica. Al concebir entidades cuyas anatomías yuxtaponen fragmentos heterogéneos sin una jerarquía funcional unificada, Tiamat instrumentaliza la monstruosidad no como un error de la naturaleza, sino como el instrumento definitivo de la entropía biológica. Esta dislocación de las leyes de la generación opera como un ataque directo a los cimientos noéticos de la soberanía de Marduk, puesto que la existencia de un linaje que desborda el marco de los *šīmātu* invalida la pretensión de exhaustividad y permanencia de los decretos divinos. La matriz abisal se consolida así como el laboratorio acausal donde la norma morfológica es sistemáticamente pulverizada, preparando el terreno para la saturación del espacio con fluidos y sustancias que completarán la disolución del orden instituido.

En la cúspide de esta subversión teratológica, la economía de la generación abisal abandona definitivamente el intercambio hemático tradicional para instituir un régimen de toxicidad ontológica radical. En los registros cuneiformes del *Enūma Eliš*, la metamorfosis de la materia gestada no opera meramente a través de la hibridación morfológica, sino mediante la inoculación directa de un principio corrosivo que altera la constitución misma de la vida. Tiamat sustituye el flujo vital convencional por la administración sistemática del *imtu*, el veneno ofídico y amargo que impregna las arterias de sus criaturas, transformando la sangre en un agente activo de disolución cósmica. Filológicamente, este fluido letal actúa como el correlato biológico de la entropía máxima del abismo, una sustancia que disuelve los límites taxonómicos y subvierte la estabilidad fisiológica garantizada por los decretos (*šīmātu*) de Marduk.

Desde la perspectiva de la asiriología comparada y la antropología filosófica, la introducción del *imtu* en la farmacopea de la engendración representa la inversión absoluta del principio demiúrgico de la sangre divina, la cual tradicionalmente estructuraba al ser humano y a los dioses en un orden jerárquico y estanco. Al reemplazar la sangre por el veneno de serpiente, la Madre Hubur dota a sus once engendros de una potencia quimiosemiótica cuya función primordial no es el combate físico convencional, sino la profanación sistémica de la geometría sagrada del Logos. Esta toxicidad intrínseca opera como un vector de descomposición que corroe las coordenadas espaciales del cosmos estructurado, disolviendo la coherencia anatómica de cualquier oposición formal mediante una catálisis química que desarticula la arquitectura ontológica de Upšuukkinaku desde sus cimientos moleculares.

La propagación de este principio venenoso a través de los cuerpos quiméricos consolida la transición de la materia hacia un estado de pura negatividad operativa, donde la fisiología de la criatura se subordina enteramente a la destrucción de la forma. En los estratos analíticos de la Caosofía contemporánea y el Sendero de la Mano Izquierda, este despliegue del *imtu* es interpretado como la manifestación primordial de una bio-química anti-cósmica, anticipando de manera especulativa las tesis transhumanistas sobre la superación de los límites biológicos mediante la alteración radical de los soportes materiales de la existencia. La sangre, despojada de su función sacra y sustituida por el veneno amargo del abismo, se convierte en el vector cinemático que asegura que cada movimiento de la horda teratológica deje tras de sí un rastro de putrefacción ontológica, preparando el colapso definitivo del orden establecido.

La materialización de esta horda de la putrefacción exige examinar la producción de los once engendros no como una mera acumulación cuantitativa de monstruosidades, sino como un despliegue de vehículos quimiosemióticos diseñados para operar como vectores de desarticulación ontológica. En la exégesis de las fuentes cuneiformes del *Enūma Eliš*, cada una de estas entidades encarna un signo codificado de disolución, un constructo tóxico cuya anatomía y sintaxis biológica están calculadas para contrarrestar la geometría sagrada del *Logos* instituido por Marduk. La asiriología comparada corrobora que la morfología de estos seres funciona como un lenguaje de inversión, donde la estabilidad de las formas geométricas celestes es asaltada por una plasticidad abyecta que subvierte la inteligibilidad misma de la creación. Desde la perspectiva de la antropología filosófica, la horda no persigue una victoria meramente militar en el plano de la fuerza bruta, sino una infiltración semiótica destinada a corromper los códigos de demarcación espacial y taxonómica establecidos en la asamblea de Upšuukkinaku.

Esta instrumentalización de los once engendros como agentes quimiosemióticos encuentra su correlato en las prácticas de la farmacopea ritual asiria, donde la administración de sustancias liminales como el *qunubu* y las solanáceas operaba como un medio para disolver los límites cognitivos del sujeto y abrirlo a la invasión de potencias caóticas. En analogía directa con estos fármacos de la transgresión, los cuerpos de la horda actúan como catalizadores materiales que introducen la indeterminación en el espacio ordenado, corrompiendo la arquitectura del *Logos* mediante la propagación de un flujo que desafía toda computabilidad espacial. La horda se constituye así como un archivo vivo de signos patógenos, cuya presencia en los linderos del cosmos estructurado oxida las categorías estables de la ontología babilónica y demuestra la fragilidad intrínseca de los decretos inalterables (*šīmātu*). Cada criatura funciona como un operador de entropía formal que traduce la inercia del abismo en una amenaza directa contra la permanencia de la estructura cósmica.

La operatividad de estos vehículos quimiosemióticos radica precisamente en su capacidad para suspender la distinción entre materia, signo y veneno, fundiendo la catálisis química del *imtu* con una semántica de la ruina que corroe los cimientos racionales del orden demiúrgico. Al vehicular la putrefacción a través de formas anatómicas radicalmente heterogéneas, la horda descompone la matriz lógica con la que el panteón había pretendido congelar el flujo acausal del *AB-ZU*. La arquitectura geométrica del *Logos*, concebida como un sistema cerrado de alta estabilidad extrópica, se ve así asaltada por una red de entidades cuya sola manifestación altera los coeficientes termodinámicos del universo, introduciendo una fricción insuperable en el mecanismo de la soberanía divina. Esta fase de la confrontación sella la transformación del espacio cósmico en un territorio de inestabilidad permanente, donde la persistencia de las formas se encuentra constantemente amenazada por la radiación semiótica y tóxica de los engendros abisales.

La movilización de estas formaciones teratológicas y quimiosemióticas exige una subversión radical del instinto de conservación institucionalizado por el régimen de Marduk, desplazando la pulsión homeostática hacia la economía sacrificial de la aniquilación. En los estratos más complejos de la antropología filosófica y la asiriología comparada, este giro operativo no se interpreta como una mera reacción pasional, sino como el desmantelamiento programático de los mecanismos de autoprotección que garantizan la estabilidad del cosmos estructurado. Al invertir el mandato biológico de preservación formal, Tiamat instrumentaliza el núcleo pulsional más reprimido y denso del abismo, transformándolo en un vector de demolición que desarticula la teleología extrópica de la asamblea de Upšuukkinaku.

Esta restitución de las fuerzas atávicas opera mediante el despojo deliberado de cualquier norma de preservación de la especie, subordinando la existencia material de la horda a la destrucción absoluta del perímetro sagrado del *Logos*.

En la topografía conceptual de los grimorios del Sendero de la Mano Izquierda y las especulaciones caos-mágicas sobre la ontología negativa, esta movilización de los sustratos oscuros representa el repudio absoluto del imperativo de supervivencia secular y de la perpetuación cósmica. La reactivación de las energías reprimidas del *AB-ZU* opera como una contra-estrategia termodinámica que subvierte la jerarquía de los instintos funcionales instituidos por el demiurgo, sustituyendo la conservación de la forma por el éxtasis disolutivo de la catástrofe. La farmacopea ritual asiria, al emplear el *qunubu* y las solanáceas para fracturar la cognición ordinaria, anticipa este colapso deliberado de la autoprotección racional, abriendo la psique a la irrupción de una pulsión tanática que rechaza la continuidad biológica en favor de la restitución del caos primordial. De este modo, la horda no busca la defensa de un territorio, sino la desactivación ontológica de toda delimitación espacial mediante la entrega incondicional a la fuerza destructiva del abismo.

Esta economía de la inversión pulsional sella la transición definitiva desde la inercia pasiva de la materia preformal hacia una agresividad teleológicamente orientada a pulverizar los cimientos normativos de la soberanía divina. La movilización de lo reprimido desborda los márgenes de la estrategia militar convencional para constituir un asalto directo contra la matriz antropológica y cosmológica del orden babilónico, donde la supervivencia deja de ser un valor inteligible ante la supremacía de la disolución. Al canalizar las corrientes más densas de la acausalidad contra las estructuras del cosmos, la Madre Hubur instrumentaliza el trauma original no como un luto estéril, sino como el combustible cinemático necesario para la demolición de la arquitectura sagrada. Este despliegue de fuerzas oscuras deja la totalidad del sistema al borde de un colapso inmanente, preparando el terreno para la irrupción de las fluctuaciones no lineales que desafiarán los límites definitivos de la creación cerrada.

La emergencia de este desborde cinemático halla su inteligibilidad termodinámica en la manifestación de fluctuaciones no lineales que escapan por completo a la previsibilidad computacional de los *šīmātu*. Mientras el régimen de Marduk opera bajo el supuesto cibernético de la homeostasis cerrada y la linealidad causal, la matriz de Tiamat destila una topología de autoorganización caótica donde el desorden no constituye una simple degradación de la energía, sino un principio generativo de complejidad superior. Desde la perspectiva de la física teórica y la ontología contemporánea, la horda teratológica y la dispersión del *imtu* actúan como perturbaciones estocásticas que destabilizan el equilibrio homeostático de Upšuukkinaku, evidenciando que los sistemas altamentes estructurados portan intrínsecamente el umbral de su propia bifurcación catastrófica. La materia abisal, despojada de las restricciones geométricas del *Logos*, reorganiza sus vectores de energía mediante bucles de retroalimentación positiva que amplifican exponencialmente cualquier mínima fricción en el tejido del cosmos instituido.

Esta dinámica de autoorganización caótica opera mediante la generación espontánea de singularidades ontológicas que erosionan los contornos de la simetría cósmica sin la mediación de un agente directriz centralizado. En la exégesis de las fuentes cuneiformes y los estratos transdisciplinares de la Caosofía, el abismo deja de ser concebido como un depósito inerte de materia residual para transfigurarse en un campo de potencialidades acausales, donde las formas emergen y se aniquilan en una fluctuación incesante. La soberanía negativa de la Madre Hubur se valida precisamente en su capacidad para catalizar este caos autoorganizado, permitiendo que la indeterminación preformal del *AB-ZU* se actualice en configuraciones tácticas imprevisibles que desafían la topología sagrada de los templos y los zigurats. La matriz no impone un diseño preestablecido, sino que provee el sustrato dinámico necesario para que la entropía se autonomice y despliegue su propia arquitectura de la disolución.

La irrupción de estas fluctuaciones no lineales socava la pretensión de eternidad de los decretos inalterables, introduciendo en la economía del universo una inestabilidad estructural de carácter irreductible. Al distorsionar los parámetros espaciales y temporales que garantizaban la inteligibilidad de la creación, la autoorganización del abismo subvierte los fundamentos mismos de la ontología formal babilónica, disolviendo la distinción operativa entre el orden y la catástrofe. Este proceso de realimentación caótica prepara el terreno para la colisión inevitable entre los sistemas cerrados de la soberanía divina y las corrientes infinitas de la acausalidad, dejando suspendido el destino del cosmos en el umbral de una transformación irreversible que trasciende los límites de cualquier resolución teleológica preestablecida.

CAPÍTULO 5: La Investidura de Kingu, el Coito Transgresor y la Usurpación de las Tablillas de los Destinos (Tuppu Šīmāti)

Desde la perspectiva filológica, la designación de Kingu en el *Enūma Eliš* opera como una subversión radical de las jerarquías ontológicas establecidas en el panteón primigenio. Al desentrañar la raíz semítica del nombre (*Qingu*), la lexicografía cuneiforme revela una carga semántica desprovista de nobleza celestial o de atributos divinos preexistentes. El término se vincula de manera directa con la condición de un servidor marginal, un agente de rango subalterno cuya función original en la economía cósmica del Apsū se limitaba a la ejecución de labores instrumentales y no cualificadas. Esta condición de subordinación ontológica sitúa a Kingu fuera del círculo de las grandes deidades soberanas (*ilāni rabûti*), relegándolo a la periferia de la estructura dinástica donde la individualidad carece de *melammu* o resplandor numinoso.

En el contexto de la economía cultual mesopotámica, la clasificación de una entidad como *servidor no cualificado* denota una total ausencia de *šīmātu* autónomo; es decir, una incapacidad intrínseca para decretar destinos o participar en las deliberaciones soberanas de la asamblea del Upšuukkinaku. Mientras las deidades del orden o sus antagonistas primordiales detentan esencias configuradoras, Kingu responde tipológicamente al estrato de la fuerza inerte, un ejecutor sin vector propio que opera como mero receptáculo de voluntades ajenas. Su posición en los registros lexicográficos asirios y babilónicos denota una operatividad puramente instrumental, un engranaje menor dentro de la maquinaria hidráulica y administrativa que antecede a la ruptura del cosmos.

Esta caracterización etimológica y funcional es fundamental para comprender la dimensión subversiva que Tiamat imprimirá en el conflicto. Al recurrir a un estrato ontológico tan degradado para conferirle un rol central, la Madre Hubur no opera mediante la elevación de un par igualitario, sino a través de una inversión radical de los principios jerárquicos que rigen la arquitectura del universo ordenado por el Logos de Ea y Marduk. La elección de esta figura secundaria expone la naturaleza profundamente acausal y antiestratificada del caos operativo, donde las categorías de valor, linaje y competencia divina pierden su validez computacional frente a la pura urgencia de la disolución.

La transgresión operada por Tiamat no se circunscribe a la mera agregación de una milicia quimiosemiótica o a la proliferación de monstruos zoomorfos destinados a la putrefacción de la geometría cósmica, sino que encuentra su punto de máxima colisión normativa en la investidura político-militar de su consorte. Al otorgar el mando supremo a Kingu —una entidad desprovista de prerrogativas dinásticas y relegada a la servidumbre subalterna—, la Madre Hubur dinamita los fundamentos ontológicos de la jerarquía celestial. En el ordenamiento jurídico y cosmológico defendido por el panteón de Anu y Ea, la autoridad y el mando son atributos indisociables del linaje superior, de la posesión de un *melammu* radiante y de la participación legítima en los anales del Upšuukkinaku. La elevación de un vasallo marginal al rango de generalísimo de las huestes del caos constituye, por consiguiente, un escándalo político para las deidades del Logos, una afrenta directa a los principios de estratificación que regulan la distribución del poder en el universo mesopotámico.

Desde la perspectiva de la antropología filosófica y la historia de las religiones, este nombramiento representa la abolición sistemática del mérito cosmológico y de la primogenitura divina. Kingu carece de la competencia ontológica necesaria para regir destinos (*šīmātu*), operando estrictamente como un operador exógeno dentro de la maquinaria del abismo. Al depositar las riendas de la contraofensiva en un vasallo no cualificado, Tiamat no busca la restauración de un equilibrio oligárquico alternativo, sino la consumación de una inversión radical que deslegitima el principio mismo de la soberanía hereditaria. Esta alianza dinástica desarticula el sistema de castas divinas, exponiendo la fragilidad de un orden cósmico que teme profundamente la subversión de sus bases piramidales por parte de los estratos más ínfimos de la jerarquía pre-cósmica.

La asunción de este cargo militar supremo por parte de Kingu sella la ruptura definitiva con el derecho consuetudinario babilónico y con las estructuras de poder legitimadas por el consejo de los grandes dioses (*ilāni rabûti*). Al actuar como lugarteniente de la Madre Hubur, el servidor secundario transgrede el umbral de su insignificancia ontológica para convertirse en el vector ejecutor de la entropía máxima. Este pacto de mando trasciende la mera estrategia bélica coyuntural; se configura como una declaración ontológica donde el caos demuestra su capacidad para subvertir las categorías de valor y rango, anticipando la desestabilización total de los cimientos sobre los cuales se erige la arquitectura metropolitana de Babilonia y su soberano.

La transgresión normativa perpetrada por Ummu-Hubur alcanza su cénit no en la mera asignación de un rango militar estratégico, sino en la consumación de una investidura erótica que subvierte los fundamentos genéticos de la legitimidad soberana. En el lecho de la Madre Primordial, la unión con Kingu opera como un acto de acoplamiento ontológico donde se disuelven las líneas divisorias de la casta y la primogenitura que los dioses del Upšuukkinaku habían instituido como ley inalterable del cosmos. Desde la perspectiva de la antropología filosófica y la historia de las religiones, este coito primordial desafía directamente los cánones de pureza dinástica defendidos por Anu y Ea, al fundar la autoridad suprema sobre el goce caótico y la anulación de los linajes consagrados. La soberanía ya no emana de la posesión hereditaria del *melammu* ni del consenso oligárquico de la asamblea celeste, sino del abrazo disolvente con el abismo, instituyendo un principio de poder exento de toda genealogía formal.

Este pacto erótico-político representa una inversión radical de los códigos jurídicos que regulan la transmisión del mando en la mitología mesopotámica. Mientras el ordenamiento de los grandes dioses (*ilāni rabûti*) exige una estricta correspondencia entre la sangre, el rango y la función directiva, Tiamat legitima a su lugarteniente a través de la inmediatez de la carne informe y la transgresión de los tabúes jerárquicos. El lecho de la Madre Hubur se configura así como el verdadero taller donde se forja una contra-soberanía, un espacio de indistinción ontológica donde el servidor marginal es ungido como principio rector de la catástrofe. Al elevar a Kingu desde su condición de subalterno dócil hasta el tálamo de la soberanía absoluta, el caos demuestra su operatividad antiestratificada, demostrando que la energía capaz de derrocar el edificio del Logos no requiere de blasones celestes, sino de la potencia transgresora del deseo abisal.

La subversión de las leyes de primogenitura mediante la unión carnal con un vasallo desprovisto de atributos previos desarticula la base misma sobre la cual se sustentan los decretos inalterables del cosmos estructurado. Al otorgar la primacía de su lecho y de su ejército a una entidad situada en el grado ínfimo de la servidumbre cósmica, Tiamat no sólo desacata el derecho consuetudinario babilónico, sino que instaura un modelo de poder basado en la contingencia radical y la inversión de los valores ontológicos. Esta alianza erótica despoja a la monarquía divina de su pretendida eternidad esencial, revelando que la jerarquía del panteón es un constructo frágil, susceptible de ser barrido por la irrupción de aquello que las estructuras de casta habían relegado a la absoluta invisibilidad funcional.

La materialización de este poder exento de genealogía formal encuentra su ejecución ritual en la articulación de fórmulas litúrgicas pronunciadas directamente sobre la corporaneidad del vasallo ungido. En este estadio del *Enūma Eliš*, la recitación operada por Ummu-Hubur trasciende la mera asignación retórica de un título militar para constituirse como una tecnología de transmutación ontológica. A través de la emisión de incantaciones abisales, la Madre Primordial somete la materialidad subordinada de Kingu a un proceso de sobredeterminación mágica, imbuyéndolo de una dignidad artificial que subvierte de manera directa los protocolos de sacralización vigentes en el panteón del Upšuukkinaku. Esta operación fonética y semántica actúa como un mecanismo de inversión en el cual la palabra performativa del caos no instituye leyes geométricas ni límites cosmológicos, sino que dota de una falsa soberanía a quien carecía de toda esencia configuradora.

Dentro de los márgenes de la magia ceremonial y la filología comparada, las fórmulas declamadas por Tiamat operan como un conjuro de exhaltación sacrílega que deifica y magnifica al servidor marginal ante la asamblea de las bestias. En rigurosa oposición a los himnos de alabanza que el panteón tradicional dirige a las deidades del Logos para consolidar su *melammu*, las letanías de la Madre Hubur movilizan un flujo quimiosemiótico que impregna la anatomía de Kingu con el veneno legitimador de la catástrofe. La asamblea de los once engendros zoomorfos y de las huestes del desorden funciona como el auditorio necesario para validar esta metamorfosis ontológica, un aquelarre donde la proclamación de la grandeza de Kingu no se fundamenta en la adquisición de virtudes éticas o estratégicas, sino en su absoluta receptividad a la marea disolvente de la matriz primordial.

La magnificación de esta figura subalterna mediante la recitación ritual evidencia la naturaleza puramente instrumental y performativa que el caos otorga a la autoridad. Al ensalzar a Kingu en presencia de la legión monstruosa, Ummu-Hubur no está reconociendo una �� (intrínseca) competencia de mando, sino que está proyectando sobre él la fuerza cinemática de su propia voluntad destructiva. Esta asamblea de bestias, configurada como el negativo exacto del cónclave oligárquico de Anu y Ea, presencia cómo la palabra mágica del abismo eleva la nada jerárquica a la categoría de generalato supremo, preparando el terreno para la investidura material que habrá de consagrar definitivamente la usurpación del orden cósmico.

La culminación de esta investidura performativa halla su correlato material y su consagración ontológica en la imposición de las Tablillas de los Destinos (*tup-šī-ma-ti*) directamente sobre el pecho de Kingu. En la economía semiótico-jurídica del *Enūma Eliš*, la entrega de este código no representa una mera transferencia de insignias de mando militar, sino la usurpación de la maquinaria misma de la computación cósmica. Las tablillas, concebidas en la mitología cuneiforme como el soporte físico inalterable donde se registran las coordenadas de la existencia y los vectores del devenir (*šīmātu*), son arrebatadas del ámbito de la deliberación oligárquica del Upšuukkinaku para ser depositadas sobre la anatomía de un vasallo desprovisto de esencia. Este acto subvierte de manera radical la topología del poder: el instrumento que formalizaba la geometría estática del Logos de Marduk se convierte, al ser ceñido por el servidor del abismo, en el detonante de la anomia universal y de la reversión de las leyes naturales.

Desde la perspectiva de la antropología filosófica y la teoría de la información, el gesto de adherir las Tablillas de los Destinos al tórax de Kingu opera como una sobredeterminación exógena que dota a la inercia de una capacidad legislativa aberrante. El pecho del servidor no actúa aquí como el receptáculo de un *melammu* legítimo, sino como un sustrato biológico profanado sobre el cual el caos imprime su sintaxis de disolución. Al otorgarle el poder inalterable del destino a una entidad cuya condición original era la instrumentalidad ciega, la Madre Hubur instaura una soberanía de carácter tautológico y performativo: la orden suprema no emana de la justicia distributiva del panteón, sino de la pura contingencia de un decreto dictado desde el abismo acuático. Esta inversión transforma la tablilla de arcilla —matriz de la civilización urbana y del archivo cuneiforme babilónico— en un grimorio de inversión ontológica, cuyo sellado sobre el cuerpo de Kingu sella la caducidad inminente del cosmos estructurado.

La consumación de este ritual de investidura coloca a las huestes del desorden bajo la égida de un mandato que desafía los fundamentos mismos de la asamblea celeste y del derecho consuetudinario. Al portar el *tup-šī-ma-ti*, Kingu asume una autoridad cuyo vector no es la preservación de la forma, sino la aceleración entrópica del sistema cerrado. Esta usurpación cósmica no sólo deslegitima los anales del consejo divino, sino que inaugura un régimen transitorio donde la legalidad del universo queda supeditada al capricho de una nada jerárquica convertida en legislador supremo del cataclismo.

La precaria investidura de Kingu como generalísimo y titular de las Tablillas de los Destinos instaura, en el plano de la ontología política del *Enūma Eliš*, una anomalía estructural que deconstruye la noción misma de legitimidad soberana. Al carecer de un *melammu* constitutivo y de las competencias hermenéuticas exigidas por el consejo de los *ilāni rabûti*, el ejercicio del mando por parte de este vasallo elevado ex abrupto al tálamo de la Madre Hubur se revela como una función puramente sintomatológica. Su autoridad no emana de una gradación jerárquica consolidada ni de la posesión de una esencia configuradora, sino de la pura inercia instrumental que el caos moviliza como vector de demolición. Desde la perspectiva de la antropología filosófica, este breve y turbulento liderazgo expone la vulnerabilidad intrínseca de cualquier jerarquía cósmica cuando el fundamento del poder es despojado de su genealogía y reducido a la contingencia radical de la fuerza disolvente.

En la arquitectura narrativa y semiótica del poema babilónico, la figura de Kingu operando en la cúspide del ejército de la putrefacción evidencia la contradicción interna de una soberanía fundamentada en la anomia. Las huestes de los once monstruos zoomorfos y las potencias quimiosemióticas del abismo no obedecen a su general por virtud táctica o respeto dinástico, sino porque su mandato es la prolongación directa del veneno (*imtu*) y de la furia genésica de Tiamat. La fragilidad de este breve reinado militar estriba en que el sujeto detentador del *tup-šī-ma-ti* es ontológicamente incapaz de sostener la arquitectura legislativa que usurpa; su dominio se reduce a un paréntesis cataclísmico donde la ley del cosmos es suspendida no para instituir un nuevo orden permanente, sino para precipitar la disolución de toda distinción formal.

Esta interinidad táctica bajo la égida de un servidor marginal precipita la inminente confrontación con el demiurgo del Logos. Al depositar el destino del universo en manos de una entidad desprovista de sustancia soberana, el ejército del caos marca el límite extremo de su propia inversión normativa, dejando al descubierto la fragilidad táctica de su vanguardia. La asunción de este liderazgo efímero sella la paradoja de un poder que sólo puede afirmarse mediante la negación absoluta de sus propios instrumentos de mando, preparando el terreno para la intervención del panteón estructurado y la subsecuente neutralización física del usurpador en el teatro de operaciones cósmicas.

La neutralización táctica del falso soberano en el teatro de operaciones del *Enūma Eliš* marca el punto de inflexión donde la ontología de la fuerza inerte se confronta con la eficacia demiúrgica del Logos. En este estadio del conflicto, la captura de Kingu por parte de Marduk no responde meramente a una victoria militar sobre el campo de batalla cósmico, sino a la deconstrucción quirúrgica del simulacro de autoridad instituido por la Madre Hubur. Al despojar al usurpador de las Tablillas de los Destinos (*tup-šī-ma-ti*), el campeón del panteón estructurado desarticula la anomalía jurídica que permitía a un servidor marginal operar como legislador de la catástrofe. Esta aprehensión física despoja al general del abismo de su revestimiento performativo, reduciendo su efímero mandato a la absoluta inanidad ontológica que caracterizaba su condición original en la economía instrumental del Apsū.

La ejecución subsiguiente de Kingu, perpetrada directamente por las manos de Ea (*Nudimmud*) según la exégesis de las crónicas cuneiformes, opera como un ritual de purificación metafísica y reestructuración geométrica del cosmos. A diferencia de la neutralización de Apsū, cuyo lecho estático fue transformado en cimiento arquitectónico, la aniquilación de este vasallo ungido ex abrupto exige una intervención operatoria de orden soteriológico y penal. Ea, como deidad de la sabiduría incantatoria y la praxis mágica, ejecuta la sentencia capital sobre el cuerpo profanado del usurpador para extirpar definitivamente el vector de la anomia que amenazaba con disolver las fronteras del Upšuukkinaku. Esta ejecución no constituye un simple homicidio divino, sino la desarticulación anatómica de un principio de soberanía espuria que pretendía fundarse en la pura contingencia del caos.

En el régimen de la farmacopea ritual y la antropología filosófica mesopotámica, la supresión de la vida en la corporalidad de Kingu sella la disolución definitiva de su estatus como depositario del *tup-šī-ma-ti*. Al vaciar de aliento vital al general de la putrefacción, el demiurgo interrumpe el flujo quimiosemiótico del veneno (*imtu*) que Ummu-Hubur había inyectado en su hueste, aislando el foco de la infección entrópica antes de proceder a la reorganización formal de la materia. Esta intervención quirúrgica sobre el ejecutor de la desestabilización cósmica deja la anatomía del enemigo en un estado de estricta inercia pre-formal, preparando el sustrato material sobre el cual se operará la transmutación constitutiva que definirá el siguiente eslabón de la antropogénesis babilónica.

Sobre la superficie inerte del cadáver de Kingu, despojado ya de su efímero *melammu* espurio y de la potestad legislativa de las Tablillas de los Destinos, se ejecuta la intervención demiúrgica definitiva que transforma la materia del caos en el sustrato de la criatura mortal. La exégesis de las crónicas cuneiformes y los anales mitológicos babilónicos sitúan esta praxis en el ámbito de la manipulación anatómica operatoria, donde Ea (*Nudimmud*), el dios de la sabiduría incantatoria, procede a la abertura y vaciamiento de la corporalidad del vasallo ajusticiado. En rigurosa concordancia con los registros textuales del *Enūma Eliš*, el fluido vital que irrigaba las venas del general del abismo —impregnado aún con el veneno quimiosemiótico (*imtu*) y la carga cinemática de la revuelta de Tiamat— es extraído de su cauce biológico original para ser sometido a un proceso de transmutación alquímica y farmacológica, convirtiéndose en el principio activo de la antropogénesis.

Esta sustancia hemática coagulada, destilada de la misma entidad que había asumido la vanguardia de la putrefacción cósmica, es amalgamada de forma directa con la arcilla primordial (*ṭīdu*) en un acto que subvierte la topología ontológica de la creación. Desde la perspectiva de la antropología filosófica y la filología comparada, la mezcla de la sangre de Kingu con el lodo terrestre no constituye un mero artificio mecánico, sino la inscripción indeleble de la herencia abisal en el código constitutivo de la especie humana (*Lullu*). Al emplear el residuo vital del usurpador del caos para dar forma al ser destinado a la servidumbre cultual de los dioses, el panteón del Logos sella una paradoja fundamental: la criatura humana nace no de la pureza estática del firmamento de E-šarra, sino de la densa e irreductible chispa draconiana de la rebelión primigenia.

De este modo, la condición antropológica del *Lullu* queda intrínsecamente marcada por una dualidad ontológica insuperable que atraviesa toda la historia de las religiones mesopotámicas. Portador de una arcilla modelada por la geometría de Ea pero vivificado por el flujo hemático de la revuelta, el ser humano se configura simultáneamente como el garante instrumental del orden metropolitano y como el receptículo latente de la desestabilización entrópica. Esta chispa del Sendero de la Mano Izquierda, inyectada en el sustrato biológico de la humanidad a través de la sangre coagulada de Kingu, opera como una simiente de autonomía latente que subvierte soterradamente la arquitectura piramidal del Upšuukkinaku, legando a la descendencia mortal el potencial latente de reclamar, mediante la praxis incantatoria y la subversión del destino, su primigenia filiación con el abismo acuático.

CAPÍTULO 6: Fisiología del Veneno, Desestabilización Termodinámica y la Mutación Biomecánica de las Bestias

La transmutación hematológica operada en la arquitectura corporal de los monstruos primordiales exige una deconstrucción analítica más allá de la mera morfología zoológica, incidiendo directamente en la sustitución de la sangre biológica por el principio activo del veneno (*imtu*) [30, 219, 369]. Si en el régimen ontológico instituido por el *Logos* demiúrgico la sangre representa el vehículo homeostático de la vida normada y el marcador identitario de las jerarquías funcionales de los dioses jóvenes, el fluido injertado por Ummu-Hubur opera como un contra-fluido de naturaleza puramente entrópica. Esta toxina primordial no responde a los parámetros de la patología orgánica convencional, sino que constituye una suspensión quimiosemiótica densificada, un agente molecular de disolución que subvierte las categorías biogenéticas del panteón estructurado mediante la introducción de una alteración informacional en el sustrato vital de la materia animada.

Desde la perspectiva de la farmacopea ritual asiria —donde sustancias como el cáñamo medicinal (*qunubu*) y los alcaloides de las solanáceas eran instrumentalizadas para inducir estados de suspensión cognitiva y acceso a la no-forma—, el *imtu* se configura como el arquetipo absoluto de la toxina ontológica. Las crónicas cuneiformes y los registros de exorcismo médico-mágico demuestran que la ingestión o inoculación de este veneno amargo no buscaba meramente la necrosis tisular del adversario, sino la desarticulación sistemática de los límites corpóreos que separan al individuo de la matriz caótica circundante [30, 369]. Al reemplazar el flujo circulatorio tradicional por esta sustancia corrosiva, Tiamat dota a sus once engendros de una consistencia físico-química incompatible con las leyes de la geometría sagrada, convirtiéndolos en catalizadores ambulantes de la regresión morfológica.

Esta sustitución hematológica establece, por consiguiente, un paradigma en el cual la toxicidad deja de ser un accidente biológico para erigirse en el fundamento mismo de la operatividad del caos. El veneno actúa como un vector de desinformación ontológica que desestabiliza los códigos genéticos y divinos decretados en la asamblea de Upšuukkinaku, corroyendo la inmunidad formal de los dioses jóvenes desde el interior de sus propias proyecciones creativas [219, 368, 369]. La sangre coagulada de Kingu, posteriormente legada en la génesis de la humanidad (*Lullu*), porta indeleblemente este eco toxicológico, vinculando el origen de la especie humana no a una arcilla neutra, sino a un sustrato impregnado por la memoria disolvente del *imtu* [29, 238, 415].

La operatividad de este agente tóxico trasciende la mera agresión físico-química para manifestarse como un vector de desestabilización termodinámica de carácter cosmológico [368, 369]. Si el cosmos estructurado por el *Logos* demiúrgico opera bajo el principio de un sistema cerrado que requiere un aporte constante de energía para mantener su baja entropía y sus demarcaciones estables, la introducción del *imtu* en la matriz de los monstruos acelera deliberadamente la degradación de los gradientes energéticos. Esta toxina actúa alterando las constantes de la física pre-creación, disolviendo los diferenciales de presión ontológica que mantienen separados los dominios de la forma y el abismo. En términos de la termodinámica de los sistemas no lineales, el veneno de Tiamat funciona como un catalizador de la flecha del tiempo invertida, forzando al universo joven a retroceder hacia el estado de máxima indistinción caracterizado por la mezcla original de Apsū y Tiamat [368].

Desde la óptica de la cibernética y la teoría de la información aplicada al mito, la propagación de este veneno amargo introduce un ruido estocástico insuperable en los canales de comunicación de los decretos divinos (*šīmātu*). Las toxinas físicas vehiculadas por Ummu-Hubur degradan la fidelidad de la señal con la que las deidades rectoras intentan fijar las propiedades geométricas de la materia, provocando que los protocolos de individuación colapsen por saturación entrópica [369]. Cada vaso sanguíneo contaminado con este fluido disolvente se convierte en un micro-foco de disipación energética, un punto de fuga donde la información formal se corrompe y se convierte en calor informe. De este modo, la estrategia de la Madre Primordial no busca una confrontación puramente cinética en el campo de batalla de Upšuukkinaku, sino el colapso sistémico del oponente mediante la inducción de una catástrofe informacional que inutilice los fundamentos métricos del cosmos.

Esta regresión entrópica inducida por la toxicidad primordial problematiza la estabilidad de cualquier arquitectura espacial subsiguiente, prefigurando el desmoronamiento de los límites que separan el orden de la vacuidad exterior. Al desestabilizar los estados estacionarios de la materia mediante la acción del *imtu*, el tejido mismo del espacio babilónico se vuelve poroso ante la presión del caos circundante [368]. La persistencia de esta inestabilidad termodinámica en los cimientos del universo estructurado demuestra que la victoria del panteón joven sobre las fuerzas abisales es siempre precaria, permanentemente amenazada por el potencial disolvente de una termodinámica que se niega a someterse a la congelación geométrica de los decretos celestes.

La materialización de esta catástrofe informacional y termodinámica encuentra su correlato morfológico inmediato en la mutación biomecánica de los once engendros concebidos por Ummu-Hubur, cuyos cuerpos abandonan los principios de la simetría geométrica para erigirse como ensamblajes híbridos [229, 230, 368]. Lejos de responder a la taxonomía convencional de la zoología sagrada, las hordas de Tiamat se configuran mediante la fusión transgenérica de reptiles titánicos, leones exoesqueléticos, escorpiones de aguijón múltiple y tempestades meteorológicas dotadas de consciencia cinética [229, 230]. Estos especímenes operan como aberraciones anatómicas donde la piel escamosa del abismo marino se interpenetra con la osamenta felina y la quitina artrópoda, generando una discontinuidad estructural que subvierte los arquetipos normativos esculpidos por el *Logos* demiúrgico en el firmamento.

Esta amalgama morfológica no constituye un mero delirio plástico de la Madre Primordial, sino la materialización táctica de una lógica de transgresión sistémica orientada a la deconstrucción del espacio tridimensional [229, 368]. Las articulaciones de estas entidades no obedecen a las bisagras biomecánicas de los dioses jóvenes ni a la estática de los edificios sagrados como el zigurat Etemenanki; por el contrario, su movilidad se rige por una cinemática no euclidiana donde la extremidad reptiliana y la turbulencia atmosférica se funden en un solo vector de avance [230]. La integración de tempestades meteorológicas en carnes corpóreas disuelve la frontera ontológica entre el medio ambiente gaseoso y el organismo sólido, demostrando que la anatomía de estos engendros es una extensión directa del caos hidrodinámico que los engendró [229, 368].

En el nivel de la semiosis corpórea, cada una de estas fusiones anatómicas actúa como una máquina de asedio contra las categorías taxonómicas que sustentan el orden cósmico en la asamblea de Upšuukkinaku [229, 230]. Al encarnar simultáneamente la ferocidad depredadora del león, la frialdad ponzoñosa del escorpión y la inestabilidad anárquica del meteoro, los engendros de Tiamat neutralizan preventivamente la eficacia de los decretos estáticos (*šīmātu*) [229, 368]. Su presencia física subvierte la lógica de la individuación al demostrar que la forma no es un límite cerrado e inviolable, sino un campo maleable expuesto a la hibridación infinita, preparando así el terreno para el colapso absoluto de las distinciones genéticas que regulan la ontología del panteón estructurado [30].

La transgresión morfológica de los once engendros encuentra su fundamento ontológico en el desarraigo sistemático de las leyes genéticas que regulan la estabilidad de la forma en el cosmos estructurado [30]. Bajo la égida de Tiamat, los principios de la herencia y la demarcación tipológica —garantizados por el régimen analítico del *Logos* demiúrgico— son radicalmente suspendidos en favor de una plasticidad caótica que subvierte la estabilidad de los linajes divinos y terrestres [30, 219]. La Madre Primordial opera como una arquitecta de la mutación transgenérica, desarticulando los códigos filogenéticos mediante los cuales las deidades jóvenes pretendían fijar las identidades biológicas y funcionales del universo [229]. Esta alteración de los patrones genéticos primordiales no representa un defecto de la reproducción, sino una maniobra deliberada para disolver la fijeza de los arquetipos, imponiendo un régimen donde la forma corpórea se convierte en un flujo ininterrumpido de variaciones no lineales.

En este horizonte de transgresión biológica, la herencia deja de funcionar como un mecanismo de transmisión de rasgos estables para erigirse en un vector de indeterminación morfológica [30]. Los patrones genéticos instituidos en los decretos de la asamblea cósmica son desbordados por la capacidad de Ummu-Hubur para hibridar reinos naturales ontológicamente distantes, fusionando la escama fría de los abismos acuáticos con la osamenta terrestre y la furia meteorológica [229, 230]. Este dinamismo caótico anula la validez de las categorías taxonómicas tradicionales, demostrando que la arquitectura biológica del cosmos no es una estructura inmutable, sino una construcción precaria expuesta permanentemente a la subversión de sus propias reglas de generación [368]. Al romper las barreras que aíslan las especies y los estados de la materia, Tiamat transforma la biología en una tecnología de desestabilización ontológica.

La consecuente desregulación de los códigos vitales anticipa la disolución de los límites cósmicos que separan el orden normado de la vacuidad exterior, proyectando la inestabilidad genética hacia la totalidad del espacio geométrico [30, 229]. Las combinaciones monstruosas engendradas por el abismo operan como nodos de una matriz biológica expansiva que desborda los confines anatómicos asignados por las deidades rectoras, corrompiendo la pureza de las estirpes celestes y terrestres [229, 230]. Esta subversión de las leyes de la generación no se restringe al plano de los cuerpos bestiales, sino que prefigura la mutación estructural del firmamento mismo, preparando la subsiguiente integración de estas formas híbridas en los registros estelares y astronómicos que configuran el mapa del zodiaco mesopotámico [229, 230].

La asimilación de las once aberraciones anatómicas en la retícula estelar del zodiaco mesopotámico constituye una operación de captura semiótica y ordenación geométrica ejecutada por el panteón victorioso sobre el material indómito del abismo [229, 230]. Lejos de implicar una aniquilación ontológica de los monstruos, los anales astronómicos y los compendios cuneiformes de astrología babilónica —tales como las series *MUL.APIN*— revelan un proceso de transposición donde la morfología caótica es fijada, sectorizada y constreñida dentro de los límites matemáticos de la esfera celeste [230]. Esta cartografía sagrada absorbe las hibridaciones transgenéricas de Ummu-Hubur, reconfigurando la virulencia cinética de las bestias en coordenadas fijas que regulan el movimiento cíclico del tiempo y la estabilidad de las estaciones cósmicas.

Mediante esta congelación estelar, el *Logos* demiúrgico somete la inestabilidad termodinámica y el ruido informacional del *imtu* a una estricta modulación trigonométrica, transformando los vectores de la disolución en arquetipos de orientación espacial. Las constelaciones derivadas de la anatomía monstruosa —que inscriben las formas del escorpión, la tempestad y las entidades serpentinas en el firmamento— operan como dispositivos de control cibernético que canalizan las corrientes de la matriz pre-formal hacia cauces previsibles y computables [229, 230]. La dispersión biológica de los engendros es así neutralizada mediante su reubicación en la bóveda celeste, donde cada estrella actúa como un punto de anclaje métrico que constriñe la maleabilidad de la materia bajo la rigidez inalterable de los decretos celestes (*šīmātu*).

Esta traducción astronómica de la monstruosidad establece, no obstante, una paradoja estructural en el corazón de la cosmología mesopotámica, puesto que la arquitectura del orden celeste resulta estar constituida precisamente por los vestigios formalizados del caos que intentó destruirla [230, 368]. Al inscribir a las criaturas de Tiamat en el firmamento, las deidades rectoras reconocen implícitamente su incapacidad para erradicar el sustrato abisal, debiendo incorporarlo como el fundamento mismo de la medición del tiempo y el espacio [229, 230]. Esta compenetración entre el orden estelar y la huella de los engendros prefigura la subsecuente necesidad de exteriorizar esta presencia en los umbrales liminares de la arquitectura sagrada, proyectando la potencia apotropaica de los cuerpos celestes hacia las puertas terrestres del Apsū [2, 230].

La persistencia de esta topología monstruosa en la superficie de la piedra esculpida encuentra su expresión formal en la función apotropaica asignada a las efigies y relieves de los once engendros en los umbrales sagrados del *Apsū* [2, 230]. Si la proyección estelar constriñó la amenaza caótica en la inmaterialidad de la bóveda celeste mediante coordenadas trigonométricas, la arquitectura monumental de los templos babilónicos requirió una materialización terrestre de estos dispositivos de contención. Las representaciones plásticas de los híbridos de Tiamat, dispuestas estratégicamente en los jambas y dinteles de los recintos consagrados a Ea, operan como condensadores liminares cuya función no es puramente decorativa, sino estrictamente topológica y de profilaxis ontológica frente a la penetración de las corrientes abisales [2].

Esta transferencia de la efigie monstruosa desde el margen cosmológico hasta el centro arquitectónico institucionaliza una economía de la inversión profiláctica, donde la misma forma que personifica la disolución es instrumentalizada para preservar la integridad espacial del recinto sagrado [2, 230]. Al fijar la efigie del escorpión titánico o del león exoesquelético en las puertas del templo, los artífices mesopotámicos convierten a los agentes de la destrucción de Ummu-Hubur en guardianes de la frontera, estableciendo un régimen de coerción semiótica. La potencia dinástica de Marduk y la sabiduría geométrica de Ea se apropian de la violencia inmanente de los monstruos, obligándolos a operar como diques cinéticos que interceptan cualquier fluctuación entrópica procedente del exterior no estructurado [2, 29].

En este dispositivo liminar, la arquitectura sagrada asume la condición de una máquina de exclusión ontológica cuya eficacia descansa precisamente en la domesticación figurativa del terror primordial [2, 230]. Los relieves de los once engendros, al custodiar los accesos al *Apsū*, actúan como puntos de inflexión donde la maleabilidad de la materia caótica es neutralizada por su propia petrificación escultórica, bloqueando la propagación del *imtu* hacia el interior del santuario normado. De este modo, la presencia de las efigies monstruosas en los umbrales arquitectónicos garantiza la estabilidad estática del espacio ritual, erigiendo una barrera infranqueable que sella los cimientos del cosmos frente al retorno incesante del abismo acuático [2, 29].

La neutralización táctica ejecutada por Marduk sobre las huestes caóticas tras la culminación de la teomaquia no se limita a un mero desarme cinético de naturaleza beligerante, sino que constituye una desarticulación ontológica de la matriz operativa con la que

Ummu-Hubur pretendía subvertir los decretos del *Logos* [230, 368]. Al despojar a los monstruos de su dinamismo transgenérico y someterlos a una sujeción estructural, el dios victorioso desarma los vectores de diseminación del *imtu*, interceptando los canales de flujo entrópico que mantenían activa la insurrección de la materia pre-formal [30, 219]. Esta neutralización opera como una intervención quirúrgica sobre la geometría cósmica, un desmantelamiento sistemático de las líneas de fuerza que habían convertido la horda en una máquina de asedio termodinámico contra las demarcaciones de la asamblea de Upšuukkinaku [229, 230].

En el plano de la cibernética mitológica, este desarme militar se traduce en la interrupción definitiva del ruido estocástico que saturaba los circuitos de transmisión de la ordenación sagrada [369]. La captura y desarraigo de las capacidades operativas de los once engendros colapsan los bucles de retroalimentación negativa mediante los cuales el caos autoorganizativo de Tiamat intentaba degradar los diferenciales de presión ontológica [363, 368]. Al neutralizar el armamento biológico y la virulencia informacional de las bestias, Marduk sella los puntos de fuga por donde la materia estructurada amenazaba con retornar al estado de disolución indiferenciada, restableciendo un régimen de baja entropía bajo la estricta vigilancia de los protocolos geométricos del firmamento [2, 230].

Esta operación de desarme sistemático despoja a las entidades de su soberanía operativa, transformando su condición de agentes activos de la disolución en la materia prima inerte que posteriormente será reasignada a los programas de catalogación cósmica y contención arquitectónica [2, 230]. La pérdida del potencial ofensivo de la legión caótica marca el momento de la transición definitiva entre la confrontación bélica en el campo de batalla primordial y la instauración de un orden geopolítico y cósmico permanente en Babilonia [29, 230]. Con las huestes de Ummu-Hubur desarmadas y reducidas a meros componentes estructurales de la geografía sagrada, el panteón joven consolida su hegemonía sobre los remanentes del abismo, preparando el terreno para la codificación taxonómica de las formas vencidas en los compendios de la alta magia y la demonología ritual [219, 228].

La catalogación sistemática de las entidades generadas por Ummu-Hubur inaugura el precedente histórico-filológico más antiguo de una teratología estructurada, trascendiendo el registro mitográfico para constituirse como el prototipo cuneiforme de la demonología formal [219, 228]. En los compendios rituales y en la literatura exorcística asiriobabilónica, la sistematización de estos once engendros no responde a una taxonomía zoológica naturalista, sino a una morfología de la alteridad radical que codifica las anomalías ontológicas del abismo como categorías operativas de la alta magia [219]. Cada espécimen es despojado de su mera condición bélica para ser inscrito en los catálogos de exclusión profiláctica, donde la monstruosidad deja de ser un accidente informe y se consolida como una tipología formalizada de la transgresión, dotada de atributos específicos, nombres propios y constricciones métricas precisas dentro de los protocolos de conjuración [228, 230].

Esta taxonomía de lo abyecto establece una correspondencia directa entre la clasificación de las entidades caóticas y los métodos de neutralización terapéutica y apotropaica desarrollados por los *āšipū* (exorcistas) mesopotámicos [219]. Al tipificar las desviaciones morfológicas de la horda de Tiamat —desde los dragones con coraza de piedra hasta las tempestades antropomórficas armadas con veneno—, el saber sacerdotal babilónico construye una matriz hermenéutica destinada a descifrar las incursiones de la entropía en el tejido de la vida civilizada [30, 219]. La monstruosidad se convierte así en el negativo exacto del *Logos* demiúrgico; un inventario sistemático de las formas que amenazan con desarticular la geometría del cosmos, cuya catalogación exacta constituye el fundamento mismo de la eficacia ritual requerida para mantener la estabilidad del Estado y del templo frente al colapso informacional [369].

La pervivencia de esta teratología en los archivos cuneiformes trasciende la mera contingencia mitológica, proyectándose como un modelo epistemológico donde la catalogación del demonio es simultáneamente la delimitación de lo pensable dentro del orden ontológico estructurado [219, 228]. Al tipificar metodológicamente a los agentes de la disolución, el pensamiento mesopotámico no busca la anulación conceptual del caos, sino su domesticación semiótica mediante la asignación de un lugar preciso en los márgenes de la arquitectura sagrada y de los compendios astrológicos [2, 230]. Esta matriz clasificatoria deja el terreno preparado para la inserción de las formas disueltas en los repertorios esotéricos posteriores, consolidando la figura del monstruo primordial como la clave hermenéutica insustituible para comprender la tensión perpetua entre la fijeza de los decretos celestes y la inercia insondable del abismo pre-formal [29, 230].

CAPÍTULO 7: Catalogación Teratológica I: De la Serpiente Policefálica (Mušmahḫū) al Demonio del Temporal (Ugallu)

La catalogación taxonómica de la hueste teratológica engendrada por Ummu-Hubur inaugura su despliegue tipológico con el *Mušmahḫū*, cuya morfología se configura como una aberración biológica de proporciones hiperbólicas dentro de la farmacopea ritual y la mitología comparada. Este monstruo primigenio, codificado filológicamente como la serpiente de siete cabezas, trasciende la mera acumulación anatómica para constituirse en una encarnación material de la polifonía entrópica. Su anatomía reptiliana múltiple opera como un vector de diseminación toxicológica, donde cada una de las cabezas emite un flujo diferenciado de veneno ácido (*imtu*), diseñado específicamente para corroer las delimitaciones ontológicas estipuladas por el decreto divino.

Desde la perspectiva de la semiótica estelar y la astronomía mesopotámica, la materialización ritual de esta entidad encuentra su correlato directo en la proyección de su efigie sobre la constelación de la Hidra (*MUL.MUSH.MAH*), integrando el firmamento estructurado en un mapa de potencias subversivas. La operatoria de los grimorios cuneiformes y los rituales de conjuración asirios vinculan al *Mušmahḫū* con las farmacopeas basadas en solanáceas y derivados del *qunubu*, sustancias psicotrópicas empleadas en la alta magia para inducir un estado de disolución egoica equivalente a la mordedura letal de la serpiente poli-cefálica. Esta toxina no actúa meramente como un agente biológico de aniquilación tisular, sino como un disolvente semántico que desarticula la coherencia de la forma, volviendo inaplicables las leyes de la geometría sagrada impuestas por la inquisición demiúrgica de Ea.

La multiplicidad cefálica del *Mušmaḫḫū* representa, en el marco de la antropología filosófica del Cercano Oriente antiguo, la negación absoluta del principio de identidad y no contradicción que sustenta el orden del *Enūma Eliš*. Al poseer focos de conciencia y emisión tóxica descentralizados, el monstruo subvierte la jerarquía monárquica del cosmos centralizado en la figura de Marduk, anticipando las estructuras acausales de la Caosofía moderna y las corrientes del Sendero de la Mano Izquierda que postulan la fragmentación del sujeto como vía de acceso al abismo preformal. Su piel escamosa, inmune a las incantaciones de los dioses menores, funciona como una membrana termodinámica que absorbe y neutraliza la energía estructurada del firmamento, devolviéndola al medio acuoso indiferenciado de Tiamat mediante la degradación química continua de su entorno.

La progresión teratológica de la hueste acaudillada por Ummu-Hubur profundiza su quiebra ontológica con la manifestación del *Ušumgallu*, una tipología híbrida que fusiona la furia leonina con la potencia ígnea del fuego primordial, trascendiendo la estricta corporalidad reptiliana del *Mušmaḫḫū*. Filológicamente codificado como el gran dragón o león titánico, el *Ušumgallu* opera en los textos cuneiformes como la encarnación zootécnica de la energía entrópica desatada, donde la ferocidad predadora del felino se halla transmutada por la combustión caótica que exuda su aliento. Esta entidad no se limita a inocular toxinas ácidas mediante la mordedura, sino que introduce en el sistema termodinámico del cosmos estructurado una fuerza ígnea destructiva, capaz de calcinar las delimitaciones geométricas que Ea y las deidades menores habían fijado como arquitectura inmutable del espacio sagrado.

Desde la perspectiva de la semiótica astral mesopotámica y su correlato con la magia operativa de los grimorios contemporáneos del Sendero de la Mano Izquierda, el *Ušumgallu* encarna la voluntad caótica pura en su modalidad más agresiva y expansiva. Su anatomía, descrita en los anales rituales como un vector de fuego negro y descomposición calórica, destruye la estabilidad molecular de los elementos ordenados, operando como un agente de desintegración que disuelve la cohesión formal de la materia. La farmacopea ritual asiria, al emplear sustancias psicoactivas y catalizadores de combustión interna —como preparados de resinas y estupefacientes asociados al *qunubu* y a las solanáceas—, buscaba sintonizar la conciencia del mago con esta frecuencia ígnea, logrando una combustión simbólica del ego que disuelve los límites de la individuación y sintoniza al operador con la vorágine primigenia de Tiamat.

En el marco de la ontología y la filosofía de la religión, la presencia del *Ušumgallu* en el ejército del caos subvierte de manera radical el principio de conservación de la energía sobre el cual se sustenta la soberanía de Marduk. Mientras el orden divino busca la cristalización estática del universo mediante decretos inalterables, la naturaleza ígnea y leonina del dragón furioso introduce la mutación estocástica y el fuego consumidor como principios dinámicos de la aniquilación universal. Su efigie estelar, proyectada en la bóveda celeste como un marcador de disrupción, funciona como un recordatorio constante de que la estructura cósmica es precaria y susceptible de ser devorada por el fuego abisal del cual emergió, anticipando las tesis extrópicas e hiper-dinámicas de la desestructuración material total.

La progresión taxonómica de la hueste teratológica de Ummu-Hubur alcanza un nivel de especialización toxicológica crítica con la irrupción del *Bašmu*, configurado filológicamente como la víbora cornuda cuya letalidad opera mediante la volatilidad de sus secreciones venenosas. A diferencia del despliegue hiperbólico de cabezas múltiples del *Mušmahḫū* o de la furia ígnea del *Ušumgallu*, el *Bašmu* encarna el principio de la destilación tóxica concentrada, donde la materia viva es reducida a su mínima expresión patógena para actuar como un agente desestabilizador del metabolismo cósmico. Su morfología de serpiente astada dota a la entidad de una agudeza sensorial orientada específicamente a la detección de las corrientes vitales instituidas por el demiurgo, permitiendo que su veneno gaseoso o líquido penetre las defensas ontológicas de las deidades menores con una precisión quirúrgica.

Desde la perspectiva de la semiótica estelar y la astrología babilónica, la proyección de la efigie del *Bašmu* encuentra su correlato directo en la estructuración de la constelación de la Serpiente (*MUL.BASMÙ*), inscribiendo en la bóveda celeste un vector permanente de subversión contra el ordenamiento geométrico del zodiaco oficial. Esta ubicación astronómica no representa un mero recurso mnemotécnico, sino una posición de combate táctico dentro de la cosmología mesopotámica, donde las potencias del abismo reclaman las coordenadas celestes ocupadas por los dioses de la luz. En el marco de la farmacopea ritual asiria y los protocolos de los grimorios del Sendero de la Mano Izquierda, el fluido letal del *Bašmu* es conceptualizado mediante extractos botánicos altamente neurotóxicos y catalizadores derivados de solanáceas y *qunubu*, sustancias administradas en los rituales mistéricos para inducir un colapso deliberado de las funciones cognitivas superiores y facilitar la posesión por las corrientes acausales de la Madre Primordial.

La operatividad ontológica del *Bašmu* radica en su capacidad para subvertir las leyes de la biología sagrada decretadas en el *Enūma Eliš*, transformando el veneno (*imtu*) en un código genético invertido que corrompe la estirpe divina desde el interior de sus tejidos. Mientras la anatomía de los dioses menores responde a una arquitectura estática y cristalizada, la toxina volátil de la víbora cornuda disuelve los enlaces moleculares de la forma, provocando una necrosis sistémica que afecta tanto al cuerpo físico como a la estructura informacional del alma inmaterial. Esta acción desintegradora anticipa las formulaciones contemporáneas de la transmutación material y la extropía negativa, donde la disolución de los límites corporales se postula como el método supremo para trascender la sujeción a la matriz demiúrgica y retornar a la indetenible corriente de indeterminación preformal de Tiamat.

La progresión taxonómica de la hueste teratológica de Ummu-Hubur alcanza una síntesis morfológica de alta complejidad con la materialización del *Mušḫuššu*, codificado filológicamente como el dragón furioso escamoso cuya anatomía sintetiza la hibridación letal entre la estirpe serpentina, la ferocidad leonina y la impronta aviar del águila. Esta configuración tripartita no responde a un mero eclecticismo zootérico, sino a una sofisticada arquitectura somática diseñada para operar simultáneamente en múltiples planos de la física del caos, fusionando la tracción terrestre del reptil, la capacidad depredadora del felino y la elevación estratégica del raptor alado. Su piel recubierta de escamas impenetrables actúa como un aislante ontológico que repele los decretos incantatorios de los dioses menores, mientras que su agilidad cinética desarticula las geometrías estáticas impuestas por la arquitectura sagrada de Ea, proyectando un vector de inestabilidad estructural que socava los cimientos del ordenamiento cósmico.

En el plano de la semiótica arquitectónica y la historia de las religiones mesopotámicas, la trascendencia del *Mušḫuššu* trasciende los anales del mito cosmogónico para inscribirse de manera permanente en la topografía sagrada de Babilonia como efigie tutelar y apotropaica en la Puerta de Ishtar y la Vía de las Procesiones. Esta apropiación formal de la criatura caótica por parte del aparato estatal babilónico constituye una paradoja teológica fundamental, donde la representación del monstruo primigenio es cooptada e invertida funcionalmente para servir como guardián de los umbrales del templo, transformando el vector de la subversión abisal en un mecanismo de contención fronteriza. No obstante, los grimorios contemporáneos del Sendero de la Mano Izquierda y la exégesis de la Caosofía recuperan la naturaleza primigenia del *Mušḫuššu*, reinterpretándolo no como un custodio dócil del régimen de Marduk, sino como una encarnación latente de la corriente draconiana que aguarda el momento de fracturar los cerrojos de la realidad estructurada.

La operatividad mistérica de esta entidad se articula estrechamente con las prácticas de la farmacopea ritual asiria, donde el uso de sustancias catalizadoras como las solanáceas y los preparados psicoactivos de *qunubu* permitían al iniciado sintonizar su conciencia con la frecuencia vibratoria del dragón furioso. A través de la ingestión y combustión de estos agentes alteradores, el operador operaba una desestructuración controlada de los filtros cognitivos, permitiendo que la impronta morfológica del *Mušḫuššu* penetrara su estructura psíquica como un agente de transmutación interior. Esta mimetización con el híbrido escamoso disuelve los límites de la individuación y sintoniza al sujeto con la corriente acausal de Tiamat, anticipando los procesos de desintegración material donde la forma fija es consumida por la dinámica indetenible del abismo.

La progresión taxonómica de la hueste teratológica convocada por Ummu-Hubur diversifica su estrategia de penetración ontológica con la irrupción de *Lahamu*, codificado filológicamente como el héroe peludo de fuego interior y custodio antropomorfo de los umbrales liminares del abismo. A diferencia de las tipologías puramente reptilianas o zoomorfas precedentes, esta entidad opera en el registro de la antropometría alterada, fusionando una corpulencia humana densamente velluda con una dinámica interna de combustión estocástica que subvierte la distinción categorial entre lo orgánico y lo inorgánico. Su morfología actúa como una membrana de tránsito transdimensional, diseñada específicamente para franquear los cercos geométricos establecidos por la inquisición demiúrgica de Ea y abrir brechas topológicas en los cimientos del espacio sagrado.

Desde la perspectiva de la antropología filosófica y la historia de las religiones mesopotámicas, la figura de *Lahamu* encarna el arquetipo del guardián de los limones, aquel que habita en la zona de indistinción entre el cosmos ordenado y la matriz acausal de Tiamat. Su función táctica dentro del ejército del caos no radica en la agresión directa mediante venenos ácidos o fauces depredadoras, sino en la administración de los portales interdimensionales que permiten el flujo de la disolución entrópica hacia el corazón del sistema estructurado. La densidad capilar que recubre su anatomía funciona como un campo de contención termodinámica, capaz de absorber las radiaciones armónicas emitidas por el firmamento de E-šarra y disiparlas en forma de calor residual, desarticulando la estabilidad molecular de los recintos sagrados donde se resguardan los decretos de los dioses menores.

En el marco de la farmacopea ritual asiria y los protocolos operativos de los grimorios del Sendero de la Mano Izquierda, la invocación de *Lahamu* requiere el empleo sistemático de catalizadores psicoactivos orientados a la disolución de la conciencia vigílica, tales como infusiones concentradas de solanáceas y resinas destiladas de *qunubu*. Estas sustancias operan como agentes de sintonización neuroquímica que permiten al operador humano mimetizar la frecuencia vibratoria del custodio abisal, facilitando el tránsito psíquico a través de los umbrales prohibidos que separan la individuación formal del abismo preformal. A través de esta transmutación interior, el sujeto experimenta la combustión de su propia estructura egoica, convirtiéndose en un canal activo para la manifestación de las corrientes caóticas que la soberanía de Marduk procuraba mantener perpetuamente confinadas.

La progresión taxonómica de la hueste teratológica convocada por Ummu-Hubur intensifica su vector de devastación meteorológica con la irrupción del *Ugallu*, codificado filológicamente en los anales cuneiformes como el demonio del gran temporal dotado de una fisonomía híbrida que fusiona la ferocidad leonina de su cabeza con la propulsión cinética de sus extremidades aviares. Esta configuración morfológica no constituye un mero sincretismo zootérico aleatorio, sino una sofisticada arquitectura somática diseñada para operar como una máquina de destrucción atmosférica capaz de subvertir las leyes de la aerodinámica sagrada instituidas por la arquitectura de Ea. Su anatomía actúa como un condensador de turbulencias estocásticas, donde el rugido felino se acopla con la velocidad de ataque del ave de rapiña para proyectar ondas de choque barométricas orientadas específicamente a fracturar la cúpula celeste del firmamento de E-šarra y desestabilizar los patrones climáticos regulados por el panteón de los dioses menores.

Desde la perspectiva de la semiótica estelar y la astrología babilónica, la materialización ritual de esta entidad encuentra su correlato astronómico directo en la proyección de su efigie sobre la constelación de Leo (*MUL.UR.GU.LA*), reconfigurando el mapa celeste oficial en un dispositivo de asedio permanente contra el ordenamiento geométrico del zodiaco. Esta ubicación en la bóveda celeste no opera como un mero marcador mnemotécnico, sino como una posición táctica desde la cual el *Ugallu* canaliza las corrientes de alta entropía meteorológica hacia el centro del cosmos estructurado, transformando los ciclos estacionales en vectores de disolución material. En el marco de los grimorios contemporáneos del Sendero de la Mano Izquierda y la exégesis de la Caosofía, la impronta del demonio tempestuoso es reinterpretada como la manifestación activa de la furia climática de Tiamat, una fuerza indomable que busca barrer la artificiosa estabilidad de la civilización babilónica mediante la demolición de sus infraestructuras físicas y conceptuales.

La operatividad mistérica del *Ugallu* se articula estrechamente con las prácticas de la farmacopea ritual asiria, donde la ingesta y quema de sustancias catalizadoras altamente volátiles —tales como extractos concentrados de solanáceas y resinas psicoactivas de *qunubu*— permitían al operador sintonizar su aparato neuroquímico con la frecuencia vibratoria de la tormenta primordial. A través de estos agentes de alteración cognitiva, el iniciado experimentaba una desestabilización barométrica análoga a la disolución de los tejidos corporales provocada por el vendaval del demonio, disolviendo las fronteras de la individuación y sintonizando su conciencia con la vorágine acausal de la Madre Primordial. Esta mimetización con la furia meteorológica del híbrido leonino-aviar desarticula los filtros de la percepción racional, preparando el terreno para la irrupción de las fluctuaciones físicas extremas que socavan definitivamente los cimientos del cosmos estructurado.

La irrupción conjunta de esta primera hexada teratológica —desde el *Mušmahḫū* hasta el *Ugallu*— opera en el plano de la física del caos como un sistema de fluctuaciones termodinámicas extremas, catalizadas para socavar la homeostasis del cosmos estructurado por la jerarquía de los dioses menores. En esta morfogénesis de la disolución, cada entidad moviliza un vector de alteración que trasciende la simple oposición bélica para instalarse como una anomalía ontológica en la matriz geométrica del *Enūma Eliš*. La convergencia simultánea de venenos ácidos, radiaciones ígneas, toxinas volátiles, aislamiento somático, tracción liminar y turbulencias barométricas configura un frente de desestabilización sistémica, donde la materia ordenada es sometida a un estrés estocástico permanente diseñado para provocar la fatiga material de la arquitectura sagrada de Ea.

Desde la perspectiva de la antropología filosófica y la analítica del mito, este proceso teratológico desarticula los postulados de la ontología formal al demostrar la permeabilidad constitutiva del orden divino frente a las potencias acausales del abismo. Las fluctuaciones físicas desatadas por la hueste de Ummu-Hubur actúan como un disolvente informacional que inutiliza los códigos de individuación estipulados en los decretos inalterables de la asamblea de Upšuukkinaku. Al introducir aberraciones morfológicas que desafían el principio de no contradicción, estas criaturas imponen una lógica de indeterminación activa, donde la fijeza de los arquetipos celestes es constantemente corroída por la dinámica autoorganizada y no lineal de la matriz primordial de Tiamat.

En el marco de la farmacopea ritual asiria y los grimorios operativos del Sendero de la Mano Izquierda, la canalización de estas fluctuaciones extremas requiere la anulación deliberada de los filtros cognitivos del operador mediante la ingesta y combustión de catalizadores neurotóxicos como el *qunubu* y las solanáceas. Esta intoxicación metódica no persigue un éxtasis místico tradicional, sino una sintonización bioeléctrica con la frecuencia destructiva de los primeros seis engendros, permitiendo que la arquitectura psíquica del sujeto experimente el mismo colapso molecular que la realidad estructurada bajo el asedio de la Madre Hubur. De este modo, la morfogénesis teratológica se proyecta tanto en el plano macrocósmico de la teomaquia como en el microcosmos del iniciado, preparando el terreno operatorio para la transición hacia la catalogación epigráfica y léxica de sus sellos cuneiformes.

La inscripción epigráfica de esta primera hexada en las tablillas cuneiformes exige un rigor filológico que trasciende la simple traducción léxica, configurando una semiótica de los sellos donde cada glifo actúa como un condensador de potencialidades acausales.

En el corpus de los textos lexicológicos asirios y los vocabularios babilónicos (*HAR-ra = ḫubullu*), la designación de entidades como el *Mušmahḫū* y el *Ušumgallu* no responde a una categorización zoológica convencional, sino a una grafía ideográfica orientada a fijar los vectores de la disolución ontológica. Los sellos asociados a estas formas primigenias operan mediante la combinatoria de signos cuneiformes que denotan la fractura de la línea recta y la instauración del circuito cerrado, codificando en la arcilla la matriz no lineal de la que emergieron bajo los auspicios de Ummu-Hubur.

El análisis morfológico de las improntas glípticas correspondientes al *Bašmu*, el *Mušḫuššu*, *Lahamu* y el *Ugallu* devela una gramática visual en la cual la inscripción cuneiforme funciona como una ecuación de inversión termodinámica. Los catálogos rituales recuperados de las bibliotecas asirias detallan los protocolos epigráficos para la activación de estos sellos en losas de arcilla cruda, estipulando que la disposición angular de las cuñas debe reproducir la geometría de las constelaciones subversivas asociadas a cada engendro. Esta operatoria gráfica vincula la grafía cuneiforme con la alta magia de los grimorios del Sendero de la Mano Izquierda, donde el signo escrito no representa pasivamente un objeto exterior, sino que constituye el catalizador topológico que abre una brecha en la arquitectura sagrada de Ea, permitiendo la infiltración de la sintaxis caótica en el tejido de la realidad estructurada.

La correlación entre el léxico epigráfico y la farmacopea ritual de los textos cuneiformes evidencia que la recitación de los nombres y la plasmación de los sellos de la hueste de Tiamat requerían la ingesta previa de sustancias catalizadoras como el *qunubu* y las solanáceas para que el operador lograra descifrar la carga semántica real de las tablillas. En este registro, el signo cuneiforme deja de ser un mero registro administrativo del Estado babilónico para convertirse en un dispositivo de desprogramación cognitiva, donde la lectura de los nombres de los primeros seis monstruos desarma los filtros de la identidad formal. La decodificación filológica de estos sellos primigenios instala así una disonancia insalvable en el sistema de los decretos inalterables, preparando el tránsito hacia la persistencia operativa de los vestigios caóticos en la matriz del cosmos.

CAPÍTULO 8: Catalogación Teratológica II: Del Depredador Atávico (Uridimmu) a la Consolidación de la Resistencia Abisal

La morfología epigráfica de la legión de Ummu-Hubur progresa hacia la explicitación de los instintos atávicos de depredación mediante la figura de *Uridimmu*, una construcción teratológica que sintetiza la anatomía de un cánido rabioso o un león erguido con atributos antropomorfos. Dentro del corpus lexicográfico cuneiforme, esta entidad no representa meramente una desviación zoológica, sino la manifestación ontológica de la furia desprovista de cualquier regulación civilizatoria o domesticación geométrica. La transgresión operada por la Madre Primordial en este diseño específico radica en la abolición de la distancia entre el sujeto cazador y su objeto, instituyendo un principio de voracidad inmanente que opera como un vector de disolución contra la jerarquía territorial establecida por el panteón de los dioses jóvenes.

Desde la perspectiva de la correspondencia uranográfica y la topografía sagrada de los anales astronómicos mesopotámicos, *Uridimmu* se encuentra indisolublemente ligado a la constelación de *Urbat* (identificada modernamente como Lupus). En el plano de la semiótica estelar, esta proyección no opera como un simple marcador calendárico, sino como una constricción gravitacional del desorden; la efigie celeste canaliza la energía cinética del depredador primordial directamente sobre la bóveda celeste estructurada por Ea y sostenida por Marduk. La inscripción de esta bestia en el firmamento evidencia la estrategia caosofisiológica de Tiamat: convertir el mapa estelar, concebido originalmente como el archivo inmutable de los destinos (*šīmātu*), en un territorio de ocupación para sus agentes de entropía biológica.

La operatoria de este engendro en la economía de la teomaquia complementa la acción de los seis monstruos precedentes al introducir una discontinuidad radical en el espacio táctico del combate. Mientras que las entidades ígneas y ofídicas actúan como barreras ácidas o tormentas meteorológicas, *Uridimmu* encarna el asalto cinético directo contra la integridad física de los dioses ordenadores, desarticulando las formaciones hoplíticas celestes mediante la ferocidad de un apetito que desconoce la ley del límite. Su catalogación en los textos rituales asirios como una forma liminar de alteridad subraya su función como catalizador de la regresión, preparando el terreno para la emergencia de custodios abismales aún más complejos en la topografía de la frontera ontológica.

La progresión teratológica del ejército de Ummu-Hubur profundiza en la articulación de la frontera liminar mediante la introducción del *Girtablullû*, el hombre-escorpión, cuya configuración anatómica sintetiza el torso antropomorfo con la infraestructura quitinosa y el aguijón letal de un arácnido ponzoñoso. En el marco de la filología comparada y los anales cuneiformes, esta entidad no opera meramente como una aberración morfológica, sino como el arquetipo ontológico del guardián de los umbrales infranqueables, emplazado estratégicamente en la coyuntura crítica donde el dominio de los vivos colapsa hacia la inescrutabilidad del inframundo. La transgresión biológica operada por Tiamat en este diseño radica en la fusión deliberada de la racionalidad instrumental —representada por la estructura erecta del tronco humano— con la letalidad ciega y defensiva del veneno visceral, creando una discontinuidad en el espacio táctico que neutraliza el avance de las huestes celestes mediante la amenaza constante de la parálisis y la necrosis tisular.

Urano-graficamente, la proyección de esta bestia se encuentra fijada en la constelación correspondiente al signo de Escorpio, integrándose en el catálogo estelar mesopotámico como un marcador de los límites extremos del firmamento y los abismos subterráneos. Esta inscripción astral no constituye una mera abstracción calendárica, sino una topografía de contención operada por el caos; la constelación actúa como un nodo de inversión donde la geometría celeste establecida por Ea es asaltada desde los cimientos por la radiación toxicológica del *Girtablullû*. A través de esta cartografía, la Madre Primordial subvierte la función ordenadora de las estrellas, transformando los puntos de referencia fijos del cosmos en enclaves de soberanía abismal y vectores de desintegración anatómica para cualquier entidad del panteón joven que pretenda cruzar la línea de demarcación ontológica.

En la economía ritual de la farmacopea asiria y los textos apotropaicos, la figura del hombre-escorpión trasciende su rol estrictamente mitológico para operar como un paradigma de la vigilancia liminar, frecuentemente invocada en los sellos y relieves arquitectónicos como un agente bifronte que regula el tránsito entre el orden y la anulación. Su presencia en la horda de la putrefacción consuma la estrategia de Tiamat de weaponizar el espacio transicional, asegurando que los accesos hacia los dominios profundos del Apsū queden permanentemente infectados por una inmunidad soberana que rechaza la jurisdicción de las Tablillas de los Destinos. Esta integración de la anatomía ponzoñosa en la arquitectura del conflicto prepara el terreno para la manifestación de las fuerzas puramente incorpóreas y dinámicas que disuelven los vectores espaciales en la fase subsiguiente de la embestida caótica.

La progresión teratológica del ejército de Ummu-Hubur desmaterializa las coordenadas de la corporalidad estática mediante la introducción de los *Umū dabrūtu*, las tormentas desoladoras, concebidas en el registro cuneiforme como entidades incorpóreas de vientos ciclónicos y dispersión del orden espacial. En el marco de la física pre-creacional y la meteorología sagrada mesopotámica, esta octava criatura no manifiesta una arquitectura zoológica articulada sobre el limo o la quitina, sino la violencia pura de la turbulencia atmosférica elevada a categoría ontológica. La transgresión operada por Tiamat en este despliegue consiste en la abolición absoluta de la superficie y el volumen delimitado, sustituyendo la geometría arquitectónica de los templos y los muros celestes por la inestabilidad cinética de frentes nubosos armados con descargas eléctricas y flujos de aire corrosivo que disuelven los contornos de cualquier estructura impuesta por el Logos de Ea.

En la economía de la teomaquia, la operatoria de los *Umū dabrūtu* interrumpe drásticamente los vectores tácticos del panteón joven al actuar como un agente de desorientación topológica y fragmentación de la retaguardia celeste. Mientras que los monstruos corporales anteriores ejercen su resistencia mediante la mordedura, el veneno o la contención de umbrales, estas tempestades ciclónicas operan como un fluido gaseoso de alta entropía que desarticula las formaciones hoplíticas de los dioses ordenadores mediante la fuerza ciega de la dispersión anómica. La inscripción de estas tormentas en los anales astronómicos asirios trasciende la simple catalogación meteorológica para designar anomalías estelares donde la visibilidad de las constelaciones se colapsa, evidenciando la estrategia caosofisiológica de la Madre Primordial: sumergir el firmamento estructurado en un permanente estado de borrasca primordial que impide el cálculo racional y la determinación de los ciclos cósmicos.

Esta desestructuración de la espacialidad por medio de los vientos desoladores complementa la labor de la horda de la putrefacción al vectorizar el colapso de las distancias y la homogeneización del espacio cósmico bajo el signo de la indeterminación. Al carecer de una efigie anatómica fija, los *Umū dabrūtu* anticipan la disolución de los límites corporales que posteriormente caracterizará a las formas anfibias de la frontera acuática, operando como un puente dinámico entre la virulencia terrestre de las bestias acorazadas y la fluidez informe del elemento líquido originario. Su invocación en los rituales de conjuración asirios como potencias de desintegración subraya su eficacia operativa en la destrucción de los recintos sagrados, preparando la transición ineludible hacia la manifestación de aquellas entidades híbridas que devuelven la fisonomía humana al torrente incontrolable de las corrientes abisales.

La secuencia morfológica de la horda caótica operada por Ummu-Hubur experimenta una inversión ontológica cardinal con la emergencia del *Kulullû*, el hombre-pez o tritón, cuya arquitectura corpórea disuelve la línea de demarcación entre la terrestre verticalidad antropomorfa y la fluidez inarticulada del abismo líquido primigenio. En el registro lexicográfico de los compendios cuneiformes y la filología comparada de los textos rituales, esta entidad no constituye una mera hibridación zoológica de carácter ornamental, sino la reinstauración material de la matriz acuática pre-creacional en el corazón mismo del espacio táctico disputado por los dioses jóvenes. La transgresión biológica ejecutada por Tiamat mediante esta morfología anfibio-humana radica en la subversión de la bipedestación como emblema de la soberanía civilizatoria, devolviendo la fisonomía del *Lullu* —la estirpe humana destinada a la servidumbre cósmica— a la condición disolvente y sinuosa de las corrientes abisales que precedieron a la partición de las aguas de Apsū.

En la cartografía de la uranografía mesopotámica y los anales astrológicos, el *Kulullû* se halla indisolublemente vinculado a la constelación correspondiente al signo de Acuario, operando en la semiótica estelar no como un simple marcador calendárico de inundaciones estacionales, sino como una constricción gravitacional de la entropía líquida sobre el firmamento de *E-šarra*. Esta proyección celeste desactiva la función geométrica de las coordenadas estelares al introducir un flujo de indeterminación hídrica que corroe las líneas divisorias trazadas por el intelecto demiúrgico de Ea. La efigie del hombre-pez canaliza la energía disolutiva del océano primordial directamente sobre la bóveda celeste, transformando los puntos cardinales de la soberanía ordenadora en enclaves de sumersión donde el tiempo cíclico de los decretos inalterables (*šīmātu*) cede ante la marea ininterrumpida de la indeterminación originaria.

En la economía de la teomaquia y los textos apotropaicos de la farmacopea asiria, la figura del tritón transciende su dimensión puramente mitológica para erigirse en un paradigma de la contaminación liminar de los recintos sagrados, frecuentemente materializada en efigies de arcilla depositadas bajo los umbrales para neutralizar el avance de las huestes celestes. Su presencia en la legión de la putrefacción consuma la estrategia de la Madre Primordial al demostrar que la forma humana no es un producto definitivo de la ingeniería divina de Marduk, sino una superficie plástica susceptible de ser revertida y reabsorbida por el torrente incontrolable del caos acuático. Esta reactivación de la memoria líquida del hombre-pez prepara la transición táctica hacia la consolidación de la masa y la gravedad telúrica que encarnará el siguiente bastión de la resistencia abisal contra los cimientos del cosmos estructurado.

La progresión teratológica del ejército de Ummu-Hubur despliega su densidad gravitacional mediante la inserción del *Kusarikku*, el hombre-toro o bisonte celestial, cuya monumental arquitectura corpórea sintetiza la fuerza axial del cuadrúpedo salvaje con la verticalidad coaccionada de un torso antropomorfo. En el registro lexicográfico de los compendios cuneiformes y la filología comparada de las crónicas rituales, esta novena entidad no opera como un mero accidente zoológico, sino como el anclaje ontológico del abismo destinado a oponer una masa inercial y densa a la geometría diáfana de los cielos ordenados. La transgresión biológica ejecutada por Tiamat a través de esta morfología tauromorfa consiste en la introducción de un vector de compresión gravitacional que resiste y subvierte los cálculos métricos y la arquitectura tensional impuesta por el intelecto demiúrgico de Ea sobre los cimientos del cosmos estructurado.

Urano-gráficamente, la proyección de esta bestia se encuentra indisolublemente fijada en la constelación correspondiente al signo de Tauro, integrándose en el catálogo astrológico mesopotámico como un nodo de concentración de la pesadez telúrica y la potencia de impacto bruto. Esta inscripción estelar desactiva la función cartográfica del firmamento como archivo inmutable de los destinos (*šīmātu*), transformando la región celeste tutelar en un campo de fuerzas donde la pesadez ciega del *Kusarikku* colapsa la distancia jerárquica entre la tierra y la bóveda de *E-šarra*. A través de esta topografía estelar, la Madre Primordial subvierte la estabilidad cinemática de las constelaciones, haciendo que la inercia del bisonte cósmico actúe como un ariete permanente contra los soportes arquitectónicos de la soberanía de los dioses jóvenes.

En la economía de la teomaquia y los anales apotropaicos de la farmacopea asiria, la figura del hombre-toro transciende su dimensión estrictamente mitológica para erigirse en un paradigma de la resistencia pasiva y la fuerza inexpugnable, frecuentemente materializada en efigies de protección liminar emplazadas en las profundidades de los cimientos para sostener la tensión del suelo ante la inminencia de las fallas tectónicas. Su inserción en la horda de la putrefacción consuma la estrategia de la Madre Primordial al demostrar que la solidez material no es un monopolio exclusivo del ordenador Marduk, sino una propiedad primordial que el abismo puede redirigir en forma de masa atómica densa para aplastar los dispositivos del Logos. Esta consolidación de la gravedad telúrica y la fuerza bruta del *Kusarikku* prepara la transición ineludible hacia la manifestación de aquellas vibraciones acústicas y rugidos desarticuladores que disolverán la inteligibilidad tridimensional del espacio en la fase subsiguiente de la embestida caótica.

La progresión teratológica del ejército de Ummu-Hubur culmina en sus últimas estratagemas mediante la modulación de frecuencias sonoras de alta energía, donde los rugidos y emisiones vocales de las cinco bestias restantes actúan como armas sutiles de desintegración tridimensional [368]. En el marco de la física pre-creacional y la acústica sagrada de los compendios cuneiformes, esta manifestación no se restringe al plano de la intimidación psicológica, sino que constituye una tecnología de perturbación ondulatoria destinada a fracturar la coherencia geométrica de los recintos celestes. La transgresión operada por Tiamat a través de este despliegue sonoro consiste en la abolición de las constantes métricas del espacio, utilizando la vibración disfónica para desestabilizar los vectores de tensión que el intelecto de Ea ha instituido para mantener la rigidez arquitectónica del universo estructurado [29, 219, 368].

En la economía de la teomaquia, la operatoria de estas descargas acústicas interrumpe de manera frontal las líneas de defensa del panteón joven al sembrar una disonancia topológica que inutiliza el cálculo predictivo de las Tablillas de los Destinos (*šīmātu*) [29, 220]. Mientras que las entidades precedentes operaban mediante la impronta anatómica del veneno, la garra o la masa telúrica, estas emisiones vocales extremas se propagan como un fluido anómico que atraviesa los muros de *E-šarra* sin encontrar resistencia material, disolviendo los contornos delimitados de la forma en favor de una vibración primordial indiferenciada [368]. La inscripción de estas potencias sónicas en los anales rituales asirios evidencia la estrategia caosofisiológica de la Madre Primordial de desmaterializar el cosmos por la vía de la resonancia, devolviendo las estructuras tridimensionales a la fluctuación caótica que antecedió a la separación de las aguas.

Esta disolución acústica del espacio táctico complementa la labor de desestabilización iniciada por las tormentas ciclónicas y las bestias hibridadas, preparando el colapso definitivo de la topografía geométrica ante la inminente acometida final de los ejércitos en pugna [368]. La persistencia de estas frecuencias disruptivas en la farmacopea y los grimorios apotropaicos subraya la persistencia del peligro inmanente de la regresión sonora, donde el silencio del orden puede ser perforado en cualquier momento por el retorno de los registros vocales del abismo. De este modo, la agitación vibracional de los últimos engendros deja el campo de batalla sumido en una indeterminación espacial que exige la intervención directa de la soberanía marcial para restaurar la arquitectura del mundo [230, 414].

La consumación táctica de la teomaquia operada por Marduk encuentra su ejecución material en la neutralización cinemática y la sujeción anatómica de las once criaturas generadas por Ummu-Hubur, un proceso en el cual el dios soberano del panteón joven despoja a la legión caótica de su autonomía operativa mediante la imposición de ligaduras físicas irreversibles [230, 414]. En el registro de las crónicas cuneiformes del *Enūma Eliš*, esta acción no se reduce a una mera victoria marcial sobre un ejército en retirada, sino que constituye el establecimiento coercitivo de una nueva topografía ontológica donde las fuerzas de la entropía biológica y la hibridación teratológica son reducidas a la condición de soportes subordinados de la arquitectura cósmica [230]. Al inmovilizar a los monstruos que previamente habían subvertido las coordenadas del espacio sagrado, el demiurgo invierte el vector de la disolución, obligando a los agentes de la regresión a sostener el peso de la estructura geométrica que intentaron aniquilar [414].

El gesto de colocar a las once bestias subyugadas "bajo sus pies" opera en el plano de la semiótica política y la cosmología mesopotámica como el arquetipo primordial del triunfo del orden centralizado sobre la indeterminación preformal, institucionalizando la soberanía de Marduk mediante la reducción de la alteridad a la condición de pedestal [230, 414]. Esta dominación física sobre el *Mušmahḫū*, el *Bašmu*, el *Kusarikku* y el resto de los engendros de Tiamat sella el colapso del frente de resistencia abisal tras la caída de Kingu, desarticulando los nodos de radiación toxicológica y disonancia acústica que amenazaban con disolver los cimientos de *E-šarra*. La reducción de la horda a trofeos de guerra marca la transición operativa en la que la energía cinética del caos es prisionera de los límites métricos fijados por las Tablillas de los Destinos, impidiendo cualquier reactivación espontánea de las potencias de la putrefacción [230].

Esta sujeción de la horda teratológica bajo la bota del soberano celeste no clausura definitivamente el peligro inmanente de la disolución, sino que inaugura la necesidad técnica de su reconversión funcional dentro de la economía ritual y arquitectónica del estado babilónico [230]. Al neutralizar la amenaza activa de los monstruos, Marduk prepara el terreno para la domesticación institucional de su carga atávica, transformando la materialidad indomable de la tempestad y el veneno en guardianes liminares de los recintos sagrados [230]. De este modo, la inmovilización de los engendros bajo los cimientos del cosmos estructurado deja abierta la transición hacia su instrumentalización litúrgica, donde la furia de la Madre Primordial será integrada de forma subordinada en los dispositivos apotropaicos de la civilización mesopotámica.

La transmutación litúrgica de las once bestias de Ummu-Hubur en dispositivos apotropaicos de la arquitectura babilónica representa la operación ideológica definitiva mediante la cual el estado centralizado asimila y neutraliza la alteridad radical del caos. En el registro de la farmacopea ritual asiria y los anales epigráficos de la fundación de templos, la coerción física ejercida por Marduk sobre la legión teratológica no desemboca en su aniquilación ontológica, sino en su inversión funcional: el veneno, la gesticulación disonante y la voracidad cinemática de los engendros son confinados al perímetro de los umbrales sagrados para operar como guardias fronterizos contra cualquier infiltración de la entropía originaria. Esta domesticación institucional subvierte la trayectoria original de Tiamat, transformando los vectores de disolución tridimensional en soportes estructurales de la soberanía geométrica del panteón joven, donde el cuerpo de la bestia subyugada deja de ser una amenaza activa para convertirse en el cimiento material de la ley cósmica.

En la práctica arquitectónica y la semiótica de los relieves mesopotámicos —ejemplificada en la disposición de efigies como el *Mušḫuššu* o el *Lahamu* en los accesos de las murallas y santuarios—, la efigie monstruosa actúa como un condensador apotropaico que canaliza el terror abisal hacia la defensa del orden instituido. Al fijar la materialidad indomable de la horda bajo las jambas y los cimientos de los recintos consagrados a Ea y Marduk, los sacerdotes y exorcistas asirios institucionalizan una economía de la contención donde la alteridad es metabolizada como energía defensiva. Esta instrumentalización litúrgica garantiza que la memoria de la teomaquia permanezca activa no como un foco de subversión, sino como un recordatorio perpetuo de la subordinación del abismo, asegurando que la potencia destructiva del *imtu* y la furia de las bestias queden permanentemente neutralizadas al servicio de la preservación civilizatoria.

La integración de estos agentes de la regresión en la topografía sagrada de Babilonia y Asiria consuma así la estrategia de control sobre la indeterminación preformal, subordinando la furia de la Madre Primordial a las exigencias métricas de las Tablillas de los Destinos. La presencia de las efigies teriomórficas en los umbrales liminares sella la frontera entre el espacio estructurado del *E-šarra* y la latencia informe del exterior acuático, estableciendo un régimen de inmunidad soberana que impide el retorno de la marea disolvente. De este modo, la transmutación litúrgica de la horda caótica cierra el ciclo de la confrontación cósmica al convertir la teatralidad de la quimiosemiosis abisal en el fundamento permanente de la arquitectura religiosa y el poder real.

CAPÍTULO 9: Marduk como Anomalía Termodinámica, la Fisiología Titánica y el Armamento Cosmológico

La emergencia operativa de Marduk dentro de la economía ontológica del *Enūma Eliš* trasciende la mera victoria militar sobre las huestes del caos, configurándose primariamente como una disrupción termodinámica en el régimen de alta entropía que caracterizaba el estadio preformal del abismo. Mientras que las estructuras hidráulicas de Tiamat y la inercia líquida de Apsū operaban bajo los principios de la indeterminación y la disolución continua de límites, la génesis del dios solar de la tormenta introduce un vector de compresión espacial y reducción estocástica. Esta función demiúrgica se manifiesta como una inversión radical de la tendencia centrífuga del cosmos: donde el régimen abisal dispersaba la energía y borraba los contornos métricos de la materia, la acción de Marduk opera mediante la imposición de constricciones geométricas y la cristalización de gradientes estables de baja entropía.

Desde la perspectiva de la física teórica aplicada al análisis mitopoeico, la condición de Marduk como anomalía termodinámica se explicita en su capacidad para forzar la transición de fase desde un sistema caótico no acotado hacia un orden cerrado y computable. Las armas que le son conferidas por la asamblea de los dioses jóvenes —específicamente los vientos cardinales, el rayo y la red de contención— actúan como operadores topológicos que reducen los grados de libertad del continuum acuático original. Esta compresión espacial no es meramente un acto de fuerza física, sino una reorganización informacional del sustrato universal, donde la multiplicidad amorfa de la materia primigenia es obligada a someterse a patrones métricos fijos, estables y susceptibles de ser regidos por leyes invariantes.

En este sentido, la irrupción de este agente solar instaura por primera vez en el relato mesopotámico un eje de asimetría direccional que contrarresta la tendencia natural hacia el equilibrio térmico absoluto del océano primigenio. Al concentrar la energía dispersa del cosmos en centros nodales de alta densidad formal —como el futuro emplazamiento de Babilonia y los centros cultuales circundantes—, Marduk establece un sistema disipativo que se alimenta de la contención perpetua de las fuerzas de la disolución. La arquitectura de esta soberanía no busca la aniquilación ontológica de los componentes del abismo, sino su subordinación estructural, convirtiendo la potencialidad inagotable de la Madre Hubur en el combustible sometido de una máquina cósmica rigurosamente administrada por el decreto divino.

La génesis de esta anomalía termodinámica y vector de compresión espacial encuentra su locus operativo en el santuario del Apsū, un recinto sagrado cuya erección no constituye un mero hito arquitectónico dentro de la topografía sagrada mesopotámica, sino la estabilización ontológica de un espacio sustraído al dominio de la indeterminación. Tras la ejecución de Apsū y la consecuente usurpación de sustrato por parte de Ea (Nudimmud), el lugar donde yacía el principio masculino de las aguas dulces estáticas fue transmutado en el fundamento mismo de la soberanía de los dioses jóvenes. Este santuario primigenio, erigido sobre la inercia vencida y el *melammu* despojado del primer consorte, opera como la célula germinal donde la baja entropía del orden por venir es incubada al margen de las fluctuaciones caóticas del exterior.

En el interior de este recinto sacralizado, la infraestructura material del abismo subyugado es sometida a una inversión funcional de gran alcance semiótico y cosmológico. El lecho donde reposaba la potencia inerte de Apsū deja de ser una zona de latencia estática para convertirse en la matriz cerrada y protegida donde se gesta el contra-principio del cosmos formalizado. Esta localización espacial precisa otorga a la emergencia del dios solar una legitimidad topológica fundamental: el poder de Marduk no surge ex nihilo, sino que se edifica directamente sobre las ruinas domesticadas de la fuente original de la existencia, apropiándose de la densidad ontológica del estrato subacuático para proyectarla hacia la futura arquitectura del firmamento.

La instauración de este santuario primordial dentro de los dominios subterráneos del Apsū establece, por consiguiente, el primer circuito cerrado de baja entropía en el seno de un universo que hasta entonces oscilaba entre la fluidez indiferenciada y la amenaza de la disolución. Al concentrar las operaciones demiúrgicas en este enclave blindado contra las corrientes de Tiamat, los dioses jóvenes aseguran un centro de cálculo y emanación de decretos que resiste la presión centrífuga del exterior acuático. Esta estructuración espacial prepara el terreno para la mutación corporal del propio agente de la ordenación, cuya morfología trascendente reflejará de manera directa la formidable concentración de energía lograda en este recinto fundacional.

La materialización de esta anomalía termodinámica en el interior del santuario fundacional se tradujo de inmediato en una mutación morfológica sin precedentes, descrita en los textos cuneiformes a través de una anatomía hiperbolizada que excede las dimensiones de la divinidad tradicional. La fisiología titánica de la soberanía que asume Marduk se manifiesta primariamente en una desproporción métrica calculada para reflejar la supremacía de su vector de compresión espacial sobre la vastedad informe del abismo de Tiamat. Lejos de la sobriedad antropomórfica que caracteriza a los dioses de las generaciones precedentes, el cuerpo del dios solar es rediseñado mediante una intensificación cuantitativa de sus órganos sensoriales y perceptivos, configurando un organismo totalizador cuya estructura somática opera como un sistema cibernético de vigilancia absoluta y control panóptico sobre los grados de libertad de la materia circundante.

Esta sobredeterminación anatómica encuentra su expresión más rigurosa en la disposición simétrica de sus capacidades perceptivas, específicamente en sus cuatro ojos que lo ven todo y sus cuatro oídos que todo lo perciben [220]. Desde la perspectiva de la semiótica de la divinidad en el *Enūma Eliš*, esta multiplicidad sensorial no constituye un mero atributo teriomórfico o un exceso de carácter monstruoso similar al de las huestes de la Madre Hubur, sino la encarnación biológica de la función computable suprema. Los cuatro ojos operan como un sistema de coordenadas ópticas que elimina cualquier punto ciego en el espacio geométrico recién delimitado, impidiendo que la indeterminación cuántica de las aguas primordiales recupere un nicho de latencia. De manera simultánea, la duplicación simétrica de los oídos instituye un canal de recepción acústica continuo que intercepta las vibraciones del *huburu* —el estruendo caótico del abismo—, traduciendo las fluctuaciones sonoras de la desorganización en información procesable para la asamblea.

Mediante esta arquitectura corporal sobredimensionada, la entidad soberana se consagra no solo como el ejecutor material del ordenamiento cósmico, sino como el aparato de registro definitivo que estabiliza el tránsito entre la entropía máxima de la matriz acausal y la rigidez métrica del firmamento por venir. La ampliación de los canales perceptivos en este organismo superlativo garantiza que ningún sector del *tehom* subyugado escape al campo visual y auditivo de la ley impuesta, estableciendo una correlación directa entre la magnitud física del cuerpo divino y la exhaustividad del dominio político-cosmológico. Este dispositivo somático de vigilancia total deja atrás la vulnerabilidad del panteón tradicional, preparando el terreno para que la emisión de la soberanía deje de ser un acto de mediación indirecta y se convierta en una emanación directa de energía calórica y formal sobre la extensión del cosmos.

La operatividad de este dispositivo somático de vigilancia total halla su correlato dinámico en la capacidad de emisión energética que emana directamente de la fisonomía de Marduk, trascendiendo la mera recepción pasiva de datos para instituir un régimen de transformación calórica sobre la materia. En este estadio de la investidura soberana, la articulación del lenguaje verbal deja de pertenecer al dominio de la mediación acústica convencional para convertirse en un vector de ignición pirotécnica, donde cada término pronunciado por la divinidad se materializa como un flujo de plasma ígneo. Los textos cuneiformes registran esta mutación termodinámica al especificar la emisión de llamas por los labios del dios solar durante el acto de la enunciación, un fenómeno que reconfigura radicalmente la física de la comunicación divina en el marco del *Enūma Eliš* [220]. Esta descarga calórica no opera como una fuerza destructiva indiscriminada —como la que caracteriza a la horda teratológica de la Madre Hubur—, sino como un principio catalizador estrictamente dirigido a la solidificación de la forma y a la fijación de los gradientes ontológicos que estructurarán el firmamento.

Desde la perspectiva de la termodinámica aplicada a la mitopeecia mesopotámica, la transmutación del aliento articulado en fuego actúa como un operador de fase que fuerza la cristalización de los fluidos primordiales en sustratos geométricamente computables. Al exhalar llamas al hablar, la anatomía hiperbolizada del soberano introduce una fuente focalizada de alta temperatura en el seno de un entorno amenazado por la disolución criogénica y la viscosidad caótica, evaporando los remanentes de indeterminación que aún flotan en el espacio circundante. Esta capacidad piro-semiótica demuestra que el Logos de Marduk no es meramente una ley abstracta o un decreto político de la asamblea, sino una energía termodinámicamente densa capaz de fundir y re moldear la sustancia misma del abismo, convirtiendo la potencialidad líquida de Tiamat en bloques constructivos sólidos y estables para la arquitectura cósmica subsiguiente.

La proyección de este fuego verbal establece, por consiguiente, un mecanismo de fijación ontológica donde la ductilidad de la materia preformal es sometida a una prueba de resistencia térmica, obligando a los elementos dispersos a adoptar contornos métricos invariables bajo el peso de la palabra ígnea. Cada lexema emitido por los labios llameantes de la divinidad actúa como un sello térmico que cauteriza las aberturas por donde el *tehom* podría infiltrarse nuevamente en el sistema, asegurando que la baja entropía impuesta en el santuario del Apsū se expanda hacia los confines del cosmos en formación. Esta soberanía sustentada en la emanación calórica del lenguaje redefine el poder supremo no como una prerrogativa de fuerza bruta, sino como una capacidad demiúrgica de control informacional y material que prepara inexorablemente la estructura del mundo frente a la inevitable cesión de la autoridad por parte del panteón tradicional.

La transferencia de la potestad soberana desde el panteón tradicional de los Anunnaki hacia la figura emergente de Marduk se configura, dentro de la economía política del *Enūma Eliš*, como un proceso de expropiación institucional condicionado por la asimetría bélica y el pánico sistémico ante el avance de las huestes de la Madre Hubur [2, 220]. Las deidades tutelares de la jerarquía cósmica establecida, incapaces de formular una respuesta táctica o metafísica a la inminente regresión caótica impulsada por Tiamat y Kingu, se ven reducidas a una condición de impotencia estructural que invalida su legitimidad gerencial en la asamblea de Upšuukkinaku. Esta bancarrota operativa del orden antiguo fuerza una abdicación formal donde la monarquía y el monopolio de la violencia legítima son transferidos de manera incondicional a un agente exterior —el dios solar de la tormenta—, cuyo estatus ontológico excepcional es el único capaz de garantizar la preservación del cosmos estructurado frente a la disolución termodinámica [2].

Este acto de cesión de la soberanía no opera como una delegación administrativa ordinaria, sino como una capitulación jerárquica donde las divinidades primigenias y mayores subordinan explícitamente sus prerrogativas a cambio del salvamento militar de su propio aparato institucional [220]. La asamblea divinal, otrora órgano deliberativo de distribución consensual del poder entre los Anunnaki, muta bajo la presión del terror abisal en un tribunal de emergencia que ratifica la autocracia absoluta de Marduk como contraprestación táctica. Al renunciar a la administración directa de los destinos (*šīmātu*) y otorgar al paladín de la luz la potestad exclusiva de fijar los decretos irrevocables, el panteón tradicional institucionaliza su propia obsolescencia política, cediendo el centro neurálgico del poder a una entidad cuyo vector de compresión espacial rompe con los equilibrios tradicionales del régimen mesopotámico [2].

La consumación de esta transferencia dinástica sella de este modo la transición definitiva desde el modelo asambleario sumerio hacia la centralización de la autoridad suprema en una monarquía absoluta de cuño babilónico, legitimada por la urgencia de la teomaquia [220]. Los Anunnaki, al deponer sus insignias y someterse a la supremacía inapelable del dios solar, reconocen tácitamente que la supervivencia de la arquitectura cósmica requiere la suspensión de las reglas distributivas del panteón y la concentración unívoca del poder en un aparato de mando hiperbolizado. Esta abdicación institucional consumada en los prolegómenos del enfrentamiento decisivo vacía de contenido la soberanía de los dioses mayores, transformándolos en espectadores subordinados de una contienda cuyo resultado técnico determinará los contornos definitivos de la sujeción universal al nuevo orden métrico [2, 220].

La consolidación del mando autocrático conferido por el panteón en bancarrota exige la dotación de un aparato tecnológico y bélico capaz de materializar la compresión espacial sobre el continuum fluídico de Tiamat, operando una traducción directa entre la abstracción del decreto divino y la operatividad balística. En este estadio de la preparación para el enfrentamiento definitivo, el arsenal encomendado a la deidad solar abandona los convencionalismos de la metalurgia terrena para configurarse mediante artefactos de naturaleza cosmológica, cuya geometría responde estrictamente a la necesidad de recortar, aislar y someter los grados de libertad de la materia caótica. Las fuentes cuneiformes especifican la fabricación de un instrumental compuesto por el arco, la maza, la gran red celeste y una serie de proyecciones energéticas sutiles que actúan como operadores topológicos sobre el tejido dimensional del cosmos en ciernes [220, 221].

El diseño de estos implementos bélicos representa la culminación técnica de la baja entropía, donde cada elemento cumple una función restrictiva específica dentro de la arquitectura de la contención. El arco, erigido como la prolongación balística de la voluntad soberana, no opera meramente como un instrumento de proyectiles cinéticos, sino como un tensor métrico que proyecta vectores de fuerza a distancia, fracturando la viscosidad homogénea del *tehom* mediante la imposición de líneas focales de alta densidad. Complementariamente, la maza se configura como el percutor de impacto directo destinado a pulverizar las aglomeraciones densas de la materia disolvente, mientras que la gran red celeste —extendida por las deidades auxiliares bajo la dirección del estratega solar— instituye una malla topológica tridimensional que captura y compartimenta los fragmentos erráticos del abismo, impidiendo su recombinación en nuevas formas de indeterminación [220, 221].

La articulación de este armamento se completa con la invocación y canalización de rayos invisibles de compresión, una tecnología energética que opera en el espectro de la modulación gravitacional y el colapso de volumen. Estos haces de alta frecuencia no perceptible actúan como fuerzas de contracción estocástica que reducen sistemáticamente el espacio de expansión de la Madre Hubur, constriñendo los fluidos primordiales a límites volumétricos estrictamente computables por el nuevo régimen geométrico. Mediante la conjunción sinérgica del arco, la maza, la red y la compresión lumínica invisible, el aparato bélico de Marduk se erige como un sistema cibernético de cerco total, preparando el terreno para la introducción del agente meteorológico definitivo que desestabilizará definitivamente la masa gaseosa de la diosa [220, 221, 229].

La consumación de este armamento balístico y topológico encuentra su instrumento de máxima desestabilización termodinámica en la activación del Viento Maligno (*Imhullu*), una entidad meteorológica de naturaleza anómala concebida no como un fenómeno atmosférico convencional, sino como un operador pneumático de presión diferencial extrema [221, 229]. Dentro de la economía cinemática del *Enūma Eliš*, el despliegue del *Imhullu* opera como una fuerza de inyección volumétrica destinada a penetrar y expandir desde el interior la masa gaseosa y fluida que compone el cuerpo soberano de la Madre Hubur [221]. Al ser liberado por mandato de la divinidad solar, este viento hiperbárico actúa mediante una compresión neumática inversa, forzando la dilatación antinatural de los tejidos abisales y generando un desequilibrio drástico en la presión interna de la divinidad del caos [229].

La física operativa de este vector meteorológico trasciende la mera agitación eólica para constituirse como un disruptor de la cohesión molecular del *tehom*, introduciendo bolsas de vacío y corrientes de alta turbulencia que impiden a Tiamat mantener su forma o canalizar eficazmente el veneno de sus engendros [221, 229].

Las crónicas cuneiformes registran cómo el *Imhullu* es retenido en las fauces abiertas del dios victorioso hasta el instante preciso de la confrontación, momento en el cual es lanzado directamente contra el rostro y el tracto respiratorio de la diosa primordial para saturar sus cavidades internas [221]. Esta maniobra táctica anula la capacidad de respuesta de la horda caótica al bloquear la emisión de las fórmulas mágicas y los bramidos sónicos del *huburu*, paralizando el aparato de contraofensiva de la Madre Hubur mediante una asfixia pneumática y un colapso estructural de su soporte gaseoso [229].

Mediante la introducción de este agente meteorológico definitivo, la estrategia de Marduk culmina la fase de aislamiento y desestabilización del abismo, preparando el terreno para la fractura geométrica definitiva del cuerpo primigenio. El *Imhullu*, al inflar y desgARRAr la continuidad plástica de la materia líquida, establece el gradiente de presión necesario para que los rayos invisibles y la maza operen con eficacia quirúrgica sobre la masa en expansión, subordinando la imensa potencialidad del desorden a la implacable métrica del nuevo cosmos estructurado [221, 229].

La materialización de la victoria cósmica sobre la dispersión del abismo halla su culminación arquitectónica en la erección del Esagila, el templo tutelar erigido por los Anunnaki en el corazón de Babilonia como un monumento tangible de gratitud y sumisión ontológica hacia la soberanía de Marduk. Lejos de constituir un mero santuario de culto convencional, esta imponente estructura se configura filológica y topológicamente como la contraparte terrestre del orden celeste recién estabilizado, replicando en la inmanencia de la piedra la rigurosa geometría que el dios solar ha impuesto sobre el firmamento. La construcción de esta torre sagrada opera como un dispositivo de fijación territorial que ancla definitivamente el poder imperial en un centro geográfico medular, transformando la capital babilónica en el eje operativo desde el cual se administran los decretos y la tributación cósmica.

Desde la perspectiva de la semiótica arquitectónica y la historia de las religiones mesopotámicas, el diseño del Esagila y su proyección en el complejo sagrado circundante institucionalizan el tránsito definitivo desde la precariedad asamblearia del pasado sumerio hacia una teología política de carácter centralizado y monárquico. Las crónicas cuneiformes y los anales epigráficos demuestran que la disposición espacial del templo fue calculada para funcionar como una máquina de resonancia ontológica, donde los sacerdotes y la monarquía terrenal operaban como custodios subordinados del nexo universal asegurado por el triunfo de la divinidad victoriosa. Cada componente estructural de la edificación —desde los cimientos hundidos en los dominios del Apsū hasta las alturas consagradas a la bóveda celeste— materializa la subordinación de la materia informe a la cuadrícula métrica del Logos babilónico.

Esta réplica arquitectónica en la tierra consolida, por consiguiente, el centro neurálgico del imperio universal, instituyendo un polo de baja entropía institucional que contrarresta permanentemente cualquier intento de reactivación por parte de las fuerzas latentes del *tehom*. Al erigir este monumento de gratitud y poder, el panteón subordinado no solo sella su dependencia estructural respecto al monarca del cielo, sino que dota al cosmos de un aparato permanente de vigilancia y regulación civilizatoria. La monumentalidad del santuario absorbe y neutraliza los remanentes de la inercia caótica, proyectando la autoridad de Marduk a través de una red de templos subsidiarios que garantizan la perpetuación del orden métrico en toda la extensión del dominio babilónico.

CAPÍTULO 10: La Salida al Campo de Batalla, el Viento Maligno (Imhullu) y la Ejecución Balística de Tiamat

La materialización arquitectónica del Esagila como centro político y eje imperial del cosmos no constituye sino la fase preparatoria para el despliegue dinástico del soberano solar. En este estadio de la progresión cosmogónica, la estabilización geométrica del territorio divino exige una proyección cinética inmediata hacia los márgenes de la indeterminación. La salida al frente de batalla se articula mediante la movilización de la carrocería bélica de Marduk, un artefacto ontológico impulsado por la cuadruple asimetría de bestias subjugadas que simbolizan la domesticación táctica de las potencias primordiales. Este vehículo de asalto, configurado bajo estrictas coordenadas de soberanía absoluta, opera como un vector de compresión espacial que transita desde el centro jerárquico del Apsū hacia la periferia líquida donde Tiamat aguarda en estado de máxima entropía.

La filología de los textos cuneiformes inscribe este desplazamiento no como un mero movimiento táctico, sino como una reconfiguración de la topología sagrada en tiempo real; el tránsito del carro divino desplaza la frontera entre el orden articulado y la agitación preformal del Abismo. Tirado por el *nāru* y sus correlatos zoológicos subordinados al mandato de la baja entropía —las encarnaciones de la tormenta y el rayo solidificado—, el mecanismo bélico arrastra consigo los decretos inalterables de la asamblea de los Anunnaki. Cada rotación de las ruedas celestes sobre el firmamento recién trazado comprueba la resistencia del éter frente a la masa disolvente de Ummu-Hubur, estableciendo un corredor de alta densidad formal que corta y fragmenta la continuidad indiferenciada del océano salobre.

Esta progresión mecánica del campeón demiúrgico hacia el teatro de operaciones teomáquicas evidencia la subordinación de los elementos naturales a la teleología de la forma geométrica. El carro de combate no solo transporta la efigie de la soberanía babilónica, sino que funciona como un condensador electromagnético y energético que proyecta el *melammu* —el aura radiante del poder absoluto— sobre las aguas indomables. La física de este avance se sustenta en la repulsión sistemática de las fluctuaciones caóticas, preparando el terreno físico para la inminente ruptura del diálogo y el inicio del enfrentamiento ontológico directo.

La culminación del tránsito cinemático del campeón solar sobre los márgenes del Abismo precipita el umbral crítico de la confrontación: la disolución del espacio diplomático y el inicio del debate retórico entre los principios antitéticos de la cosmogonía babilónica. La filología de las tablillas cuneiformes registra este preludio a la violencia física como un duelo dialéctico donde la soberanía de la forma geométrica interpela directamente a la masa indomable de la indeterminación. Marduk, investido con la legitimidad de los decretos inalterables de la asamblea de los Anunnaki, confronta a Ummu-Hubur exigiendo la rendición de las prerrogativas cósmicas usurpadas y la devolución de las Tablillas de los Destinos. Este intercambio verbal no opera como una negociación ordinaria de intereses políticos, sino como una colisión semiótica entre el *Logos* articulado y la sintaxis disolvente del caos preformal.

Desde la perspectiva de la antropología filosófica y la exégesis del *Enūma Eliš*, el careo entre el demiurgo y la diosa del mar salobre manifiesta la incompatibilidad ontológica absoluta entre dos regímenes de la realidad. Tiamat, parapetada tras la legitimidad afectiva de su luto original y la soberanía erótica conferida a Kingu, responde a la interpelación del dios joven desde la inercia de su volumen acuático inagotable, esgrimiendo la primacía de su naturaleza abisal frente a la artificiosidad de la jerarquía celestial. La estructura dialógica de este enfrentamiento expone la tensión entre el derecho consuetudinario de la matriz primordial —que concibe el universo como una prolongación de su propio flujo caótico— y la extropía normativa que pretende fijar los límites definitivos de la existencia mediante la codificación de la ley cósmica.

La retórica empleada por el campeón de la delimitación funciona, por consiguiente, como un mecanismo de fijación ontológica que busca acotar el campo de acción de la divinidad rebelde mediante la nominación y el desafío directo. Al exigir la invalidación de la alianza con Kingu y la entrega de los atributos de la soberanía caótica, Marduk transfiere el conflicto del plano de la mera fuerza bruta al terreno de la legitimidad jurídica y la jerarquía cosmológica. La réplica de la Madre Hubur, cargada de la densidad amarga de sus toxinas y de la furia de sus once engendros teratológicos, sella el destino del debate al rechazar frontalmente la imposición de cualquier frontera estática, obligando a que la disputa abandone definitivamente el registro de la palabra articulada para precipitarse en la violencia absoluta de la teomaquia.

La ruptura definitiva del intercambio retórico inaugura la fase propiamente operativa de la teomaquia, donde el *Logos* articulado cede su lugar a la manipulación directa de los vectores atmosféricos y balísticos. En este punto de inflexión crítica, la soberanía de la forma geométrica despliega su instrumento cinético más letal: el Viento Maligno (*Imhullu*). Configurado en las estancias previas como la quintaesencia de la compresión y la turbulencia ordenada, este agente meteorológico no actúa de manera aleatoria, sino como un proyectil aerodinámico de alta precisión destinado a vulnerar la integridad fisiológica de la masa abisal. La exégesis de las tablillas cuneiformes evidencia que la irrupción del *Imhullu* opera como un cortocircuito termodinámico en la economía interna de la diosa, interceptando la emisión sónica de su autoridad primigenia antes de que la sintaxis disolvente del caos pueda articularse en una contraofensiva verbal o en un rugido de aniquilación.

El vector eólico es proyectado con una direccionalidad implacable hacia la cavidad bucal de Tiamat, convertida en el punto de vulnerabilidad anatómica por donde la geometría solar irrumpe en el interior del volumen indomable. Mientras la Madre Hubur abre las fauces con la intención de lanzar el decreto de disolución y desatar la furia acumulada de sus toxinas, el campeón demiúrgico libera la presión contenida del viento tempestuoso, obturando físicamente el canal de emanación de la divinidad rebelde. Esta maniobra táctica invierte la dirección de la energía: en lugar de permitir que la matriz primordial expulse su influjo de caos sobre el firmamento de los Anunnaki, el *Imhullu* se introduce de manera forzosa en los conductos respiratorios de la soberana del mar salobre, transformando el órgano de la enunciación caótica en el epicentro de una compresión neumática sin precedentes.

La precisión balística de esta intervención revela la superioridad estratégica de la extropía frente a la pura expansión cuantitativa del abismo. Al bloquear la boca de Tiamat con una columna de aire hipertenso, Marduk neutraliza la capacidad performativa del verbo ctónico, impidiendo que las fórmulas de la indeterminación alteren la topología sagrada recientemente delimitada. La contención del sonido mediante la presión atmosférica establece un precedente ontológico donde la estructura formal no se limita a coexistir con la desorganización, sino que la penetra, la desarticula y la somete a un régimen de presiones mecánicas que preparan el colapso morfológico del cuerpo primordial sin haber recurrido aún al filo de la maza o a la dispersión de la red celeste.

La penetración forzosa del *Imhullu* a través de las fauces abiertas de la Madre Hubur desencadena de inmediato un proceso de dilatación orgánica de proporciones titánicas en la economía somática de la diosa. Lejos de disiparse en el vasto volumen de su masa líquida, la columna de aire hipertenso inyectada por el demiurgo se confina en las vías respiratorias superiores y desciende con violencia inusitada hacia el tracto digestivo y la cavidad torácica de la divinidad. Esta sobrepresión neumática opera como un factor teratológico inverso; en lugar de la contracción geométrica que caracteriza la arquitectura extrópica del Esagila, el cuerpo primordial experimenta una distensión volumétrica descontrolada que subvierte los límites estables de su anatomía líquida. Las entrañas de Tiamat, concebidas originalmente como el receptáculo matricial de la indeterminación y la potencialidad pura, ceden ante la acumulación de energía eólica, transformándose en un receptáculo tenso y sobredimensionado que reacciona mecánicamente ante la agresión del vector solar.

La física de esta inflación gástrica altera de forma radical la densidad interna del abismo, contraponiendo a la fluidez inagotable de las aguas salobres una resistencia estática de origen neumático. Las paredes viscerales de la soberana del caos se estiran hasta el límite de su elasticidad ontológica, atrapadas en una trampa termodinámica donde la presión acumulada en el interior excede con creces la capacidad de contención de su masa circundante. Este ensanchamiento anormal de la cavidad abdominal no solo deforma la efigie imponente de Ummu-Hubur, sino que desorganiza el equilibrio interno de sus fluidos vitales y neutraliza la operatividad de su veneno amargo (*imtu*), el cual queda diluido y comprimido por la implacable expansión del aire celeste. El volumen de la diosa, despojado de su capacidad de contracción defensiva, se convierte así en un globo aerostático cautivo de la presión demiúrgica, suspendido en una tensa contradicción entre su infinita extensión ontológica y la rigidez geométrica del artefacto meteorológico que la infla desde dentro.

Este estado de dilatación visceral extrema maximiza la vulnerabilidad estructural del cuerpo primordial frente a los proyectiles balísticos del campeón de los Anunnaki. Al encontrarse con el tórax y el abdomen artificialmente distendidos por la acción del viento tempestuoso, la masa de Tiamat pierde su consistencia defensiva y adquiere la rigidez formal de un blanco aerodinámico perfecto. La compresión interna generada por el *Imhullu* estira los tejidos y las membranas de la divinidad hasta convertirlos en una superficie tirante, eliminando los pliegues y recovecos donde la indeterminación solía refugiarse de los decretos de la asamblea. La anatomía de la disolución queda, por consiguiente, completamente expuesta a la geometría de la penetración, estableciendo las condiciones mecánicas necesarias para el siguiente estadio de la teomaquia, donde la fuerza expansiva del aire atrapado exigirá un reacomodo de las tensiones físicas del cosmos.

La suspensión de la movilidad cinética en la economía somática de la soberana del abismo representa el punto de máxima inflexión mecánica en la topología de la teomaquia. Sometida a la presión unidireccional del *Imhullu*, la masa de Tiamat experimenta un cese absoluto de sus corrientes internas, neutralizando la fluidez nativa que caracterizaba su naturaleza acuática primigenia. La columna de aire hipertenso que obstruye su tracto digestivo no opera meramente como un agente de expansión volumétrica, sino como un eje de rigidez transitoria que suprime la capacidad de desplazamiento y contraofensiva de la divinidad. Esta parálisis aerodinámica congela los vectores de la indeterminación en una arquitectura de tensión estática, transformando a la Madre Hubur en un blanco inerte cuya masa, a pesar de su magnitud cósmica, queda enteramente supeditada a las coordenadas geométricas impuestas por el campeón de los Anunnaki.

Desde la perspectiva de la física teórica y la termodinámica del mito, la fijación de la divinidad rebelde mediante la contención neumática disuelve la polaridad dinámica entre el orden y el caos. La pérdida de fluidez en Tiamat equivale a la anulación temporal de sus grados de libertad ontológicos; el cuerpo primordial, hinchado y desprovisto de dinamismo orgánico, ya no puede generar las fluctuaciones no lineales ni las mutaciones teratológicas que alimentaban su resistencia contra la jerarquía celeste. La inercia aerodinámica del volumen distendido suspende la soberanía del mar salobre en un estado de rigidez precaria, donde la sustancia misma de la indeterminación se encuentra aprisionada dentro de los límites de una geometría artificial que la obliga a someterse a la ley de la compresión espacial.

Esta detención forzosa de la dinámica abisal opera como el prerrequisito mecánico indispensable para la consumación de la soberanía geométrica sobre el territorio cósmico. Al sustraerle a Tiamat su capacidad de maniobra fluida, el vector meteorológico de Marduk despoja al abismo de su principal atributo defensivo: la indeterminación morfológica que impedía la delimitación definitiva de las formas. La inmovilidad aerodinámica convierte así a la Madre Hubur en una estructura rígida y accesible, cuyos tejidos estirados por la presión interna aguardan el impacto definitivo que clausurará de manera irreversible el ciclo de la fluctuación primordial, dejando el campo libre para la estructuración geométrica del cosmos bajo el mandato de los decretos inalterables.

La consumación de la inmovilidad aerodinámica sobre la masa distendida de la Madre Hubur habilita la ejecución del vector balístico definitivo por parte del campeón de los Anunnaki. Con el tórax y el abdomen artificialmente tensados hasta el límite de su resistencia por la presión interna del *Imhullu*, el cuerpo primordial abandona su naturaleza elástica para convertirse en una superficie geométrica de incidencia directa. Marduk, emplazado en las coordenadas de soberanía absoluta que le otorgan los decretos inalterables de la asamblea, acciona su arco de precisión milimétrica, liberando un proyectil de alta densidad energética diseñado específicamente para seccionar el eje vital de la divinidad rebelde.

Esta flecha celestial no opera a la manera de una munición convencional de la artillería física, sino como un condensador de baja entropía que traduce la ley de la forma estática en una incisión perforante capaz de atravesar las capas más densas del abismo salobre.

El impacto del proyectil sobre el abdomen sobredimensionado de Tiamat provoca una disrupción catastrófica en la topología somática de la soberana del caos, focalizando toda la energía cinética del *Logos* articulado en un único punto de vulnerabilidad anatómica. La flecha penetra implacablemente las membranas viscerales dilatadas por el viento hipertenso, perforando con precisión quirúrgica el tejido muscular y alcanzando el epicentro mismo de la economía circulatoria de la diosa. En este preciso instante de la teomaquia, la trayectoria balística intercepta la región cardíaca del volumen primordial, dividiendo el corazón en dos mitades simétricas y anulando de manera definitiva la fuente pulsional que alimentaba las fluctuaciones no lineales del mar salobre. La violencia de esta fractura cardiaca no genera un derrame ordinario de sangre, sino un colapso termodinámico donde la bomba biológica del abismo cesa abruptamente su actividad, suspendiendo la generación de las toxinas amargas que sustentaban la resistencia teratológica del ejército de Hubur.

La escisión del órgano central extingue de raíz los vectores de la entropía cósmica que amenazaban la estabilidad geométrica del firmamento recién trazado, clausurando violentamente el ciclo de la indeterminación preformal. Al fracturar el corazón de la Madre Hubur, el proyectil demiúrgico neutraliza la capacidad performativa de la masa acuática, disipando la tensión acumulada entre el volumen infinito y la compresión neumática del vector meteorológico. La muerte de la diosa se configura así no como una mera destrucción biológica, sino como una anulación ontológica de su régimen de realidad, transformando la matriz indomable en un cadáver aerodinámico y estático que yace completamente a merced de las operaciones ulteriores del soberano solar. Este colapso estructural desactiva de forma permanente los códigos genéticos del caos, dejando el cuerpo del abismo expuesto a la fragmentación sistemática que ordenará los cimientos físicos del universo tridimensional.

La consumación balística de la teomaquia, materializada en la perforación del corazón y la subsecuente neutralización de la entropía primordial, no agota el ciclo de intervención geométrica sobre la anatomía de Tiamat, sino que inaugura la fase de desintegración y distribución direccional de su masa somática. Una vez consumado el colapso termodinámico del volumen abisal, Marduk procede a la anulación de la integridad cefálica de la soberana del caos mediante la aplicación de un golpe contundente que fractura su cráneo. Este acto de fragmentación de la cabeza no responde a un mero ensañamiento bélico, sino a una operación de desarme ontológico destinada a disipar cualquier remanente de consciencia autónoma o capacidad directiva en la efigie de la Madre Hubur, asegurando que las órdenes y decretos de la indeterminación queden definitivamente abolidos del plano cósmico recién estructurado.

Sobre este sustrato anatómico desarticulado y exánime, la topología sagrada de la creación exige la intervención del Viento del Norte como agente dispersor y vector de reubicación espacial de los fluidos vitales de la divinidad. El soberano solar, ejerciendo la potestad conferida por los decretos inalterables de la asamblea de los Anunnaki, comisiona esta corriente atmosférica para que actúe como un mecanismo de transporte exógeno que arrastre y disemine la sangre coagulada de Tiamat hacia regiones secretas e inaccesibles del cosmos. Esta distribución eólica del principio hemático de la disolución opera como una transmutación topológica donde la materia caótica, antes concentrada en un volumen acuático inabarcable, es compartimentada y confinada en los intersticios invisibles que sostienen la arquitectura tridimensional del universo.

La ejecución de este mandato eólico sobre los restos de la soberana del mar salobre garantiza que la esencia de la indeterminación no se pierda por completo en el vacío, sino que sea reasignada a los márgenes periféricos y a las profundidades liminales de la geografía sagrada. Al ordenar al Viento del Norte esparcir el fluido sanguíneo hacia parajes ocultos, el demiurgo establece una cartografía subterránea y periférica donde la memoria del abismo sobrevive en estado latente, constreñida y vigilada por las coordenadas de la baja entropía. Esta dispersión metódica prepara el terreno para la consolidación definitiva de la frontera cósmica, dejando los fluidos primordiales confinados en los dominios más recónditos desde los cuales la materia estructurada comenzará a derivar sus ulteriores configuraciones antropológicas y materiales.

La consumación de la victoria sobre el cuerpo exánime de la Madre Hubur exige, como correlato táctico inmediato, la neutralización de su estado mayor y la confiscación de los instrumentos normativos que legitimaban la insurrección del caos. Kingu, investido de una soberanía espuria mediante la usurpación erótica y el depósito sobre su pecho de las Tablillas de los Destinos (*Tuppu Šīmāti*), experimenta la inmediata reversión de su jerarquía preternatural ante la arremetida del campeón solar. El despojo de las tablillas no constituye una mera transferencia de insignias políticas, sino una operación de expropiación ontológica donde el código ejecutivo del universo es arrancado de las manos del vasallo no cualificado, restituyendo la competencia legal de la asamblea de los Anunnaki y clausurando por completo la vigencia de los decretos alternativos de la disolución.

Sometido a la jurisdicción de la baja entropía, Kingu es arrastrado desde los márgenes periféricos del Abismo hasta el centro operativo de la teomaquia, donde se decreta su captura y posterior anulación sistemática. La filología de las crónicas cuneiformes inscribe este arresto como la reducción definitiva del principio de la servidumbre caótica a un mero componente físico susceptible de manipulación biológica y alquímica. Al privar al comandante del ejército teratológico de sus atributos de mando, la topología sagrada del cosmos babilónico disuelve la coartada dinástica que había unido a la horda de la putrefacción bajo una misma sintaxis de rebeldía, dejando a las once bestias desprovistas de su nexo directivo y expuestas al rigor de la domesticación geométrica.

En este estadio de la pacificación cósmica, el despliegue operativo de las fuerzas de Marduk se concentra en la captura y el encadenamiento de las bestias herradas del caos, las cuales son reducidas a la condición de efigies y trofeos bajo las plantas del soberano victorioso. Los monstruos zoomorfos que conformaban la legión de Ummu-Hubur —desde el *Mušmahḫū* hasta el *Kusarikku*— son atados y confinados mediante ligaduras de extropía estática, anulando la agitación cinética que amenazaba con disolver las coordenadas tridimensionales del firmamento. Esta sujeción metódica de los engendros no persigue su exterminio absoluto, sino su reasignación funcional como elementos apotropaicos y guardianes subordinados en la arquitectura de los templos del Apsū, consumando la subordinación de la energía informe a los mandatos inalterables de la ley babilónica.

CAPÍTULO 11: La Bisección del Cadáver Primordial, la Agrimensura Cósmica y la Erección de la Bóveda Celeste (E-šarra)

La aniquilación del principio caótico operada por el campeón de la delimitación inaugura un estadio donde el estatus numinoso del cadáver se disuelve bajo la estricta instrumentalidad de la ontología constructiva. En lugar de preservar el remanente de Ummu-Hubur como un santuario de la alteridad o un monumento al duelo originario, el corpus de la divinidad primordial experimenta una desvalorización sagrada radical, siendo despojado de su aura inmortal (*melammu*) para ser reconfigurado en mera res extensa, un reservorio de materia informada disponible para la ingeniería cósmica. Esta transición operativa marca el paso de la teomaquia propiamente dicha a la fase tecnocrática de la arquitectura universal, donde el cuerpo colosal ya no funciona como matriz de fluctuaciones no lineales, sino como el sustrato anatómico inerte que antecede a cualquier geometría mensurable.

Desde la perspectiva de la morfología cuneiforme de las tablillas babilónicas, la intervención sobre el cadáver de Tiamat instituye un precedente fundacional para la manipulación empírica de la sustancia preformal. La teología política del *Enūma Eliš* legitima así la primacía de la técnica demiúrgica por encima de la reverencia ctónica, estableciendo que la estabilidad del cosmos estructurado requiere inexorablemente la reducción de la potencialidad infinita a un recurso consumible y seccionable. El vector termodinámico del Viento Maligno que paralizó las vísceras de la diosa cede su lugar al bisturí ontológico de Marduk, el cual procede a desarticular la integridad biológica y simbólica del abismo salobre para subordinarlo a las necesidades topológicas del ordenamiento celeste y terrestre.

En este estadio de la progresión cosmogónica, la masa corporal de la divinidad derrotada deja de pertenecer al registro de la teología cultual para ingresar de lleno en los anales de la farmacopea y la ontología materialista de los orígenes. El tratamiento utilitario que el soberano de E-šarra impone a los restos de su progenitora disloca definitivamente la frontera entre lo sagrado y la materia prima, transformando la inmensidad de la sustancia acuosa en los bloques constructivos elementales de la cosmología. La inercia de este proceso deja preparado el terreno para la fractura simétrica de la masa, operada no bajo el rito de la ofrenda sacrificial, sino bajo la fría racionalidad de la agrimensura cósmica que requiere la división radical del espacio primordial para fijar los límites definitivos de los cielos y la tierra.

La ejecución de esta agrimensura cósmica halla su expresión formal en la operación de bisección que el demiurgo inflige sobre la masa titánica, un procedimiento registrado en las fuentes cuneiformes mediante la analogía filológica de la desecación de la pesca. La partición del cadáver de la diosa se ejecuta como un corte topológico que desgarra la unidad indiferenciada del abismo salobre, reduciendo su extensión infinita a una dualidad de volúmenes mensurables. Esta segmentación simétrica despoja a los restos de Ummu-Hubur de cualquier traza de autonomía morfológica, sometiendo la carne primordial a un régimen de simetría geométrica estrictamente controlado por el *logos* de Marduk. La metáfora del pescado dispuesto sobre los maderos de secado no solo evoca las prácticas cotidianas de la subsistencia mesopotámica y la economía fluvial de los ríos Tigris y Éufrates, sino que subraya la absoluta desmitificación operada sobre el cuerpo soberano, transformado en un objeto de faenamiento técnico y manipulación espacial.

Desde la perspectiva de la ontología materialista, esta división binaria constituye el gesto fundacional que permite la emergencia de la diferencia espacial y la orientación cardinal. Al seccionar el volumen corporal en dos mitades equivalentes, la cosmología babilónica instaura la distinción fundamental entre el arriba y el abajo, rompiendo la clausura tautológica de la matriz acuática preformal. La sustancia salobre, que en el régimen anterior de Tiamat resistía cualquier fijación de límites (*šīmātu*), queda ahora aprisionada en una geometría de planos paralelos y opuestos. Esta escisión opera como una bisagra termodinámica donde la alta entropía del caos líquido es forzada a bifurcarse, canalizando la energía disolvente hacia contenedores estancos que posibilitan la posterior arquitectura del firmamento y de los cimientos terrestres.

La precisión de esta intervención quirúrgico-arquitectónica refleja la transición desde el desorden autoorganizativo del abismo hacia un sistema cerrado de coordenadas estables. La partición del cadáver no responde a una lógica sacrificial orientada al favor divino, sino a una operación de ingeniería ontológica donde la materia prima es desprovista de su resistencia dinámica para ser redistribuida según las necesidades topológicas del estado centralizado de Babilonia. Al aplicar este corte simétrico sobre la divinidad vencida, el campeón de la delimitación sella el destino de la sustancia primordial, dejándola lista para ser izada y anclada en los registros formales que configurarán la arquitectura definitiva del mundo habitado.

La consumación de esta agrimensura topológica encuentra su correlato constructivo en la erección de la bóveda celeste (*E-šarra*), un proceso en el cual la mitad superior del cadáver segmentado de Tiamat es izada y fijada como el tegumento rígido que delimita el confín superior del universo. A través de este gesto arquitectónico, la sustancia salobre que previamente resistía cualquier fijación formal es sometida a una tensión mecánica permanente, obligándola a adoptar una curvatura geométrica que estabiliza el espacio tridimensional frente a cualquier conato de regresión caótica. El *Enūma Eliš* registra este movimiento no como una transfiguración mística, sino como una maniobra de ingeniería estructural donde la carne de la divinidad primordial se convierte en el sustrato material de la cúpula estelar, despojando a los cielos de cualquier atributo pneumático autónomo y reduciéndolos a una membrana física de contención.

Esta transmutación de los restos anatómicos en arquitectura celeste instaura una discontinuidad radical en la física del cosmos babilónico, reemplazando la fluidez anárquica del abismo por la rigidez de un sistema cerrado y calculable. La mitad superior de la diosa, anclada firmemente en los registros formales dictados por los decretos de Marduk, opera como una barrera termodinámica que aísla el espacio habitable de las fluctuaciones residuales de la matriz acausal externa. La selección de este material óseo y carnoso para configurar el firmamento evidencia una economía de recursos ontológicos donde el enemigo vencido es reciclado sistemáticamente hasta convertirse en la estructura misma que garantiza la persistencia del orden, obliterando toda traza de la alteridad que caracterizaba a la Madre Hubur en su estado de insurrección líquida.

La fijación del *E-šarra* consolida así la victoria de la geometría sobre el devenir, estableciendo que la cúpula que recubre el mundo habitado descansa enteramente sobre la domesticación violenta de la sustancia primigenia. Al tensar y arquear el tejido de la divinidad derrotada para conformar el techo del cosmos, la técnica demiúrgica consuma la separación definitiva entre las aguas superiores y el dominio terrestre, institucionalizando un régimen espacial donde cada coordenada responde a una jerarquía predeterminada. Este soporte material del firmamento deja preparado el terreno para la instalación de los mecanismos de vigilancia y contención que impedirán cualquier desborde de la masa salobre retenida en las alturas, proyectando la arquitectura del Estado babilónico hacia la inmutabilidad de los cielos.

Para garantizar la estabilidad hermética del firmamento recién erigido y prevenir el contraataque hidrodinámico de la matriz disuelta, la teología política del *Enūma Eliš* instituye un riguroso dispositivo de vigilancia y confinamiento espacial. La erección de la bóveda celeste (*E-šarra*) no constituye por sí misma una contención definitiva, pues la volatilidad intrínseca de las aguas salobres de Tiamat exige la instalación de mecanismos coercitivos que bloqueen cualquier tentativa de infiltración o desborde hacia el orden geomizado. En este nivel de la topología cosmogónica, Marduk despliega una estrategia de demarcación fronteriza mediante la colocación de cerrojos (*riksu*) y guardianes apostados en puntos nodales específicos, operando una sutura entre la arquitectura material y la soberanía administrativa del cosmos estructurado.

Los registros cuneiformes evidencian que esta red de vigilancia no se limita a una barrera puramente pasiva, sino que configura un sistema de control activo donde las fuerzas del caos son encauzadas y vigiladas bajo los decretos inalterables de la asamblea de los dioses. La implementación de estos cerrojos celestes actúa como una compuerta termodinámica que regula la presión de la sustancia primordial retenida en las alturas, impidiendo que el fluido abisal recupere su cinética destructiva o disuelva la separación geométrica entre el arriba y el abajo. Los guardianes designados por el campeón de la delimitación operan, en este sentido, como agentes de la baja entropía, cuya función primordial consiste en custodiar los umbrales transdimensionales y mantener la integridad estructural frente a las fluctuaciones residuales de la antigua insurrección acuática.

Esta disposición de cerrojos y custodios en los confines del *E-šarra* traslada la lógica de la teomaquia militar hacia un régimen de policía cósmica y vigilancia fronteriza permanente. La arquitectura del orden babilónico requiere así la perpetuación de un estado de sitio ontológico, donde la seguridad del territorio habitado depende estrictamente de la eficacia de los dispositivos de cierre y de la vigilancia ininterrumpida sobre los remanentes del abismo salobre. Al institucionalizar estas demarcaciones y establecer centinelas en las puertas del firmamento, la técnica demiúrgica sella herméticamente los flancos del cosmos, dejando la estructura lista para soportar la pesada carga de la superficie terrestre que debe ser configurada a partir de la mitad restante del cuerpo primordial.

La consumación de la arquitectura universal requiere la inversión simétrica de la operación celeste, desplazando el enfoque demiúrgico desde la bóveda de *E-šarra* hacia la consolidación de la mitad inferior del cadáver de Tiamat para erigir la superficie terrestre y los cimientos del inframundo (*kigallu*). Mediante esta subdivisión material, la porción restante de la matriz acausal es despojada de su fluidez nativa y sometida a un proceso de compresión gravitacional que estabiliza la corteza sobre la cual se asentará el hábitat humano. La topología cuneiforme registra este descenso de la sustancia primordial no como un retorno al caos, sino como una reorganización de la *res extensa* donde los restos de Ummu-Hubur se convierten en la plataforma estanca que aísla el espacio habitado de las profundidades del abismo inferior, sellando los vectores de la disolución mediante una compactación geométrica estrictamente calculada.

Esta operación de cimentación terrestre moviliza los vestigios anatómicos de la divinidad derrotada para configurar un sustrato material denso, capaz de resistir las presiones hidrodinámicas de las aguas subterráneas de Apsū que subyacen en los cimientos del cosmos. La intervención de Marduk sobre esta porción del cuerpo opera como un dispositivo de ingeniería geológica que fija los límites espaciales de la superficie, transformando la masa informe en continentes mensurables y topográficamente delimitados. Al extender y compactar la carne y los huesos de la diosa sobre el lecho primordial, el *Enūma Eliš* formaliza la transición desde la inestabilidad de las fluctuaciones acausales hacia la fijeza de un sistema territorial permanente, donde la materia del caos es convertida en el suelo firme que sostiene la civilización babilónica y su jerarquía imperial.

La articulación estructural de esta plataforma terráquea establece asimismo el umbral topográfico que define la profundidad del inframundo mesopotámico, integrando los remanentes de la sustancia salobre en una estratigrafía de contención que regula el tránsito entre los dominios de la superficie y las regiones ctónicas inferiores. La manipulación de la mitad inferior del cadáver consuma así la separación definitiva de los planos cósmicos, impidiendo que el sustrato material de la creación sufra un colapso entrópico hacia la indeterminación original. Al anclar firmemente este estrato inferior bajo los decretos de la asamblea divinosa, el orden geomizado neutraliza definitivamente la capacidad de insurgencia de la materia disuelta, dejando dispuesta la superficie terrestre para la posterior emersión de los accidentes geográficos que completarán la red hidrológica del mundo estructurado.

La articulación topográfica de la superficie terrestre, consolidada a partir de los restos anatómicos inferiores de la divinidad derrotada, exige como correlato hemodinámico la instauración de una red fluvial que garantice la circulación del fluido vital bajo los parámetros normativos del *logos* babilónico. En este estadio de la ingeniería cosmogónica, las cuencas oculares perforadas de Tiamat operan como los manantiales matrices de donde brotan las corrientes perennes del Tigris y el Éufrates, transformando la anatomía del caos en el sistema circulatorio que irriga la llanura mesopotámica. La violencia punitiva ejecutada por el campeón de la delimitación sobre los órganos de la visión de la Madre Hubur no responde a un mero ensañamiento anatómico, sino a una operación hidráulica de desvío y canalización, donde la humedad disolvente y anárquica del abismo salobre es domesticada para fluir a través de cauces métricamente acotados y útiles para la administración imperial.

Esta génesis hidrogeográfica transfigura la sustancia primordial en un recurso económico y administrativo estrictamente controlado por la soberanía de los dioses jóvenes. Al extraer el caudal de los ríos a partir de los globos oculares vaciados de la diosa, el relato cuneiforme inscribe la red fluvial no como un accidente natural espontáneo, sino como el resultado directo de la intervención tecnológica sobre la *res extensa* del caos. Los flujos hídricos que descienden desde las alturas celestes y atraviesan la corteza terrestre actúan como vectores de baja entropía que fertilizan el espacio habitado (*mātu*), subordinando la potencia hydrica originaria a las necesidades de la agricultura de regadío y a la estabilización geopolítica del estado centralizado de Babilonia.

La persistencia de esta hidrografía sagrada vincula indisolublemente la geografía física de Mesopotamia con la arquitectura somática del enemigo vencido, estableciendo que la civilización misma se nutre de la sangre y los fluidos desangrados de la matriz disuelta. Las aguas del Tigris y el Éufrates, al brotar de las cuencas perforadas, cargan consigo la memoria reprimida de la insurrección líquida, pero se encuentran permanentemente encauzadas por los diques y las leyes naturales dictadas en el Upšuukkinaku. De este modo, la red de canales y corrientes fluviales opera como una frontera líquida interiorizada que sostiene la vida urbana mientras mantiene bajo estricto régimen de contención las remanencias termodinámicas de la profundidad abisal.

La consolidación geométrica de la plataforma terrestre exige, como prolongación directa de la arquitectura de contención, la sobrecarga mecánica ejercida sobre el tórax de la divinidad abatida, transformando la caja torácica y los senos de Ummu-Hubur en relieves orográficos de compresión permanente. Mediante este apilamiento de masas montañosas sobre la anatomía pectoral de la diosa, el *Enūma Eliš* registra una operación de tectónica ontológica donde los volúmenes blandos y expansivos del caos son forzados a adoptar una densidad estática, inmovilizados bajo el peso de cordilleras artificiales diseñadas para bloquear cualquier resurgimiento de la matriz acausal. La carne y el tejido mamario, otrora símbolos de la nutrición originaria y de la generatividad biológica no regulada, quedan así aprisionados bajo toneladas de roca seca, despojados de su dinamismo genésico y reconfigurados en accidentes geológicos que fracturan la planicie en compartimentos topográficamente mensurables.

Esta intervención sobre los senos de Tiamat no se limita a una simple obliteración de su morfología maternal, sino que opera como un dispositivo de perforación hidráulica inversa, donde la pesadez de los macizos rocosos acumulados actúa como un émbolo gravitacional que fuerza la apertura de manantiales subterráneos. La presión ejercida sobre los conductos mamarios y viscerales se traduce en la apertura controlada de pozos artesianos primordiales, convirtiendo los fluidos lácteos y venenosos de la insurrección en fuentes de agua dulce canalizada que brotan directamente de las entrañas comprimidas de la montaña. Esta fontanería ctónica subordina la potencia nutricia de la Madre Hubur a los requerimientos de la agrimensura imperial, asegurando que el líquido brote únicamente a través de puntos de extracción previamente autorizados por el régimen de la baja entropía.

La fijación de estas elevaciones orográficas sobre el cuerpo desmembrado sella definitivamente la transición de la materia primordial hacia un régimen de estática territorial, donde la superficie habitable se sostiene sobre la represión anatómica de los órganos de la gestación caótica. Al erigir cordilleras sobre el tórax de la divinidad, la técnica demiúrgica de Marduk establece una barrera vertical que impide la expansión horizontal de las energías disolventes, enclavando los límites del mundo conocido en una geología de la petrificación. Esta disposición topográfica deja firmemente anclada la corteza terrestre frente a las fluctuaciones del

Apsū inferior, preparando el sustrato material sobre el cual la geometría del espacio-tiempo babilónico procederá a tejer las coordenadas definitivas del universo estructurado.

La culminación de la arquitectura universal halla su expresión topológica definitiva en el anudamiento mecánico de la cola de Tiamat, una maniobra cinemática registrada en las fuentes cuneiformes como el cerrojo espacial que consolida la tensión métrica del firmamento babilónico. A través de este gesto de torsión estructural, el campeón de la delimitación somete la extremidad caudal de la divinidad abatida a una tracción direccional que opera como un cable gravitacional de sujeción, enlazando los confines del horizonte celeste con los anclajes de la plataforma terrestre recién cimentada. Esta ligadura no responde a un mero artificio ornamental del mito, sino a una operación de ingeniería de alta precisión destinada a fijar geométricamente las coordenadas del espacio-tiempo, impidiendo que la expansión informe del cosmos colapse sobre su propio gradiente de entropía residual.

Mediante este anudamiento de la masa anatómica elongada, el *Enūma Eliš* instaura formalmente la categoría de la *creatio ex materia*, demostrando que la estabilidad permanente del universo estructurado no surge de la nada ex nihilo, sino del aprovechamiento intensivo y la sujeción coercitiva de la sustancia preformal. La cola de Ummu-Hubur, convertida en tensor elástico del abismo, absorbe las tensiones termodinámicas generadas por la separación de las aguas superiores e inferiores, actuando como un eje de simetría que estabiliza el eje del mundo (*axis mundi*) frente a los embates de la alteridad caótica. Esta fijación reticular de la materia ósea y muscular garantiza que el tiempo cósmico deje de ser un flujo caótico de fluctuaciones acausales para convertirse en una secuencia métrica regulada por las órbitas celestes y los decretos inalterables de la asamblea divina.

La consolidación definitiva de este entramado espacial sella el tránsito desde la indeterminación líquida del prólogo hacia un sistema cerrado de dimensiones mensurables, donde cada vector de la *res extensa* se encuentra subordinado al *logos* ordenador de Marduk. Al asegurar la cola de la diosa como viga maestra del firmamento, la técnica demiúrgica neutraliza los últimos vestigios de movilidad cinética autónoma que caracterizaban a la insurrección de los monstruos, dejando la totalidad del territorio habitado bajo un régimen de estática métrica rigurosa. Esta arquitectura de sujeción no solo delimita los confines del espacio habitado (*mātu*), sino que establece el marco cronológico necesario para la posterior distribución de las estaciones, el registro de los anales imperiales y la perpetuación del orden cósmico instituido en el corazón del imperio babilónico.

CAPÍTULO 12: La Agrimensura Territorial Babilónica, la Execración de Enlil y la Creación del Lullu como Servidumbre (Dullum)

La consolidación de la arquitectura cósmica a partir de la disección material del cadáver de Tiamat trasciende el mero registro cosmogónico para inscribirse en una pragmática de la dominación imperial. En este nivel de análisis, el *Enūma Eliš* deja de ser interpretado bajo el prisma neutral de la mitografía comparada para revelarse como un manifiesto sociopolítico de legitimación dinástica. La violencia fundacional ejercida por el demiurgo Marduk sobre la matriz abisal opera como el correlato teológico y ontológico de la hegemonía militar y burocrática de Babilonia sobre las ciudades-estado mesopotámicas. La estructuración del espacio celeste y terrestre mediante la osamenta y los fluidos de la diosa sujeta la inestabilidad geográfica y política a un centro imperial unificado, donde el orden cósmico (kīnu) y la sujeción geopolítica se coimplican de manera indisociable.

Esta transmutación de la violencia teomáquica en aparato ideológico se opera a través de una semiótica de la subordinación que impregna las crónicas cuneiformes y la liturgia estatal. La supremacía de Marduk sobre las aguas disolventes y las huestes del caos no representa una victoria abstracta de la luz sobre las tinieblas, sino la codificación de una jerarquía vertical donde la soberanía real es el reflejo directo del dominio demiúrgico sobre la materia refractaria. Las fuentes asiriológicas demuestran cómo la recitación anual del poema épico durante el festival de Akitu funcionaba como un ritual de re-actualización y re-imposición del poder central. En este engranaje, la dominación sobre los pueblos periféricos encuentra su justificación en la misma ley natural impuesta por el dios poliorceta:

la reducción de la multiplicidad caótica a un dominio administrado, tasado y tributario bajo la atenta vigilancia de los sacerdotes esagilinos.

La eficacia de este dispositivo ideológico radica en su capacidad para naturalizar la supremacía imperial como una necesidad metafísica ineludible. Al establecer que el cosmos entero subsiste únicamente gracias a la contención violenta de las fuerzas primordiales ejecutada por el soberano de Babilonia, cualquier disidencia política o resistencia local se resignifica automáticamente como una regresión a la barbarie pre-formal y a la anarquía acuática de Tiamat. El texto opera, por consiguiente, como una tecnología de control cognitivo y social que intercepta el pensamiento disidente antes de su formulación, asimilando la geopolítica expansionista del imperio a la arquitectura misma del universo observable.

La consumación de este proyecto hegemónico requirió, de manera ineludible, una violenta fractura en la genealogía teológica tradicional de Mesopotamia, operada mediante el desplazamiento metódico del panteón ancestral centrado en Nippur. Durante milenios, la autoridad religiosa y la legitimación de la realeza habían emanado de Enlil, el señor del viento y de la tierra, cuya soberanía sobre los dioses anunnaki garantizaba el orden político y la jerarquía de las ciudades-estado sumerias. Sin embargo, la emergencia de la hegemonía babilónica exigía la devaluación programática de esta divinidad tutelar para abrir paso a la entronización de Marduk. Las fuentes cuneiformes evidencian cómo los redactores del *Enūma Eliš* operaron una hábil subversión exegética al reasignar los atributos, las prerrogativas y los epítetos enlilitas al dios local amorreo, un vástago de rango secundario en los estratos más arcaicos de la mitografía regional, transformándolo de forma anacrónica en la cúspide incontestable del panteón mesopotámico.

Esta mutación en la cúspide de la jerarquía celestial no fue el producto de una evolución orgánico-religiosa, sino el resultado de una ingeniería teológica impulsada por la necesidad de consolidar un centro imperial unificado y absoluto. Al desplazar a Nippur como el eje neuralgico de la legitimación sagrada, Babilonia reconfiguró el mapa ontológico del espacio mesopotámico, subordinando la antigua red descentralizada de santuarios autónomos a la autoridad de su propio templo principal, el Esagila. Los anales históricos y las crónicas sacerdotales demuestran que la elevación de Marduk funcionó como un correlato directo de la centralización burocrática y militar, despojando a las deidades tradicionales de su autonomía deliberativa en la asamblea cósmica de Upšuukkinaku y reduciéndolas a meras comparsas que ratifican, mediante su abdicación, la autocracia del nuevo dios soberano.

La maniobra filológica e ideológica que elevó a Marduk implicó, por consiguiente, la invalidación sistemática de la teología enlilita a través de la reescritura de los mitos de la creación y la soberanía. Al demostrarse que ni los dioses mayores de la tradición sumeria poseían la capacidad táctica para someter las fuerzas disolventes del abismo salobre, la figura de Enlil quedó relegada a una obsolescencia funcional, incapaz de responder a las demandas de una época marcada por la expansión territorial y el control imperial centralizado. Esta sustitución deliberada instituyó una nueva economía de lo sagrado donde la sumisión al poder real de Babilonia se equiparaba ontológicamente con el reconocimiento del único dios capaz de mantener la cohesión del universo frente al acecho constante de la regresión caótica.

La consolidación dinástica de Babilonia, particularmente cristalizada bajo las gestiones políticas y legislativas de Hammurabi y, siglos más tarde, reafirmada con el ímpetu militar y teológico de Nabucodonosor I, exigió una sofisticación sin precedentes en la articulación de su discurso legitimador. Las fuentes cuneiformes y las inscripciones reales de estos periodos documentan una mutación en la cartografía del poder, donde la supremacía militar sobre la llanura mesopotámica requirió ser traducida a un registro estrictamente ontológico. Bajo la égida de Hammurabi, la unificación de los dispersos nomos sumerios y acadios encontró en la codificación jurídica su manifestación civil, pero fue en la reestructuración del aparato sacerdotal de la ciudad donde la monarquía halló el vector definitivo para eternizar su hegemonía. El monarca se autoconstituyó no solo como el administrador temporal del territorio, sino como el lugarteniente terrenal del propio Marduk, vinculando indisolublemente la estabilidad del imperio con la centralización cultual en torno al Esagila.

Esta estrategia de centralización imperial alcanzó su cénit político e historiográfico durante el reinado de Nabucodonosor I, coyuntura crítica marcada por la recuperación de la estatua de Marduk tras las devastadoras incursiones elamitas. Los anales de este periodo revelan una intensa labor de redacción y canonización epigráfica destinada a blindar la primacía babilónica frente a las pretensiones autonomistas de centros religiosos rivales como Borsippa, Uruk o la propia Nippur. La elevación teológica de la ciudad se instrumentó mediante la homologación de su espacio urbano con el E-šarra celestial y el Upšuukkinaku cósmico, convirtiendo a Babilonia en el ombligo geográfico y metafísico del mundo habitado (*kibrāt arbaim*). De este modo, la geografía política del imperio se superpuso milimétricamente con la arquitectura del cosmos ordenado, haciendo imposible concebir la existencia de civilización alguna fuera de la órbita tributaria y administrativa de la capital babilónica.

La eficacia de esta arquitectura estatal residió en su capacidad para transformar las contingencias de la historia militar en decretos de carácter cosmológico inalterable. Los escribas y letrados adscritos al templo de Marduk operaron una refundición sistemática de la memoria colectiva mesopotámica, subordinando las genealogías locales y las liturgias regionales a la gran narrativa teomáquica del

Enūma Eliš. La dinastía gobernante quedaba así investida de una infalibilidad metahistórica, toda vez que cualquier desafío a la autoridad imperial se reconfiguraba semióticamente como una insurrección contra la jerarquía misma de los dioses y una traición al orden estético impuesto sobre el caos primordial. La ciudad dejaba de ser meramente un enclave político dominante para erigirse en la única garantía ontológica contra la disolución de la realidad, operando como un dispositivo de perpetuación dinástica que subordinaba la totalidad del espacio mesopotámico a la voluntad soberana del monarca entronizado por la gracia de Marduk.

La operatividad de este paradigma político-teológico encuentra su formulación más densa en la asimilación de la teomaquia como un argumento de derecho dinástico absoluto. La victoria de Marduk sobre la turba abisal de Ummu-Hubur y el aniquilamiento de su soberanía precaria no se configuran como un evento mitológico circunscrito al tiempo primordial de *illud tempus*, sino como el precedente ontológico que justifica y legitima la hegemonía imperativa de Babilonia sobre toda la llanura mesopotámica. Al monopolizar la mediación con el dios que doblegó la resistencia de la materia informe, la monarquía babilónica erige un postulado de exclusividad política: dado que solo la potencia solar y geométrica de su deidad tutelar pudo evitar la regresión entrópica del universo, la ciudad poseedora de su templo principal detenta el derecho intrínseco e inalienable a ejercer la soberanía imperial sobre las demás municipalidades de la región. La dominación militar y la exacción tributaria dejan de ser interpretadas como los frutos contingentes de la fuerza de las armas para transmutarse en exigencias de la propia estructura del cosmos.

Esta teología estatal de la fuerza opera una inversión semiótica donde la coerción imperial se presenta como un acto de preservación ontológica. Las crónicas cuneiformes y los anales reales legitiman la expansión imperial bajo el axioma de que la periferia no sometida representa un foco latente de anarquía, un territorio susceptible de ser colonizado por las fuerzas disolventes de la inercia acuática que el soberano de Babilonia tiene el mandato divino de mantener bajo yugo. La soberanía se convierte así en una función de policía cósmica, donde el monarca actúa como el vicario de la baja entropía, encargado de erradicar cualquier brote de multiplicidad política o autonomía local que pueda interpretarse como un retorno a la desarticulación pre-formal de Tiamat. La violencia del estado se juridifica y se sacraliza, pues la resistencia de los pueblos vasallos a la centralización babilónica es codificada inmediatamente como un atentado contra la física misma del mundo ordenado.

La eficacia de este dispositivo ideológico radica en su capacidad para subordinar la totalidad de las prácticas administrativas y económicas del imperio a una economía de la salvación cósmica. La tributación exigida a los territorios conquistados no se justifica mediante la simple retórica de la conquista militar, sino como la contrapartida material necesaria para el mantenimiento del culto que nutre y sostiene la hegemonía de Marduk sobre las potencias del abismo. Sostener la maquinaria burocrática del imperio equivale, en el registro teológico de los escribas esagilinos, a sufragar la muralla invisible que retiene el embate perpetuo del caos exterior. La teología estatal transforma de este modo la asimetría del poder imperial en una jerarquía de salvación, donde la supervivencia de la civilización depende estrictamente de la centralización absoluta de la autoridad política en manos del soberano consagrado en el santuario del Apsū.

La materialización arquitectónica de esta hegemonía ontológica halla su expresión paroxística en la erección del Etemenanki, el imponente zigurat consagrado a la mediación vertical entre el inframundo del Apsū y la bóveda celeste del E-šarra. Lejos de constituir un mero ejercicio monumental de ostentación edilicia, la torre escalonada opera como un dispositivo topográfico y cosmológico diseñado para fijar de manera irreversible la victoria del orden solar sobre la inercia entrópica del abismo salobre. La traza geométrica de sus siete terrazas policromadas codifica una jerarquía espacial donde cada nivel representa una esfera de estabilización del cosmos frente a las pulsiones disolventes de Tiamat. Las fuentes cuneiformes y los anales constructivos demuestran que el zigurat funcionaba como el anclaje físico de los decretos inalterables de la asamblea divinosa, materializando en ladrillos cocidos y betún la primacía absoluta de la geometría imperial sobre la multiplicidad amorfa del caos exterior.

Esta máquina arquitectónica se imbrica indisolublemente con la pragmática del poder centralizado al erigirse como el eje operativo (axis mundi) que canaliza la energía sacra de la teomaquia hacia el centro político de Babilonia. La estructura piramidal del Etemenanki funciona como un condensador semiótico donde la arquitectura sagrada de la torre traduce la arquitectura de la física cósmica impuesta por Marduk tras la disección de la diosa primordial. Al elevarse sobre la llanura aluvial, el templo torre no solo domina el horizonte geográfico, sino que intercepta y neutraliza cualquier emanación de las fuerzas subterráneas del Apsū, convirtiendo el suelo ocupado por el imperio en una zona de baja entropía artificialmente sostenida. La edificación se instituye así como una tecnología de control espacial que subordina la contingencia topográfica a la regularidad matemática de los movimientos celestes, regulados estrictamente por la voluntad soberana del dios poliorceta.

La consolidación de esta torre sagrada como el fulcro de la soberanía babilónica exige, por consiguiente, la sujeción de los saberes astronómicos y arquitectónicos a los intereses geoestratégicos de la clase sacerdotal esagilina. Los escribas reales y los agrimensores del templo operan una homologación estricta entre la medida del territorio imperial y la modulación geométrica del zigurat, haciendo que cada cálculo métrico empleado en su elevación sea interpretado como un acto de conjuro contra la regresión caótica. El Etemenanki se revela, en este registro analítico, como la culminación de la violencia fundacional del *Enūma Eliš*: un monumento donde la piedra tallada y el adobe secado al sol perpetúan la dislocación de la materia abisal, transformando la arquitectura urbana en una muralla ontológica que protege la artificialidad del orden civilizatorio frente al asedio perpetuo de la informe matriz acuática.

La proyección arquitectónica y cosmológica del Etemenanki encuentra su correlato institucional y litúrgico en la asamblea del Esagila, el santuario poliorceta donde el panteón de los Anunnaki ratificaba de manera periódica la supremacía inalterable de Marduk [3, 4]. Este recinto sagrado no operaba meramente como un espacio cultual estático, sino como el teatro político donde se actualizaba anualmente el pacto de sumisión de las deidades tradicionales frente al monarca babilónico. Las crónicas cuneiformes adscritas al festival de Akitu detallan cómo la congregación del panteón en el corazón del Esagila funcionaba como una recreación institucional del Upšuukkinaku, transfiriendo la soberanía cósmica de la asamblea sumeria originaria hacia la autocracia imperial centralizada. En este foro supremo, los dioses ancestrales despojados de su autonomía deliberativa debían comparecer para refrendar el orden geométrico instituido por el dios solar de la tormenta, transformando la liturgia sacerdotal en un mecanismo de coerción ontológica y política de alcance imperial.

La ratificación anual de la supremacía de Marduk en el Esagila operaba como una tecnología de control ideológico destinada a conjurar cualquier tentativa de subversión contra la jerarquía babilónica. Durante los rituales de recitación del *Enūma Eliš* en el santuario, la clase sacerdotal esagilina instrumentalizaba la memoria de la teomaquia para recordar a los poderes periféricos y a las aristocracias subordinadas que la estabilidad del cosmos dependía estrictamente de la obediencia incondicional al centro imperial. La asamblea anual de los dioses no representaba un cónclave deliberativo, sino una ceremonia de subordinación donde la presencia obligatoria de las estatuas cultuales de las ciudades vasallas simbolizaba la reducción de la multiplicidad política regional a una obediencia tributaria tutelada. La arquitectura institucional del Esagila garantizaba así que la administración terrenal del imperio se proyectara como una emanación directa de la asamblea divina, haciendo indisociable la lealtad al rey de Babilonia de la supervivencia misma del orden creado frente a la latencia de la entropía.

Esta convergencia entre el ritual teológico y la administración imperial convertía al Esagila en el verdadero centro neurálgico del poder mesopotámico, donde la soberanía ya no emanaba de la consensualidad de las antiguas ciudades-estado, sino de la gracia exclusiva otorgada por el dios vencedor de Tiamat. La permanencia de la dinastía reinante quedaba garantizada por este dispositivo litúrgico que renovaba anualmente el decreto de los destinos (šīmātu) en favor de Babilonia, anclando la legitimidad del monarca en una legitimación metafísica inexpugnable. Al subordinar el panteón entero al templo principal de la capital, la teología esagilina neutralizaba cualquier divergencia exegética o resistencia política local, subsumiendo la totalidad del territorio bajo la órbita de una burocracia sacerdotal que operaba simultáneamente como guardiana de la ortodoxia cósmica y administradora de la maquinaria estatal.

La disección anatómica de la matriz primordial no agota su operatividad en la conformación de una topografía celeste y terrestre destinada al refugio de las potencias jóvenes; opera, simultáneamente, como el arquetipo cosmogónico que justifica la cartografía administrativa y la coacción territorial del Estado babilónico sobre las municipalidades periféricas [223, 241]. Al fragmentar el cuerpo de la divinidad en proporciones métricas mensurables, la teología política del *Enūma Eliš* traduce la violencia de la dominación militar en una distribución geométrica del espacio mesopotámico. Las crónicas cuneiformes y los registros epigráficos de las dinastías meridionales demuestran cómo la partición del cadáver de Tiamat —convertido en muro de contención, cordillera geológica y fuente de irrigación controlada— transfigura la anarquía pre-formal de las aguas salobres en un territorio parcelado, tasado y estrictamente administrado bajo la égida de la burocracia centralizada.

Esta correspondencia estructural entre el desmembramiento del caos y la unificación territorial convierte al territorio imperial en una prolongación directa de la anatomía disecada de la diosa. Las ciudades-estado que anteriormente detentaban autonomía cultual y soberanía política son absorbidas por este dispositivo hegemónico, siendo resignificadas como enclaves funcionales dentro de una red tributaria cuya cohesión depende de la subordinación económica y militar al Esagila [223, 241]. La contención de la inundación caótica, garantizada por los cerrojos y guardianes dispuestos sobre los restos de Tiamat, halla su reflejo institucional en la imposición de un sistema fiscal uniforme y en la vigilancia militar de las rutas comerciales, donde el control burocrático de los excedentes agrícolas se equipara a la preservación del orden cósmico frente al asedio latente de la entropía exterior.

La eficacia de esta domesticación política radica en la naturalización ideológica de la hegemonía urbana, donde la hegemonía de Babilonia sobre la llanura aluvial se presenta como el resultado ineludible de una victoria sobre la multiplicidad disolvente. Los escribas del templo operan una subsunción de las autonomías regionales al subordinar las genealogías locales al relato unificador de la victoria de Marduk, transformando la sujeción de los pueblos vasallos en un acto de preservación ontológica [223, 241]. De este modo, la burocracia imperial no solo administra el territorio conquistado, sino que monopoliza la definición misma de la civilización, reduciendo toda alteridad política o resistencia periférica a una regresión patológica hacia la indeterminación acuática que el orden soberano tiene la misión ineludible de erradicar mediante el yugo administrativo y el tributo obligatorio.

La culminación de la empresa cosmogónica de Marduk y la consecuente estabilización geométrica del territorio imperial requirieron de un substracto biológico operativo que garantizara la perpetuación material del orden divino sin comprometer el reposo de las deidades superiores. En este estrato del *Enūma Eliš*, la articulación de la servidumbre humana (*lullu*) emerge no como una creación ex nihilo inspirada por una benevolencia paternal, sino como la instauración de un dispositivo antropológico de extracción de plusvalía cósmica. La ejecución de Kingu —el general destronado de las huestes de Tiamat— y la posterior coagulación de su sangre mezclada con la arcilla primordial por mediación de Ea proporcionan la materia prima para la génesis de una especie diseñada estrictamente para la fatiga económica [29, 238, 415]. Esta antropogénesis utilitaria formaliza una ruptura ontológica radical: la humanidad es encarnada como una anomalía tributaria, portadora de una chispa desestabilizadora debido a su ascendencia draconiana, pero domesticada funcionalmente mediante la imposición del trabajo obligatorio (*dullum*) [238].

La función primordial de esta nueva categoría zootécnica residió en la absorción integral de la carga laboral que hasta entonces agobiaba a los Anunnaki, liberando a la jerarquía celestial de la penuria agraria y de la necesidad de mantener con sus propias manos la infraestructura hidráulica de los canales y templos [29, 238]. Los anales cuneiformes evidencian que la existencia de la especie humana se justificaba teológicamente en calidad de sustituto vicario en la producción de los bienes materiales y alimentarios requeridos para la manutención del culto estatal. La antropología filosófica subyacente en este mito postula al hombre como un instrumento parlante (*instrumentum vocale*), un autómata biológico cuya única razón de ser es el sostenimiento de la maquinaria burocrática y sacerdotal del templo. De este modo, la fatiga del trabajo agrícola y la coacción impositiva del Estado quedan ontologizadas; no constituyen accidentes históricos de la organización social, sino la ley constitutiva misma de la condición humana frente al panteón soberano de Babilonia.

Esta subordinación radical de la especie instituyó una economía de la servidumbre donde el esfuerzo físico del campesino y del artesano se transmutaba en energía cultual destinada a apaciguar las potencias del orden. La arquitectura de la dominación imperial encontró así su eslabón definitivo en la gestión biopolítica de la población, donde el control de los cuerpos laborales se equiparó estructuralmente a la contención de las aguas caóticas de Tiamat. Al asumir el peso del *dullum*, la humanidad se constituyó en el amortiguador termodinámico que impedía el colapso del cosmos estructurado, operando como el cimiento viviente sobre el cual se erigía la soberanía absoluta de los monarcas consagrados en el Esagila.

CAPÍTULO 13: La Guerra Hermenéutica Interestatal: La Profanación de Senaquerib y la Apropriación Asiria del Poema

La mutación de la teología estatal babilónica en un instrumento de hegemonía imperial no operó en un vacío geopolítico, sino que se insertó en el centro de las profundas tensiones interestatales que caracterizaron la cuenca mesopotámica durante el I milenio a.C. La rivalidad visceral entre el sur babilónico y el norte asirio trascendió la mera confrontación militar o la disputa por las rutas comerciales de la alta estepa y el Golfo Pérsico, configurándose como un antagonismo ontológico y hermenéutico en torno a la legitimidad cósmica. Mientras la monarquía de Babilonia fundamentaba su soberanía en la primacía litúrgica del *Enūma Eliš* y en la condición de su metrópolis como el centro inamovible del Esagila, el Imperio Asirio se enfrentaba a la paradoja ideológica de apropiarse de un corpus mitológico que subordinaba la soberanía universal a la ciudad de Marduk, un centro urbano meridional que con frecuencia desafiaba la supremacía militar de Nínive o Assur.

Esta fricción interestatal obligó a la historiografía y a la clerecía asiria a reconfigurar los textos canónicos, inaugurando una tensión filológica y político-religiosa donde la figura de Marduk fue sistemáticamente reinterpretada o sustituida en las recensiones septentrionales por Assur, el dios nacional asirio. La asimilación del relato de la teomaquia por parte de la maquinaria imperial de Asiria evidenció una estrategia de apropiación semiótica: el *Enūma Eliš* no podía ser descartado debido a su indiscutible autoridad cosmológica sobre la estructuración del orden y la derrota del caos acuático, pero su vector político requería una inversión tectónica que desplazara el eje de gravedad imperial desde el sur babilónico hacia los palacios fortificados del norte. De este modo, la contienda entre las dos superpotencias mesopotámicas se articuló a través de la manipulación de las tablillas cuneiformes, donde la legitimidad del monarca reinante dependía de su capacidad para erigirse no solo como el administrador terrenal del cosmos, sino como el ejecutor directo de la voluntad divina frente a las potencias de la disolución.

La persistencia de Babilonia como el núcleo tradicional de la legitimidad sacerdotal convertía a la ciudad meridional en un foco constante de insurrección ideológica frente al expansionismo centralizador de Asiria. La resistencia babilónica no recurría exclusivamente a la movilización militar convencional, sino a la resistencia pasiva y activa de sus instituciones templarias, las cuales operaban como custodias de un orden cósmico inalterable consagrado en las Tablillas de los Destinos y ratificado en la sagrada asamblea del Upšuukkinaku. Para los monarcas asirios, la autonomía teológica y política de Babilonia representaba una anomalía intolerable dentro del esquema de un imperio universal que exigía la sumisión absoluta de los centros cultuales periféricos a la soberanía de Assur. La incompatibilidad entre la vocación imperialista asiria, basada en la fuerza militar y el tributo coercitivo, y la pretensión tradicional babilónica, fundamentada en la precedencia cosmogónica de su panteón, preparó el terreno para una escalada de violencia sacrílega que amenazaba con romper los frágiles equilibrios del cosmos mesopotámico.

La culminación de esta fractura ideológica e interestatal se materializó con la brutal campaña punitiva ejecutada por el monarca asirio Senaquerib en el año 689 a.C., un acontecimiento que rebasó los márgenes de la estrategia militar convencional para inscribirse en el registro de la transgresión ontológica. Ante la recalcitrante incapacidad de someter la autonomía política del sur mesopotámico mediante la diplomacia o la corregencia, la maquinaria imperial de Nínive optó por la aniquilación sistemática de la metrópolis consagrada a Marduk. Las crónicas cuneiformes de este periodo registran no solo el asedio y la demolición de los muros defensivos de Babilonia, sino una profanación metódica de sus espacios sagrados más recónditos, diseñada para desarticular la matriz misma de la soberanía cosmogónica que el *Enūma Eliš* había institucionalizado.

El punto álgido de esta catástrofe geopolítica y teológica consistió en la alteración radical de la hidrografía urbana como instrumento de anulación sagrada, mediante la destrucción de los diques y el desvío deliberado de las aguas del río Éufrates directamente sobre los cimientos de los templos, los palacios y el propio complejo del Esagila. Al inundar el santuario con el flujo fluvial ordinario, la estrategia de Senaquerib replicó de manera perversa la amenaza primordial de Tiamat, sumergiendo artificialmente la morada del dios solar de la tormenta en un lodo disolvente que borraba los límites arquitectónicos de la ciudad sagrada. Esta inundación premeditada de los recintos cultuales constituyó una inversión táctica de la cosmogonía: el orden formal y estanco garantizado por la victoria de Marduk sobre el abismo salobre fue desmantelado mediante la reconducción de las aguas terrestres hacia el corazón mismo del centro civilizatorio.

A esta devastación hidráulica se sumó el secuestro coercitivo de la estatua cultual de Marduk —el *bēlītu* y núcleo de la presencia epifánica del dios—, la cual fue despojada de sus insignias y deportada como botín de guerra hacia el territorio asirio. La sustracción de la efigie no implicaba una mera transferencia de capital simbólico entre templos rivales, sino la decapitación metódica de la relación de inmanencia que unía al monarca babilónico con la legitimidad de su mandato. Al privar a Babilonia de su divinidad tutelar y fracturar su integridad monumental, la política asiria intentó vaciar de contenido la asamblea del Upšuukkinaku y suspender temporalmente la vigencia de los decretos inalterables, inaugurando un vacío institucional que el aparato imperial pretendía rellenar con la supremacía absoluta de Assur y la fuerza coactiva de sus ejércitos.

La consumación de esta catástrofe sacrílega generó una profunda crisis hermenéutica en los anales y crónicas babilónicas, donde la ausencia física de la efigie y la ruina de los templos no se interpretaron meramente como el resultado de una contingencia bélica, sino como una regresión catastrófica hacia el estado de indeterminación pre-cósmica. Los escribas del sur mesopotámico articularon este trauma sociopolítico a través de la categoría teológica del "abandono del dios de su ciudad", un fenómeno en el cual la retirada de la presencia epifánica (*ilūtu*) de Marduk dejaba a la comunidad desprovista de su baluarte termodinámico frente al desorden. La desarticulación de la metrópolis sagrada equivalía, dentro del marco de la ontología babilónica, a la anulación de los límites métricos que separaban el espacio civilizado del abismo acuático primordial, permitiendo que las fuerzas de la disolución reclamaran la superficie habitada.

En este contexto de inversión escatológica, las fuentes cuneiformes describen la destrucción de Babilonia bajo la impronta conceptual de una inundación de Tiamat reeditada en el plano histórico, donde el lodo fluvial acumulado sobre las ruinas no representaba sedimentación ordinaria, sino la manifestación material del retorno de la *Ummu-Hubur*. La pérdida de los puntos de referencia arquitectónicos y la paralización de las funciones litúrgicas en el Esagila configuraron un escenario de entropía social que los sacerdotes compararon con la fase de inercia anterior al decreto de los destinos. La disolución de la forma urbana bajo las aguas canalizadas por la política punitiva asiria simbolizaba la suspensión temporal de las Tablillas de los Destinos, dejando al territorio meridional sumido en una zona de indistinción ontológica donde las estructuras del Estado y la jerarquía cósmica quedaban temporalmente abolidas.

Esta vicaría del caos operada por la agresión asiria exigió a la clerecía babilónica una compleja labor de exégesis retrospectiva para explicar el colapso del orden solar sin admitir la superioridad metafísica de Assur, interpretando la destrucción no como una derrota definitiva de Marduk, sino como un período de prueba cíclico análogo a los escarceos de la teomaquia. La persistencia de la memoria cultural en el exilio interior y la resistencia de las redes sacerdotales mantuvieron viva la expectativa de la restauración, concibiendo el cautiverio de la estatua divina como una fase de latencia equivalente al encadenamiento de las huestes del caos antes de la reedificación del cosmos. La superación de este vacío institucional dependía estrictamente de la eventual reversión de la catástrofe hidráulica y del retorno del *melammu* divino a su sede original, un proceso que requería la desactivación de la usurpación septentrional y la reimposición de los decretos inalterables en la asamblea del Upšuukkinaku.

La instrumentalización ideológica de los textos canónicos por parte de la clerecía septentrional encontró en esta fractura militar su oportunidad hermenéutica más radical, procediendo a una intervención textual sin precedentes sobre la matriz fundacional del *Enūma Eliš*. La supremacía de Marduk —el dios solar de la tormenta cuya victoria sobre la *Ummu-Hubur* estructuraba el cosmos tridimensional y justificaba la centralidad de Babilonia— resultaba estructuralmente incompatible con la pretensión imperial de Nínive de subordinar todo el arco mesopotámico a la autoridad exclusiva de Assur. Para resolver esta contradicción teológica, los escribas y sacerdotes al servicio de la monarquía asiria ejecutaron una audaz falsificación filológica, operando el borrado sistemático del nombre de Marduk en las recensiones septentrionales del poema épico e insertando en su lugar al dios nacional asirio como el auténtico campeón de la teomaquia y artífice de la creación.

Esta sustitución onomástica no constituyó un mero sincretismo superficial o una variante dialectal menor dentro de la transmisión de las tablillas cuneiformes, sino una subversión metódica de la arquitectura cosmológica establecida en el sur. Al arrebatar al dios de Babilonia el monopolio de la victoria sobre el abismo salobre y transferir el atributo de la compresión espacial y la instauración del *šīmātu* a la figura de Assur, el aparato ideológico asirio despojó al Esagila de su prerrogativa ontológica central. El poema de la creación fue así desvinculado de su locus geográfico e institucional originario, transformándose en un manifiesto legitimador del imperialismo asirio que desplazaba el eje de la soberanía universal desde el sur mesopotámico hasta los palacios fortificados de la alta estepa tigridia.

La alteración deliberada del texto sagrado exigió, no obstante, una sofisticada coartada genealógica que justificara la primacía de Assur por encima de las antiguas generaciones divinas heredadas de la tradición sumerio-babilónica. Al insertar al dios asirio en el clímax de la confrontación contra las huestes de la putrefacción y los once monstruos del caos, la clerecía del norte debió reconfigurar la ascendencia mítica de la deidad para evitar cualquier sospecha de advenimiento tardío frente a los Anunnaki tradicionales. Esta necesidad exegética preparó el terreno para la compleja estrategia etimológica y teológica mediante la cual la teología asiria imbricaría la figura de Assur dentro de las capas más vetustas del panteón primordial, alterando drásticamente el árbol genealógico que sostenía la jerarquía del cosmos.

La maniobra exegética para legitimar la primacía de Assur en el vértice de la cosmogonía requirió una operación filológica sobre la genealogía divina que eludiera su condición de divinidad local de aparición tardía en comparación con el panteón sumerio tradicional. La estrategia de los escribas asirios consistió en la asimilación directa e intencionada de Assur con la figura de Anshar —el principio masculino primordial que, junto a Kishar, conforma el horizonte cósmico en las tablillas iniciales del *Enūma Eliš*—. Mediante esta identificación onomástica y conceptual, la teología septentrional logró una subversión temporal absoluta de la jerarquía mitológica: al equiparar al dios nacional con el ancestro macrocósmico situado tres generaciones por encima de Ea, Anu y el propio Marduk, la clerecía imperial desplazó el origen de la soberanía tecno-espacial hacia una capa ontológica anterior a la diferenciación del panteón meridional.

Esta equiparación no operaba meramente como un artificio nominal, sino como una reconstrucción filológica de la ascendencia que reescribía retroactivamente el corpus mitológico para demostrar que el auténtico demiurgo del orden y vencedor de la disolución acuática había estado presente desde el umbral mismo de la emanación preformal. Al vaciar de contenido la línea sucesoria que vinculaba a los Anunnaki con la creación del firmamento, la manipulación asiria situó a Assur-Anshar en una posición de preeminencia absoluta sobre el abismo, transformando los versos consagrados al linaje de los dioses jóvenes en un vector de legitimación dinástica estrictamente imperial. La figura del dios asirio quedaba así sustraída de cualquier contingencia histórica o geográfica local, erigiéndose en el garante metafísico de un orden universal cuya antigüedad superaba con creces los fundamentos míticos de la metrópolis babilónica.

La consolidación de esta superposición genealógica permitió al aparato ideológico de Nínive articular una cosmología donde la soberanía sobre el espacio estructurado derivaba directamente de la primera separación de los principios cósmicos, neutralizando la pretensión del Esagila de detentar el monopolio de la victoria teomáquica. Al vaciar al Marduk histórico de su función como artífice del *šīmātu* y reasignar dichos atributos primordiales a la figura de Assur bajo la vestidura de Anshar, la clerecía imperial instituyó un marco ontológico inalterable que subordinaba la totalidad del arco mesopotámico a la voluntad del monarca asirio.

Esta sofisticada inversión teológica no solo reconfiguró la lectura ritual de las tablillas cuneiformes en los templos del norte, sino que preparó de manera inexorable la transferencia formal de los calendarios sagrados y de las liturgias estacionales hacia los centros de poder septentrionales.

La materialización litúrgica de esta transferencia teológica y política encontró su eje directriz en la reformulación espacial y estacional de las festividades del Año Nuevo, un proceso mediante el cual la monarquía asiria despojó al festival del Akitu de su arraigo estrictamente meridional. Tradicionalmente concebida como la recitación cíclica y la reconfirmación anual de la victoria de Marduk sobre Tiamat en el corazón de Babilonia, la liturgia del Akitu fue sistemáticamente trasplantada e institucionalizada en la capital religiosa asiria de Assur. Esta reubicación de la festividad no supuso una simple transposición calendárica, sino una refundación ritual destinada a desplazar el centro gravitacional de la renovación cósmica hacia el norte, exigiendo a los súbditos del imperio reconocer que la reactualización del orden y la sujeción definitiva de las fuerzas de la disolución operaban bajo la égida exclusiva de la divinidad nacional asiria.

La adaptación del ritual en Assur implicó la reconfiguración de los espacios arquitectónicos consagrados a la escenificación de la teomaquia, transformando los complejos cúlticos septentrionales en escenarios diseñados ex profeso para la glorificación del monarca asirio como lugarteniente de Assur-Anshar. La traslación del Akitu exigió una meticulosa ingeniería litúrgica donde las procesiones, los ayunos y los esponsales sagrados que antes legitimaban la soberanía de los reyes babilónicos fueron reescritos para consagrar la hegemonía militar y ontológica de Nínive. De este modo, la festividad dejó de ser el recordatorio de la primacía del Esagila para convertirse en el supremo dispositivo ideológico de integración imperial, donde la renovación del tiempo y la estabilización del cosmos quedaban indisolublemente asociadas a la expansión de las fronteras asirias y a la sumisión de las provincias meridionales al poder centralizado del palacio.

Esta apropiación cultual y festiva consolidó la fractura definitiva entre la cosmogonía original registrada en las tablillas cuneiformes y su ejecución operativa en la geopolítica del I milenio a.C., subordinando la liturgia del caos y del orden a los requerimientos de la máquina estatal asiria. Al reescribir el calendario sagrado e implantar el festival en suelo septentrional, la clerecía imperial completó la inversión semiótica del *Enūma Eliš*, convirtiendo la memoria de la victoria sobre el abismo en un instrumento de coacción ideológica. La escenificación del combate primordial en Assur preparó el terreno para la materialización artística y monumental de esta nueva teología estatal, exteriorizada en los relieves y portones sagrados que conmemoraban la supremacía absoluta del dios nacional frente a las potencias de la regresión informe.

La materialización artística de esta hegemonía teológica encontró su expresión más depurada en los relieves monumentales erigidos en el complejo del *Bit Akitu* de Assur, donde la plástica asiria transformó los motivos de la teomaquia en una cartografía visual de la dominación imperial. En estos portones de bronce grabados y en los ortostatos esculpidos con rigor estereotómico, la iconografía tradicional que antaño celebraba la victoria del dios de Babilonia fue rigurosamente reconfigurada para inmortalizar la figura del dios Assur —identificado con las prerrogativas de Anshar— en consorcio directo con el soberano histórico. El monarca, esculpido con los atributos de la infalibilidad marcial y flanqueado por las insignias del poder absoluto, aparece representado no como un vicario delegado, sino como el agente ejecutor de la compresión espacial que pulveriza de manera definitiva las resistencias del abismo acuático.

La disposición topográfica de estos relieves en los umbrales del santuario septentrional operaba como un dispositivo semiótico de exclusión y coacción ontológica, diseñado para que todo aquel que cruzara el umbral experimentara la subordinación física del caos a la arquitectura estatal de Nínive y Assur. En estas representaciones broncíneas, el dragón del caos —antiguamente encarnación de la *Ummu-Hubur* y de sus legiones teratológicas— es retratado bajo una morfología domesticada por la geometría imperial, aplastado bajo las ruedas del carro real o atravesado por las armas de fuego y rayos consagradas al dios nacional. La escena bélica tallada en el metal no conmemora un acontecimiento mitológico atemporal, sino que proyecta la campaña punitiva de los reyes asirios contra las ciudades rebeldes del sur como la continuación directa y necesaria de la creación cósmica frente a la regresión entrópica.

Mediante esta escenografía lapidaria y metálica, la clerecía y la monarquía asiria vincularon la estabilidad del imperio con la destrucción metódica de cualquier foco de autonomía meridional, equiparando la insubordinación política de Babilonia con un estallido de la viscosidad primordial que amenazaba con disolver las fronteras del Estado universal. Los relieves del *Bit Akitu* consolidaron así una narrativa donde el orden del mundo no dependía ya de la preservación de las antiguas alianzas sacerdotales en el Upšuukkinaku, sino de la eficacia coactiva del aparato militar asirio, capaz de reedificar el cosmos sobre los escombros calcinados de las metrópolis que osaban desafiar la supremacía de Assur.

La convalidación ideológica de la devastación urbana perpetrada por los ejércitos septentrionales requirió una sofisticada mutación hermenéutica que transmutó la agresión geopolítica en una soteriología de carácter cósmico. Desde la perspectiva de la clerecía al servicio de la monarquía de Nínive, la insumisión recalcitrante de la metrópolis meridional no constituía una mera disidencia política o un conflicto interestatal por el predominio tributario, sino una recaída ontológica en los estadios de indeterminación y entropía asociados al cuerpo disuelto de Tiamat. Al desafiar la autoridad del centro imperial, Babilonia había abjurado de los decretos inalterables del *šīmātu*, operando una reversión de la arquitectura sagrada que transformaba su espacio urbano en un foco infeccioso de viscosidad informe. La destrucción sistemática de sus murallas y el anegamiento intencional de sus recintos cultuales se justificaron, por consiguiente, como una operación higiénica de purificación termodinámica exigida por la estabilidad del universo estructurado.

Dentro de este marco de legitimación imperial, el desmembramiento físico de la urbe rebelde operaba como un correlato analógico del desgarramiento primigenio ejecutado por el demiurgo en el amanecer del cosmos. Así como la división simétrica del cadáver de la Madre Hubur había sido condición indispensable para la fijación del firmamento y la tierra firme, la fragmentación del tejido urbano babilónico se conceptualizó como el único medio disponible para disolver los focos de resistencia caótica que amenazaban con desestabilizar el orden universal garantizado por Assur. La demolición de los templos, el arrasamiento de los zigurats y la deportación de las efigies divinas no representaban actos de sacrilegio destructivo, sino la materialización de una justicia cósmica implacable que castigaba la hubris metropolitana de haber permitido que el desorden líquido suplantara la geometría del Logos estatal.

La retórica de los anales reales asirios institucionalizó esta violencia punitiva bajo el dogma de que toda rebelión urbana equivalía a una tentativa de restauración del abismo pre-cósmico, legitimando la aniquilación de la ciudad como un ritual de sacrificio propiciatorio. La reconstrucción ideológica del sitio y la subsiguiente devastación se articularon mediante un lenguaje que equiparaba el polvo y los escombros de Babilonia con los sedimentos de la *Ummu-Hubur*, sugiriendo que la única forma de salvaguardar el cosmos imperante era someter la metrópolis meridional a un proceso de desintegración material idéntico al infligido a las huestes de la putrefacción. De este modo, la máquina bélica asiria se arrogó la prerrogativa exclusiva de ejercer la violencia catártica contra las recidivas del caos, transformando la destrucción de una capital rival en el pilar fundamental sobre el cual se sustentaba la perpetuación ininterrumpida del orden imperial.

CAPÍTULO 14: La Crisis Escatológica Neobabilónica: La Herejía de Nabonido, el Exilio en Tayma y la Conquista Aqueménida

La alteración del dogma centralizado en Marduk experimenta su quiebre más radical durante el reinado de Nabonido, monarca neobabilónico cuya política religiosa constituyó una afrenta directa a la oligarquía sacerdotal del Esagila. La transgresión de Nabonido no se limitó a una simple divergencia en el culto estatal, sino que operó como una inversión de la jerarquía ontológica establecida desde la fundación del imperio. Al devaluar la preeminencia de la deidad solar y creadora, el soberano desestabilizó el eje legitimador que vinculaba la soberanía terrenal con la victoria cósmica sobre la matriz líquida de Tiamat. Esta mutación en el centro de gravedad teológico alteró la semiótica de los decretos reales, desarticulando el andamiaje ideológico que justificaba el poder absoluto de la capital a través de la perpetuación del orden contra la entropía.

En el núcleo de esta herejía político-religiosa se encuentra la entronización sistemática de Sîn, el dios lunar, como la cumbre del panteón babilónico, un movimiento que subvirtió la cosmología oficial contenida en el *Enūma Eliš* . Las crónicas cuneiformes registran cómo el monarca relegó las festividades sagradas del Akitu —ceremonia indispensable para la renovación anual del pacto cósmico y la ratificación del poder de Marduk— en favor de una devoción lunar de carácter extramuros. Desde una perspectiva filológica e histórica, esta predilección por Sîn implicaba un retorno a esquemas cultuales arcaicos de origen mesopotámico septentrional, desafiando la hegemonía dogmática del clero meridional y fracturando la unidad institucional que mantenía cohesionado el imperio frente a las presiones exteriores.

La ruptura con el templo del Esagila trascendió el ámbito de la disputa eclesiástica para convertirse en una crisis sistémica de la soberanía babilónica, pues la omisión de los rituales marduquitas equivalía, en la mentalidad sacerdotal, a un colapso deliberado de las defensas metafísicas del cosmos. Al desatender la morada de Marduk y desplazar el centro de gravedad espiritual hacia las estepas arábigas, Nabonido despojó a la monarquía de su función demiúrgica subsidiaria, aquella que obligaba al rey a actuar como garante terrestre de la estructuración geométrica frente a la amenaza constante de la disolución caótica. Este cisma ideológico preparó el terreno para el extrañamiento definitivo del monarca de los centros neurálgicos del poder imperial, fracturing la continuidad dinástica y abriendo un vacío de legitimidad política en el umbral de la conquista persa.

La consecuencia geopolítica más drástica de este cisma teológico fue el prolongado exilio en Tayma, un retiro voluntario y enigmático que alejó al soberano de los centros neurálgicos de la administración babilónica durante una década. Al trasladar su residencia y la corte al oasis desértico situado en el noroeste de la península arábiga, Nabonido consumó una separación física sin precedentes que desarticuló el eje operativo de la monarquía imperial. Esta automarginación geográfica no constituyó meramente una estrategia militar o comercial para asegurar las rutas caravaneras del incienso, sino una ruptura ontológica con el espacio sagrado del Esagila, un abandono deliberado del centro geopolítico donde la soberanía terrenal debía validarse mediante la presencia física del rey ante el simulacro de Marduk.

Durante esta prolongada estancia en el entorno árido de Tayma, la estructura de poder imperial quedó suspendida en una peligrosa bicefalía administrativa, mientras la capital quedaba huérfana de su figura cúspide y sometida al desconcierto sacerdotal. Las fuentes epigráficas y las crónicas contemporáneas atestiguan que el monarca erigió complejos palaciegos en el oasis, emulando la magnificencia arquitectónica de Babilonia pero operando desde una periferia considerada por el clero ortodoxo como un territorio limítrofe y profano. Este desplazamiento hacia el desierto arabigo invertía el vector tradicional del poder mesopotámico, el cual exigía que el soberano permaneciera anclado en el corazón del espacio irrigado por los ríos, precisamente allí donde la obra de la estructuración geométrica del cosmos requería la constante supervisión terrenal frente a las potencias del abismo.

La prolongada ausencia en Tayma debilitó de manera irreversible los cimientos dinásticos de la dinastía neobabilónica, transformando el palacio real en una entidad ausente incapaz de responder a las tensiones militares y económicas que se gestaban en las fronteras del imperio. Al priorizar la instauración de cultos lunares periféricos y consolidar un enclave monárquico en la aridez arábiga, el monarca desatendió las obligaciones primordiales que legitimaban su investidura en el interior de los grandes templos mesopotámicos. Este vacío de poder en la metrópoli, prolongado durante diez años de aislamiento voluntario, dejó a Babilonia expuesta no solo a la erosión de su hegemonía político-religiosa, sino a la parálisis total de los engranajes rituales que garantizaban la cohesión ideológica del Estado.

La materialización más evidente de esta parálisis institucional se manifestó en la interrupción sistemática del festival de Akitu, la liturgia anual cuyo cumplimiento riguroso constituía el dique de contención metafísico contra la regresión caótica. Al encontrarse el monarca confinado en las arenas de Tayma, la ausencia de la figura real —única habilitada para tomar la mano de la estatua de Marduk y renovar el juramento cósmico ante el asambleario panteón— sumió a la capital en una parálisis temporal y espiritual sin precedentes. Las crónicas epigráficas registran con consternación cómo los años transcurrían sin la celebración de la epopeya cosmogónica, privando al imperio del mecanismo cíclico mediante el cual se regeneraba el tiempo sagrado y se ratificaba la victoria del *Logos* sobre las potencias del abismo salobre.

Esta anulación de los ritos del año nuevo operó como una cesura en el calendario ontológico de Babilonia, un hiato donde la suspensión de la liturgia equivalía a la anulación de la vigencia misma de los decretos primordiales de la creación. Sin la representación anual de la teomaquia y el consiguiente reordenamiento de los destinos (šīmātu) en el recinto del Esagila, la estructura tridimensional del cosmos quedaba desprovista de su soporte energético y su justificación legal interna. El colapso temporal del ciclo cultual no representaba una mera deficiencia burocrática o una postergación administrativa, sino la apertura de una brecha escatológica en la cual el tiempo lineal del imperio se fracturaba, permitiendo que la entropía latente de las aguas primordiales comenzara a corroer las fronteras institucionales de la metrópoli.

La parálisis espiritual de la ciudad se tradujo, por consiguiente, en un estado de indefensión estructural donde los engranajes de la magia estatal y la mnemotecnia sacerdotal quedaron inoperantes ante la prolongada ausencia del soberano. La imposibilidad de convocar la asamblea sagrada y de reactivar la memoria de la victoria de Marduk sobre la horda de Tiamat sumió a la jerarquía eclesiástica en un estado de paroxismo hermenéutico, al comprobar que los fundamentos mismos de la legitimidad imperial se desvanecían en el vacío ritual de un año nuevo que jamás llegaba a consumarse.

La indignación del clero marduquita ante este vacío institucional no tardó en articularse como una crisis escatológica de proporciones cósmicas, donde la ausencia del soberano en el estrado del templo era leída por los escribas como una traición ontológica directa a los decretos del *Enūma Eliš*. Para la casta sacerdotal del Esagila, el abandono de las funciones cúpricas por parte de Nabonido equivalía a retirar los diques de contención que impedían el desborde de la matriz caótica, permitiendo que la entropía de Tiamat reconquistara subrepticiamente el territorio sagrado de Babilonia. En las crónicas redactadas desde la perspectiva de la ortodoxia religiosa, la negativa o incapacidad del monarca para retornar a la capital y tomar las manos de la estatua divina no se limitaba a un desacato político, sino a una rendición impía de las fronteras liminares de la civilización ante las legiones del abismo.

Esta interpretación apocalíptica de los anales babilónicos configuró un discurso legitimador donde la negligencia real transformaba al propio gobernante en un agente indirecto de la desintegración cósmica, un usurpador que, al desatender el pacto primordial establecido en la asamblea de Upšuukkinaku, abría brechas en el tejido tridimensional del imperio. Los textos epigráficos emanados de los círculos sacerdotales subrayan con acritud cómo la usurpación de los ritos por la devoción lunar en Tayma había desprovisto al Estado de su armadura apotropaica, exponiendo a la metrópoli a la corrosión de las fuerzas disolventes que el dios solar había sojuzgado en el alba de los tiempos. De este modo, la cólera de los escribas codificó la inacción del monarca como una reversión de la victoria sobre Tiamat, equiparando el desorden administrativo de la corte con el retorno de la horda monstruosa de Ummu-Hubur a las puertas mismas de los santuarios mesopotámicos.

La virulencia de esta réplica escrituraria operó como un mecanismo de deslegitimación sistemática que preparó el terreno ideológico para la fractura definitiva del orden neobabilónico, al estigmatizar al rey ausente como un transgresor de las leyes naturales y divinas. Al vaciar de contenido la función demiúrgica que correspondía por mandato al soberano, la élite eclesiástica no solo impugnó la autoridad temporal de Nabonido, sino que decretó la caducidad ontológica de su dinastía ante la inminencia de una regresión caótica que amenazaba con devorar las estructuras políticas del Éufrates. La tensión entre el centro metropolitano desolado por la parálisis ritual y la periferia desértica consagrada al culto lunar alcanzó así un punto de saturación hermenéutica, fracturando el consenso imperial y dejando a la civilización babilónica sumida en un estado de vulnerabilidad metafísica frente al exterior.

La dislocación del aparato teológico babilónico y la consiguiente orfandad institucional generada por la prolongada apostasía de Nabonido hallaron su contraparte táctica en la meticulosa ingeniería político-religiosa desplegada por la dinastía aqueménida. Ante el vacío de legitimidad operado en el corazón del Esagila, la llegada de Ciro el Grande a las puertas de Mesopotamia no se configuró meramente como una campaña de anexión militar convencional, sino como una sofisticada operación de cooptación ideológica. El monarca persa, asesorado por las facciones descontentas del sacerdocio marduquita, comprendió que la conquista efectiva del territorio exigía la restauración formal de los protocolos cosmogónicos interrumpidos, presentándose no como un invasor extranjero, sino como el agente providencial encargado de restablecer el orden vulnerado por la herejía lunar.

Esta estrategia de legitimación imperial quedó inmortalizada en el texto epigráfico conocido como el Cilindro de Ciro, un manifiesto propagandístico redactado bajo los cánones de la historiografía sacerdotal babilónica que invierte los términos de la teomaquia para justificar el advenimiento de la nueva soberanía. En este documento fundacional, el rey aqueménida es investido con los atributos de un restaurador del *Logos*, retratando a Marduk como una divinidad agraviada que, tras inspeccionar las naciones en busca de un gobernante justo y devoto, extiende su diestra hacia Ciro para elevarlo sobre la totalidad del universo. La retórica del cilindro moviliza la terminología tradicional de la soberanía solar para desacreditar la administración precedente, imputando a Nabonido la instauración de un régimen de opresión litúrgica y el quebrantamiento de las obligaciones sagradas que garantizaban la estabilidad del cosmos frente a las potencias del abismo.

Mediante la instrumentalización de este discurso teológico, la propaganda persa logró subvertir la inercia del sistema imperial mesopotámico, utilizando los propios fundamentos del *Enūma Eliš* para legitimar el colapso de la dinastía caldea. Ciro se erigió formalmente como el campeón del ordenamiento y la concordia ritual, garantizando la reactivación del festival de Akitu y el retorno de las estatuas divinas a sus respectivos santuarios provinciales, revirtiendo así la dispersión caótica propiciada por el exilio en Tayma. Esta operación de ingeniería ideológica permitió a los aqueménidas absorber las estructuras burocráticas y simbólicas de Babilonia sin disparar un solo golpe en el núcleo urbano, transformando la conquista militar en un acto de restauración sagrada que clausuraba el ciclo de la entropía política y subordinaba el espacio del Éufrates a la Pax Persa.

La consumación de este tránsito geopolítico y teológico no dependió exclusivamente de la arquitectura discursiva plasmada en el cilindro propagandístico, sino de una praxis subversiva gestada en el interior mismo de los recintos sagrados de la metrópoli. La casta sacerdotal del Esagila, profundamente alienada por la deriva iconoclasta y el extravío cultual de Nabonido, articuló un plan de colapso institucional que transformó la resistencia pasiva en una colusión directa con el exterior. Para esta oligarquía eclesiástica, la conservación de los privilegios económicos y la continuidad de los rituales del *Enūma Eliš* exigían la neutralización del poder caldeo, lo que motivó que los altos dignatarios del templo desmantelaran de manera sistemática los dispositivos de seguridad y las defensas metafísicas de la ciudad. Este sabotaje interno operó como una inversión de la función apotropaica tradicional, donde los guardianes de los umbrales sagrados decidieron abrir las compuertas simbólicas y físicas al avance de las fuerzas persas acaudilladas por Ugbaru, gobernador de Gutium y general de las huestes aqueménidas.

Desde una perspectiva analítica, la actuación de los sacerdotes de Marduk no constituyó un acto de alta traición patriótica en el sentido moderno, sino una operación de realismo ontológico orientada a restablecer el flujo de la legitimidad imperial que el monarca hereje había interrumpido. Al facilitar la toma incruenta de Babilonia y coordinar la entrega pacífica de los centros neurálgicos de la administración a las tropas de Ugbaru, el clero consumó el derrocamiento de la dinastía caldea desde el corazón mismo del aparato estatal. Las crónicas cuneiformes y los anales epigráficos contemporáneos registran cómo esta capitulación sin resistencia armada permitió preservar la integridad arquitectónica de los templos y evitar el desborde de la violencia bélica sobre los depósitos sagrados donde reposaban las Tablillas de los Destinos y las insignias de la soberanía solar. La rendición coordinada de la capital se configuró así como un mecanismo de profilaxis política, destinado a purgar el cuerpo político del imperio de la inercia entrópica introducida por el culto lunar.

Esta defección eclesiástica neutralizó por completo la capacidad de respuesta militar de una ciudad que, desprovista de su cohesión ideológica y de la protección jurídica de su dios tutelar, se entregó sin estrépito a la nueva hegemonía [371, 376]. Las compuertas que tradicionalmente contenían el avance de las potencias exteriores fueron desarticuladas por quienes tenían la obligación ritual de mantenerlas cerradas, demostrando que la verdadera caída de Babilonia no obedeció a una inferioridad táctica en el campo de batalla, sino a la bancarrota de su pacto teológico fundamental. Al deponer las armas y facilitar la entrada de las fuerzas persas bajo la dirección de Ugbaru, el sacerdocio del Esagila selló la disolución formal del régimen neobabilónico, preparando el escenario para la escenificación del ritual de transferencia de la soberanía y la validación formal del nuevo orden imperial.

La escenificación de la transferencia de la soberanía imperial alcanzó su clímax litúrgico cuando Ciro el Grande atravesó los umbrales de la metrópoli y penetró en el recinto sagrado del Esagila para consumar el acto prescrito de "tomar las manos de Marduk" . Este gesto performativo, codificado por la tradición mesopotámica como el requisito sine qua non para la investidura legítima, operaba como un mecanismo de anclaje ontológico donde el gobernante extranjero subordinaba su autoridad terrenal a los decretos inalterables del dios solar. La ejecución de este protocolo ritual no constituía una mera formalidad protocolaria, sino una transustanciación del poder político en mandato divino, mediante la cual el conquistador aqueménida absorbía la legitimidad cosmogónica previamente usurpada por la herejía lunar de Nabonido.

Al ratificar su sujeción a la deidad tutelar de Babilonia, el monarca persa desactivó la inercia entrópica que amenazaba con disolver las fronteras institucionales del imperio, presentándose formalmente como el restaurador del *Logos* y el garante de la continuidad ritual. El clero marduquita, actuando como artífice de esta integración dinástica, facilitó la legitimación del nuevo orden a cambio de la restitución de los privilegios económicos y la reapertura de los circuitos ceremoniales interrumpidos durante el exilio en Tayma. De este modo, la ceremonia de salutación y entrega de las insignias sagradas transformó una conquista militar exógena en la consumación de una profecía de restauración, alineando la expansión imperial persa con los parámetros escatológicos consignados en los anales del *Enūma Eliš*.

Esta absorción de la soberanía local a través de la liturgia del Esagila permitió a los aqueménidas consolidar su hegemonía sobre el espacio mesopotámico sin recurrir a la destrucción sistemática de las estructuras administrativas preexistentes. La aquiescencia del soberano persa ante los requerimientos de la oligarquía sacerdotal aseguró la preservación de los archivos cuneiformes y la perpetuación de los festivales del Akitu, subordinando la geopolítica del Próximo Oriente a una pax imperial revestida de estricta ortodoxia religiosa.

La formalización de esta transferencia dinástica a través de la liturgia del Esagila revela cómo el aparato ideológico del *Enūma Eliš* sobrevivió a la caída de sus propios creadores nativos mediante una mutabilidad pragmática que los aqueménidas supieron manipular con precisión semiótica. Al encarnar el arquetipo del rey restaurador que auxilia al *Logos* frente a la dispersión caótica, Ciro el Grande neutralizó el potencial subversivo de la heterodoxia previa y restituyó la funcionalidad de la monarquía como dique de contención contra el abismo salobre [3, 371, 376]. Esta inserción del conquistador extranjero dentro de los parámetros de la legitimidad marduquita demuestra la subordinación de la geopolítica imperial a los imperativos escatológicos de la teología mesopotámica, donde el poder terrenal carece de validez ontológica si no se halla anclado en la renovación cíclica de los decretos primordiales (šīmātu).

El retorno a la piedad tradicional, codificado como el antídoto directo contra la locura cósmica de Nabonido, operó así como una estrategia de estabilización sistémica que desarticuló la regresión entrópica sin alterar los fundamentos burocráticos y administrativos del Estado. La superación de la crisis no consistió en una mera restauración restauracionista nostálgica, sino en una reconfiguración de la soberanía donde el Imperio Persa asumió el rol de garante último de la estructuración geométrica del cosmos, absorbiendo los resortes de la magia estatal y los protocolos apotropaicos del clero]. De este modo, la alteración del orden dinástico se subsumió en la continuidad estructural de un modelo cosmogónico que interpretó el triunfo persa no como una quiebra, sino como la subsanación de una anomalía termodinámica que amenazaba con devolver el imperio al seno informe de Tiamat.

CAPÍTULO 15: La Falacia del Falso Opio Sumerio (Hul Gil): Deconstrucción Filológica, Paleobotánica y Crítica Historiográfica

La transmutación de los regímenes imperiales y la reorganización de los panteones mesopotámicos, culminada bajo la égida aqueménida, operan como el trasfondo histórico sobre el cual la filología esotérica contemporánea proyecta sus constructos más disruptivos. En este intersticio donde la historiografía cuneiforme colinda con el hermetismo moderno, emerge con fuerza la hipótesis filológica e historiográfica en torno a la fórmula del *Hul Gil*. Lejos de agotarse en la exégesis ortodoxa de las tablillas de Nippur, la investigación heterodoxa ha postulado la persistente teoría de que las comunidades sacerdotales sumerias ya cultivaban y procesaban la amapola de opio (*Papaver somniferum*) desde aproximadamente el 3400 a.C. [231]. Esta premisa no se limita a un mero registro de la farmacopea arcaica, sino que reinterpreta los anales mesopotámicos bajo la lente de una tecnología del éxtasis y la alteración de la consciencia.

Desde la perspectiva de la antropología filosófica y la historia de las religiones, la identificación de esta sustancia en los estratos más profundos de la Mesopotamia meridional plantea una discontinuidad radical con la sobriedad litúrgica oficial del culto a Marduk o Ashur. Mientras que la teología estatal exigía la contención formal, la compresión espacial y la sumisión cívica ante el orden solar, la tradición marginal del *Hul Gil* se inserta en las grietas del aparato sacerdotal como un vector de disolución subjetiva. Los anales filológicos que rastrean la raíz de este término lo sitúan en los repertorios lexicales sumerios asociados a la euforia y al desprendimiento de la realidad fenoménica, operando como un correlato farmacológico de la inestabilidad acuática de Tiamat [231].

La persistencia de esta hipótesis en los circuitos de la divulgación esotérica y el pensamiento de la mano izquierda no constituye un anecdotario botánico aislado, sino una pieza clave en la genealogía de las técnicas de trance abisal. Al postular que el cultivo primigenio en Nippur funcionaba como un portal operativo hacia los estados alterados, la filología comparada vincula la manipulación de la planta con la persistencia de los cultos ctónicos que el dogma centralizador intentó extirpar [231]. En este sentido, la materialidad de la planta se halla indisolublemente cosida a la semántica del caos primigenio, configurando un puente sutil entre la farmacopea ritual asiria —que empleaba compuestos como el *qunubu* y diversas solanáceas— y las prácticas mistéricas orientadas al colapso de la geometría cosmológica impuesta por el Logos demiúrgico [2, 30].

En el entramado operativo de esta farmacopea mistérica, el denominado *Hul Gil* deja de ser interpretado únicamente como un vestigio botánico marginal para constituirse en el vehículo experiencial del gozo asociado al opio (*Papaver somniferum*). Los círculos de la exégesis heterodoxa postulan que las castas sacerdotales dedicadas a los cultos del abismo y a la memoria de la Madre Primordial utilizaban esta sustancia psicoactiva como un catalizador fisiológico para inducir trances profundos. A través de la ingestión o la inhalación de los exudados opiáceos, el operador ritual lograba suspender las coordenadas de la percepción ordinaria, replicando a nivel neuroquímico la inercia líquida y la desintegración de los límites espaciales que caracterizan a Tiamat antes de la imposición del Logos demiúrgico.

Este estado de éxtasis narcótico operaba como una inversión metódica de la disciplina cívica impuesta por el panteón solar de Marduk. Mientras que la arquitectura monumental de los zigurats y la rigidez de los códigos jurídicos buscaban la compresión geométrica y la sujeción de la consciencia a los decretos inalterables de la asamblea divinal, la experiencia mediada por el *Hul Gil* disolvía activamente el ego fenoménico del oficiante. La euforia inducida por la amapola no representaba un simple desfogue hedonista, sino una técnica de desestructuración subjetiva orientada a sintonizar al adepto con las corrientes acausales del caos primordial, permitiéndole trascender temporalmente la prisión tridimensional edificada sobre el cadáver disecado de la diosa.

De este modo, la práctica mistérica vinculada a esta sustancia se halla en profunda consonancia con los grimorios y corrientes contemporáneas del Sendero de la Mano Izquierda que interpretan la mitología mesopotámica como una ontología de la rebelión gnóstica. El gozo narcótico del abismo se configura, desde esta lectura transdisciplinar, como una vía de acceso soterrada a las fuerzas que el orden estatal consideraba patógenas y subversivas. Al experimentar la supresión de la dolorosa agudeza del intelecto discriminador, el oficiante se entregaba voluntariamente a una mimetización con la ensoñación original de Apsū y la furia disolutiva de Ummu-Hubur, preparando el terreno conceptual para la posterior manipulación de los grimorios oscuros y las filosofías extrópicas de transgresión radical.

La recepción de esta hipótesis en la historiografía moderna, sin embargo, se halla irremediablemente comprometida por sesgos hermenéuticos y proyecciones anacrónicas que requieren una rigurosa deconstrucción filológica. El punto de inflexión de este malentendido historiográfico se localiza en el año 1927, cuando el médico británico A.R. Neligan propuso una lectura audaz pero metodológicamente defectuosa al examinar los repertorios epigráficos mesopotámicos. En su intento por hallar una genealogía ancestral para el uso médico y ritual de los opiáceos en el Cercano Oriente, Neligan operó una yuxtaposición arbitraria de los ideogramas cuneiformes *ḪUL* —traducido convencionalmente como «mal», «daño» o, por extensión semántica forzada, un estado de efusividad— y el signo *GÍL*, asumiendo dogmáticamente que tal combinación representaba una referencia directa a la planta de la alegría o al éxtasis narcótico.

Este procedimiento analítico, profundamente viciado por la teleología médica occidental y la fascinación orientalista por las sustancias alteradoras de la consciencia, descuidó los principios elementales de la gramática sumeria y la morfología silábica acadia. Al tratar los signos cuneiformes como ideogramas pictóricos transparentes y aislados de su sintaxis original, Neligan omitió que la polivalencia de los valores fonéticos en el sistema escriturario mesopotámico impide la aglutinación caprichosa de términos para validar una tesis preexistente. La supuesta decodificación del *Hul Gil* como una fórmula farmacológica para acceder a los trances del abismo carecía, por consiguiente, de un soporte epigráfico genuino, reduciéndose a un constructo especulativo que proyectaba las inquietudes psicodélicas de la vanguardia occidental de principios del siglo XX sobre la sobriedad documental de los escribas de Nippur y Babilonia.

La persistencia acrítica de este error filológico en los márgenes de la literatura esotérica demuestra cómo la mitología moderna del Sendero de la Mano Izquierda y las corrientes de transgresión gnóstica han alimentado sus genealogías operativas a partir de ficciones académicas descontextualizadas. Al asumir el error de Neligan como un dato histórico indiscutible, la exégesis heterodoxa transformó un desliz paleográfico en un pilar dogmático de su tecnología del éxtasis, vinculando artificialmente la farmacopea de la amapola con las liturgias de la Madre Hubur. Esta distorsión evidenció la tensión permanente entre la filología rigurosa —sujeta a la contrastación empírica de los corpus cuneiformes— y el hermetismo contemporáneo, el cual opera frecuentemente mediante la apropiación mítica de términos híbridos para legitimar sus propias arquitecturas de transgresión ontológica y disolución de la forma.

La demolición sistemática de esta premisa pseudoetimológica encontró su hito metodológico decisivo en las investigaciones epigráficas conducidas por Miguel Civil en 1960. Al someter el corpus léxico de las tablillas de Nippur a un escrutinio filológico riguroso, Civil demostró de manera categórica que la secuencia compuesta por los signos *ḪUL* y *GÍL* carece de cualquier registro o correspondencia en la farmacopea cuneiforme genuina. El análisis exhaustivo de los listados lexicales bilingües —como los silabarios *ḫra* y los vocabularios proto-ea— evidenció que la supuesta formulación no figura en los inventarios botánicos, recetas médicas o rituales terapéuticos recuperados de los estratos mesopotámicos, despojando a la hipótesis de A.R. Neligan de todo sustento documental empírico.

Este desmentido lexicográfico puso al descubierto los mecanismos de la interpolación acrítica dentro de la asiriología marginal, revelando cómo un constructo moderno había sido proyectado artificialmente sobre el sistema escriturario cuneiforme. Al confrontar los textos médicos reales, tales como los manuales farmacológicos asirios centrados en el uso del *qunubu* o diversas especies de solanáceas, Civil corroboró que la nomenclatura vinculada a la alteración de la consciencia o al alivio del dolor respondía a matrices terminológicas completamente ajenas a la fantasiosa amalgama del *Hul Gil*. La lexicografía sumerio-acadia, regida por estrictos cánones morfológicos y sintácticos, no albergaba la menor traza de una denominación unificada para el opio destinada a catalizar los trances abisales postulados por la hermenéutica esotérica.

La invalidación de este soporte filológico obligó a replantear el estatuto de las fuentes textuales frente a las narrativas de la transgresión contemporánea, evidenciando el abismo metodológico que separa la filología analítica de la especulación hermética. Mientras que los escribas de Nippur codificaban sus saberes farmacológicos y rituales dentro de parámetros estrictamente delimitados por la ortodoxia templaria, la invención del sintagma operó como un síntoma de la avidez moderna por hallar una genealogía ancestral para el éxtasis disolvente. Con la demostración de la inexistencia material del término en las tablillas, el andamiaje exegético que vinculaba directamente la farmacología opiácea con la reactivación de las corrientes de Tiamat quedó severamente comprometido en el plano de la evidencia cuneiforme, trasladando el debate hacia los dominios de la paleobotánica y el análisis estratigráfico de los restos orgánicos en la región

La corroboración epigráfica de la inexistencia del término en los corpus lexicográficos encuentra un contrapunto material concluyente en las investigaciones paleobotánicas desarrolladas por Salavert en 2022. Mediante la aplicación de técnicas de tamizado micromorfológico y análisis palinológico de alta resolución en los estratos arqueológicos de la Baja Mesopotamia, los estudios contemporáneos han confirmado de manera categórica la total ausencia de trazas de polen de amapola (*Papaver somniferum*) en los yacimientos sumerios y babilónicos tempranos. Este vacío empírico en el registro carpológico desmantela definitivamente la premisa de que las comunidades urbanas y sacerdotales del Tigris y el Éufrates poseyeran acceso regular a la planta o integraran sus principios alcaloides en los rituales mistéricos del abismo.

La disonancia evidenciada entre la mitología esotérica y el análisis paleobotánico subraya una incompatibilidad ecológica insalvable para las hipótesis de continuidad farmacológica. Mientras que el registro arqueobotánico de la región documenta profusamente el cultivo de cereales, leguminosas y el procesamiento de compuestos derivados del cáñamo y ciertas solanáceas locales —tales como las atestiguadas en la farmacopea ritual asiria—, los perfiles polínicos de los depósitos estratigráficos mesopotámicos permanecen rigurosamente estériles respecto a la presencia de *Papaver somniferum* durante el tercer y segundo milenio a.C.. Esta ausencia material no constituye un mero accidente tafonómico, sino el reflejo de restricciones biogeográficas e hídricas que impedían el desarrollo espontáneo o el cultivo sistemático de la especie en las condiciones cenagosas y de alta salinidad de la llanura aluvial del sur mesopotámico.

En consecuencia, el cotejo entre los datos arqueológicos y la filología analítica demuestra que la fantasía de un éxtasis opiáceo institucionalizado en las altas esferas sacerdotales de Nippur carece de cualquier correlato en la realidad botánica de la época. La incapacidad de la paleobotánica moderna para certificar la presencia de la sustancia en los contextos rituales examinados obliga a desplazar definitivamente el eje de la discusión desde la ficción hermética hacia la reconstrucción material de los verdaderos vectores bioquímicos empleados en los templos De este modo, la investigación sobre las tecnologías de alteración de la consciencia en el Creciente Fértil queda circunscrita estrictamente a las evidencias que el análisis físico de los restos orgánicos permite contrastar, cerrando el paso a las proyecciones anacrónicas sobre la farmacopea de la Madre Primordial.

La ausencia de registros palinológicos en los suelos aluviales del sur mesopotámico halla su explicación en el marco de la biogeografía histórica y la paleobotánica comparada, las cuales sitúan el origen evolutivo y la domesticación inicial de *Papaver somniferum* en el ámbito geográfico del Mediterráneo neolítico occidental. Las evidencias arqueológicas e isotópicas demuestran que las poblaciones de la península ibérica y la cuenca occidental mediterránea consolidaron la selección y el aprovechamiento de los alcaloides de la amapola durante los milenios precedentes a la consolidación de los grandes estados urbanos del Creciente Fértil. Este proceso de domesticación occidental implicó un trayecto adaptativo prolongado, condicionado por regímenes climáticos específicos que impedían su aclimatación espontánea en las latitudes meridionales de Mesopotamia.

En consecuencia, la migración de este recurso botánico hacia Oriente Próximo constituyó un fenómeno tardío y marginal, frenado tanto por barreras ecológicas como por la rigidez de las redes de intercambio comercial de larga distancia durante el tercer milenio a.C. [233]. Los datos carpológicos obtenidos en los yacimientos del Levante y Anatolia septentrional revelan que la difusión de la adormidera hacia las zonas interiores de Asia Menor y la alta Mesopotamia se produjo de manera fragmentaria y desprovista del carácter sistemático requerido para sustentar una farmacopea ritual institucionalizada [233]. Mientras que las rutas comerciales transportaban metales, maderas preciosas y textiles suntuarios, la transferencia de material vegetal con propiedades psicotrópicas complejas exigía condiciones agroecológicas de cultivo que la llanura aluvial del Tigris y el Éufrates, dominada por la agricultura de regadío intensivo de cereales y la alta salinidad edáfica, no podía proporcionar de manera natural.

Esta sincronía tardía en la llegada de la especie desarticula por completo la pretensión de rastrear su impronta en los estratos sumerios fundacionales o en los repertorios litúrgicos arcaicos vinculados al culto de Tiamat. La dispersión de la planta hacia los confines orientales del imperio asirio y babilónico ocurrió en fases cronológicas muy posteriores, cuando las estructuras teológicas del Estado ya se hallaban firmemente ancladas en la represión formal de los cultos ctónicos y en la codificación de la contención geométrica del espacio. Por lo tanto, cualquier intento de explicar las prácticas mistéricas orientadas a la disolución subjetiva a través del uso de la amapola occidental tropieza con un anacronismo cronológico insalvable, obligando a desplazar la atención exegética hacia los componentes autóctonos efectivamente disponibles en la farmacopea ritual del entorno mesopotámico.

La constatación de este retraso cronológico y biogeográfico en la difusión de la adormidera hacia el Creciente Fértil invalida metodológicamente cualquier correlación directa entre los estados alterados de la mística abisal y el consumo de alcaloides opiáceos en la Sumeria arcaica. La desmitificación de esta premisa farmacológica exige reorientar el análisis filológico e histórico hacia los compuestos autóctonos efectivamente atestiguados en los archivos cuneiformes, distanciándose de las proyecciones idealizadas que buscaron en el opio un vector transgresor equivalente al caos primordial [30, 231]. Los trances profundos vinculados a las potencias ctónicas de la Madre Hubur no hallan su sustrato material en la botánica del Mediterráneo occidental, sino en los complejos recetarios de la farmacopea ritual asirio-babilónica que integraban el *qunubu* y diversas especies de solanáceas de acción delirógena documentadas epigráficamente.

Esta divergencia entre la sustancia proyectada por la hermenéutica esotérica y los agentes psicoactivos reales documentados en la epigrafía cuneiforme pone de manifiesto una disyunción fundamental en la arqueología de la consciencia mesopotámica. Mientras que la exégesis moderna intentó homologar el éxtasis mistérico con la modulación analgésica y narcótica de la amapola, los catálogos médicos de los templos revelan una tecnología del delirio basada en compuestos de naturaleza estupefaciente y alucinógena local, orientados específicamente a la ruptura de la percepción geométrica impuesta por el orden solar. La deconstrucción de este mito esotérico disuelve la ficción de una continuidad ininterrumpida entre el ritual sumerio y la farmacología del opio, situando el estudio de las tecnologías de alteración mental sobre el terreno estrictamente contrastable de la evidencia filológica y paleobotánica.

La consolidación de esta disyunción metodológica exige establecer una demarcación categórica entre la estricta veracidad histórica —respaldada por la contrastación empírica de los corpus cuneiformes y el análisis palinológico de alta resolución— y la mitología inventada que proliferó en los círculos de la filología heterodoxa de principios del siglo XX. Mientras que la investigación asiriológica contemporánea opera sobre los datos tangibles extraídos de los manuales farmacológicos y las prescripciones rituales recuperadas en los estratos asirios y babilónicos, las construcciones especulativas en torno al denominado *Hul Gil* evidencian un mecanismo de proyección anacrónica. Este sesgo hermenéutico no solo tergiversó los rudimentos de la morfología silábica acadia y sumeria al fusionar caprichosamente los signos *ḪUL* y *GÍL*, sino que ignoró deliberadamente las restricciones biogeográficas que impedían el desarrollo espontáneo de especies como el *Papaver somniferum* en la llanura aluvial del sur mesopotámico.

Frente a la ficción historiográfica de una farmacopea opiácea milenaria destinada a canalizar los trances de la Madre Hubur, la realidad documental atestiguada en las tablillas revela un ecosistema botánico y ritual radicalmente diverso. Los registros epigráficos y paleobotánicos demuestran que las técnicas reales de alteración de la consciencia y transgresión de la geometría cosmológica impuesta por el Logos demiúrgico se fundamentaban en el empleo sistemático de compuestos autóctonos rigurosamente codificados, tales como el *qunubu* y diversas variedades de solanáceas de acción delirógena.. La distinción entre estos agentes farmacológicos legítimos y la invención pseudofilológica del opio sumerio subraya la necesidad de erradicar los mitos orientalistas de la investigación académica, sustituyendo el dogmatismo hermético por el rigor de la estratigrafía y el análisis comparado de las fuentes cuneiformes.

Esta separación metodológica entre la evidencia empírica y la especulación mistérica sella definitivamente el debate en torno a los vectores bioquímicos de la mística abisal en el Creciente Fértil. Al disolver las falacias paleobotánicas y filológicas que vinculaban el éxtasis disolvente con una supuesta adormidera mesopotámica arcaica, la investigación transdisciplinar recupera la sobriedad analítica necesaria para examinar los verdaderos mecanismos rituales y materiales del panteón ctónico. La verdad histórica, despojada de las proyecciones psicodélicas de la modernidad occidental, emerge así como el único criterio válido para cartografiar las complejas tensiones entre la contención formal del orden estatal y las persistentes corrientes de la inestabilidad primordial.

CAPÍTULO 16: La Farmacopea Asiria del Qunubu: Botánica Sagrada, Uso Oracular y Terapéutica Clínica

Superada la falacia paleobotánica del falso opio sumerio y la mitología esotérica decimonónica en torno al llamado *Hul Gil*, el rigor filológico e histórico de la farmacopea mesopotámica exige redirigir la atención hacia los registros cuneiformes asirios que documentan inequívocamente la manipulación ritual de sustancias enteógenas. En este horizonte documental, el análisis de las tablillas médicas y los rituales de exorcismo (Aššur y Nínive) revela un término de singular trascendencia botánica y lexicológica: el *qunubu* (o *qunnabu*), identificado de manera incontrovertible por los asiriólogos con el cáñamo (*Cannabis sativa*). A diferencia de las especulaciones sobre la adormidera, la evidencia epigráfica demuestra que este agente vegetal ocupaba un espacio central en las prácticas litúrgicas orientadas a la alteración de la consciencia, sirviendo como vehículo farmacológico para la mediación con las potencias del abismo y la disolución de los límites perceptivos del cosmos estructurado.

La presencia de este vocablo en los textos acadios no se limita a un registro de herboristería utilitaria o farmacopea profana, sino que se enmarca dentro de una compleja red semántica vinculada a la purificación apotropaica y al éxtasis sagrado. Los sacerdotes asirios empleaban preparaciones a base de *qunubu* tanto en ungüentos como en fumigaciones rituales destinadas a disipar la contaminación demoníaca y a inducir estados de trance que permitieran al oficiante operar en los umbrales ontológicos de la Tiamat no domesticada. Esta integración de la planta en el aparato litúrgico oficial de los imperios mesopotámicos tardíos evidencia una paradoja institucional: mientras la teología estatal de Marduk y Assur condenaba el caos y la entropía como amenazas cósmicas, los circuitos internos de su alta magia recurrían a catalizadores psicoactivos precisos para modular la frontera entre el orden geométrico del *Logos* y la inercia informe del abismo salobre.

Desde una perspectiva filológica comparada, el examen de las fuentes cuneiformes que albergan el término *qunubu* permite trazar una genealogía lexicológica que desborda el marco estrictamente mesopotámico, conectando la praxis ritual asiria con las tradiciones mediterráneas y orientales posteriores. La permanencia de este marcador léxico en las tablillas de prescripciones médicas y recitaciones mágicas consolida la certeza histórica de que el cannabis constituía un elemento indispensable en la farmacología sagrada de la antigüedad semítica, operando como un correlato material de la inestabilidad y la fluidez que el panteón solar intentaba someter. De este modo, la exégesis de las fuentes asirias rectifica los vacíos de la pseudomitología moderna y restituye la complejidad de los métodos rituales mediante los cuales los antiguos operadores del templo accedían a las dimensiones liminales de la alteridad cósmica.

La migración diacrónica del término acadio *qunubu* hacia otras familias lingüísticas del Próximo Oriente y el Mediterráneo antiguo constituye un fenómeno filológico de primera magnitud que ilustra los canales de transmisión cultural y farmacológica en la Antigüedad. A medida que las redes comerciales y los imperios mesopotámicos expandían su esfera de influencia, el vocabulario técnico asociado a la botánica sagrada y a la preparación de sustancias enteógenas se filtró en los repertorios léxicos de los pueblos vecinos. Esta transferencia no operó como un simple préstamo comercial de materias primas, sino como la adopción de una nomenclatura ritual ligada a prácticas chamánicas y exorcísticas específicas, donde el nombre y la propiedad alteradora de la consciencia formaban una unidad conceptual indisoluble dentro del horizonte cultural semítico y sus periferias.

En el ámbito de las lenguas iranias antiguas, la persistencia fonética y semántica de la raíz se materializa en el persa *kanab*, evidenciando una línea de continuidad directa con las designaciones mesopotámicas que facilitó la integración del estupefaciente en los rituales de las mesetas iranias. Paralelamente, la penetración del término en el espacio mediterráneo —cristalizada en el griego clásico como *kánnabis* a través de los contactos comerciales y etnográficos documentados por Heródoto con los pueblos escitas y orientales— demuestra cómo el vocabulario técnico asirio sobre el cáñamo trascendió los límites geográficos de los imperios cuneiformes. Este desplazamiento lingüístico hacia el occidente helénico preservó la impronta de una sustancia cuya manipulación exigía un estatus liminal, vinculando la terminología médica con los estados de éxtasis y comunión con lo numinoso que la filosofía y la medicina griega reinterpretaron posteriormente bajo sus propias categorías ontológicas.

Asimismo, la posterior consolidación de la raíz en el ámbito semítico occidental a través del árabe *kannab* sella un ciclo de transmisión transhistórica que abarca milenios de farmacopea ritual. Lejos de constituir una mera coincidencia fonética, la estabilidad de este significante a lo largo de las mutaciones geopolíticas de Mesopotamia, Persia, el Levante y el mundo grecorromano subraya la persistencia de una tradición médica y mágica ininterrumpida. La cartografía lexicológica de este vocablo refleja la circulación de saberes herméticos donde la planta no era concebida como un recurso botánico profano, sino como un agente ontológico capaz de alterar la percepción del espacio y el tiempo, operando como un puente empírico hacia aquellas dimensiones caóticas que la teología solar de los grandes imperios intentaba simultáneamente reprimir y domesticar en sus santuarios.

La profundización en el registro documental asirio encuentra uno de sus testimonios más rigurosos en el análisis paleográfico de la Tablilla No. 368, un documento capital exhumado de los acervos arqueológicos de la Biblioteca de Asurbanipal en Nínive. Esta fuente cuneiforme, inscrita bajo los rigurosos cánones de la burocracia imperial y los compendios de alta magia, trasciende la mera catalogación botánica para erigirse en un manual operativo de alta precisión litúrgica. En este soporte epigráfico, la designación del *qunubu* se desmarca de cualquier interpretación utilitaria profana, situándose en el centro de un dispositivo ritual estrictamente controlado por el colegio sacerdotal asirio, donde la manipulación de la sustancia respondía a la necesidad de mediar con los sustratos ontológicos inestables del abismo.

El examen filológico y contextual de dicha tablilla revela la figura central de Nergalsharrani, un alto dignatario y sacerdote adscrito a los círculos esotéricos de la corte, cuyas prescripciones y epístolas documentan el uso protocolario de preparaciones psicoactivas dentro de los recintos palaciegos. La intervención de Nergalsharrani en la estructuración de estos protocolos evidencia que la administración de los estados alterados de consciencia no constituía una práctica marginal o chamánica desregulada, sino una prerrogativa institucional rigurosamente normada. A través de sus instrucciones conservadas en el corpus niniwita, se constata que la combustión de resinas aromáticas combinadas con el cáñamo operaba como el vehículo normativo para que los operadores sagrados accedieran a las dimensiones liminales custodiadas por las potencias caóticas.

La correlación documental establecida en la Tablilla No. 368 demuestra, por consiguiente, que la maquinaria imperial asiria integraba de manera sistémica la farmacología de la alteración perceptiva dentro de su teología política. Al movilizar el *qunubu* bajo la supervisión directa de figuras sacerdotales como Nergalsharrani, el aparato estatal lograba canalizar las energías disolventes del abismo hacia un cauce ritual estrictamente regulado, previniendo la irrupción descontrolada de la entropía de Tiamat. Esta domesticación técnica de los estados extáticos consolidaba la autoridad del templo y del trono, subordinando los umbrales de la disolución ontológica a los requerimientos litúrgicos de la preservación cósmica y dinástica en el corazón de la civilización asiria.

La materialización de estos protocolos litúrgicos dentro de la infraestructura palaciega exigía una sofisticada orchestración de elementos botánicos y aromáticos que trascendía la simple combustión rudimentaria. En sus epístolas conservadas en el archivo niniwita, el sacerdote Nergalsharrani detalla minuciosamente a la reina madre las proporciones y la naturaleza de las sustancias requeridas para satisfacer las demandas de los numina tutelares y de las potencias abisales. Lejos de constituir una ofrenda genérica, el suministro destinado a los altares interiores combinaba selectivamente el *qunubu* con complejas formulaciones de resinas balsámicas y maderas odoríficas, estableciendo una sinergia química y semiótica orientada a purificar el espacio sagrado de cualquier contaminación profana.

Esta articulación de resinas aromáticas y cáñamo en el ámbito áulico respondía a una taxonomía sagrada rigurosamente codificada donde el humo denso actuaba como un velo ontológico. El despliegue de estas ofrendas en los aposentos interiores del palacio y en los santuarios anejos al templo no buscaba meramente la aromatización estética del ambiente, sino la generación de una atmósfera densa que alterara las coordenadas perceptivas de los oficiantes. La resina de estoraque, el incienso y el betún purificado se fundían en los braceros con los compuestos cannabinoides, creando un sustrato fumígeno denso que facilitaba la transmutación de la consciencia ordinaria en receptividad liminal hacia las corrientes sutiles del abismo.

Mediante esta dispensación controlada de sustancias, la administración religiosa y política gestionaba la frontera entre el orden geométrico de la ciudadela y la inestabilidad informe de las aguas primordiales. Las directrices emitidas por Nergalsharrani corroboran que la farmacopea sagrada del palacio asirio funcionaba como un mecanismo de alta precisión institucional, donde cada gramo de resina y cada especificación en la preparación del *qunubu* estaban calculados para sintonizar al operador con las frecuencias numinosas del cosmos sin comprometer la estabilidad del imperio. De este modo, la materialidad de los inciensos y las ofrendas vegetales se erigía en el soporte empírico indispensable para la modulación litúrgica de las fuerzas caóticas en el corazón de la civilización mesopotámica.

La operatividad de estos dispositivos fumígenos alcanzaba su punto de máxima densidad fenomenológica en la inducción sistemática de trances litúrgicos dentro de recintos arquitectónicos herméticamente confinados. En el interior de las estancias sagradas y de los cámaras oraculares del Aššur y de Nínive, la arquitectura funcionaba como un contenedor termodinámico diseñado específicamente para retener y concentrar los vapores emanados de la combustión del *qunubu* y las resinas aromáticas. La saturación atmosférica de estos espacios cerrados provocaba en los oficiantes y adivinos (*bārû*) una alteración radical de los parámetros sensoriales, disolviendo los vectores de la orientación espacial y temporal ordinaria mediante la inhalación colectiva de los principios volátiles de la planta. Este procedimiento no obedecía a un éxtasis extenuado o desordenado, sino a una técnica de desactivación de la conciencia geométrica del *Logos*, permitiendo que el operador descendiera cognitivamente hacia las zonas liminales del abismo sin perder el anclaje ritual proporcionado por la estructura del templo.

El despliegue de esta farmacodinámica ritual operaba como un correlato microcósmico de la disolución cósmica operada por

Tiamat, induciendo voluntariamente en el sujeto una regresión controlada hacia la indiferenciación preformal. Al someterse a la inhalación continuada de los vapores cannabinoides en cámaras carentes de ventilación natural, el sacerdote experimentaba la suspensión de las categorías analíticas con las que el panteón solar estructuraba la realidad, facilitando la irrupción de visiones sutiles y la percepción directa de las corrientes caóticas que subyacían bajo los cimientos de la piedra tallada. Las crónicas y compendios exorcísticos documentan que estas experiencias de descorporización y de contacto con las potencias primordiales eran interpretadas como tránsitos a través de las fronteras ontológicas que separaban el cosmos ordenado de la matriz acuática de las aguas salobres.

La eficacia de este método de alteración perceptiva residía en su capacidad para articular el caos empírico con la maquinaria burocrática del estado asirio, subordinando la experiencia visionaria a los protocolos de la alta magia imperial. Lejos de constituir una vía mística emancipadora, la inmersión en los trances inducidos por el *qunubu* en estancias cerradas servía para que los especialistas del templo recabaran pronósticos, descifraran los presagios de la instabilidad natural y vigilaran las posibles brechas por donde la entropía de la diosa amenazaba con desbordar el ordenamiento político. De este modo, la inhalación colectiva de los vapores abisales se convertía en el mecanismo técnico supremo mediante el cual la civilización cuneiforme administraba y contenía la amenaza constante de la regresión informe, operando en el corazón de la penumbra sagrada como el reverso exacto de la teomaquia solar.

A la par de las prácticas de combustión oracular y la inducción de trances visionarios orientados a la exploración de los sustratos abisales, los archivos médicos exhumados en los centros administrativos de Asiria testimonian la aplicación clínica de la planta en contextos somáticos estrictamente regulados. Lejos de quedar restringido a la esfera de la teurgia exorcística o a la manipulación de los estados liminares de la conciencia, el repertorio farmacológico de los *āšipu* y los *asû* documenta el aprovechamiento sistemático de las propiedades analgésicas y relajantes del cáñamo en la terapéutica obstétrica. En este dominio, la farmacopea asiria prescribía el uso de las raíces hervidas del *qunubu* como un recurso de intervención directa sobre la fisiología del dolor agudo y las contracciones paroxísticas asociadas a los partos difíciles de las mujeres de la aristocracia y la población urbana.

La formulación magistral de estas decocciones radiculares operaba mediante la extracción acuosa de los principios activos no volátiles albergados en el sistema subterráneo de la planta, los cuales poseían un perfil farmacodinámico considerablemente distinto al de los vapores resinosos inhalados en las cámaras oraculares. Mientras la combustión en estancias confinadas buscaba la disolución de los parámetros cognoscitivos del *Logos* para propiciar la visión mística, la administración oral o tópica de las raíces cocidas respondía a una lógica de modulación orgánica orientada a relajar la musculatura lisa, mitigar la hipertonía uterina y facilitar el tránsito expulsivo en situaciones de distocia crítica. Esta doble funcionalidad —esotérica en el plano del templo y somática en el ámbito de la clínica ginecológica— evidencia la versatilidad operativa con que los especialistas mesopotámicos catalogaban y manipulaban las propiedades intrínsecas de la especie vegetal.

La articulación de estos remedios obstétricos dentro de los compendios médicos niniwitas demuestra que el dominio sobre los estados corporales de tensión y sufrimiento se conceptualizaba bajo los mismos parámetros de control institucional que regían la contención de las fuerzas entrópicas del cosmos. Al intervenir en el umbral crítico del nacimiento mediante la administración de preparados a base de cáñamo, la medicina asiria no solo buscaba la preservación biológica de la madre y el neonato, sino que establecía un dique farmacológico frente a las incursiones del dolor desordenado que amenazaba con quebrantar la estabilidad del microcosmos doméstico. De este modo, la farmacopea oficial integraba la sustancia vegetal en una red de cuidados donde la mitigación del sufrimiento físico participaba de la misma racionalidad de ordenamiento y jerarquía que sustentaba la soberanía imperial frente a las mareas informes del caos salobre.

La continuidad de esta farmacopea orientada al alivio de los dolores ginecológicos severos encuentra su correlato directo en las formulaciones dirigidas a mitigar la dismenorrea y los espasmos uterinos recurrentes mediante la aplicación de preparaciones específicas a base de semillas de cáñamo. En lugar de recurrir a los extractos resinosos de combustión u otras sustancias de perfil predominantemente psicoactivo que alteraban los estados de conciencia en las cámaras oraculares, los compendios médicos niniwitas prescribían la elaboración de decocciones a partir de las semillas tostadas e infusionadas, integradas frecuentemente en vehículos líquidos de carácter alimentario y ceremonial como la cerveza sin filtrar. Esta modalidad de administración permitía aislar los componentes lipofílicos y analgésicos de la materia vegetal, despojando al compuesto de su carga alucinógena para concentrar su eficacia en la relajación de la musculatura uterina y la atenuación de los cuadros algésicos agudos que afectaban a las mujeres de los estratos urbanos y palaciegos.

La preparación ritual de este remedio cervecero exigía una manipulación técnica rigurosa por parte de los *asû* (médicos especializados), quienes supervisaban la molienda precisa de los aquenios para asegurar la correcta emulsión de los aceites esenciales sin desencadenar una fermentación anómala que alterara el balance químico del preparado. La cerveza, concebida en el horizonte mesopotámico no solo como un alimento básico sino como un vector de purificación y restablecimiento del equilibrio humoral, actuaba como el disolvente ideal para vehiculizar los principios sedantes hacia el tracto gastrointestinal y el torrente sanguíneo de la paciente. De este modo, la ingesta dosificada de este subproducto del cáñamo desprovisto de efectos psicotrópicos mayores operaba como un recurso terapéutico estandarizado para neutralizar las contracciones dolorosas involuntarias, inscribiendo la gestión del dolor menstrual dentro de los protocolos de mantenimiento de la estabilidad fisiológica del cuerpo social.

Esta aproximación clínica al alivio sintomático por medio de derivados no psicoactivos demuestra que la farmacología asiria operaba con una clara delimitación funcional de las propiedades de la planta, separando drásticamente el éxtasis visionario de la terapéutica paliativa cotidiana. Mientras la combustión de resinas resguardaba la frontera entre el orden y la disolución abisal en los santuarios, la dispensación de la cerveza medicinal con semillas de cáñamo buscaba la restitución del orden armónico en el microcosmos biológico del cuerpo femenino. Lejos de constituir un uso marginal, esta práctica médica reafirma la sofisticación taxonómica de los especialistas cuneiformes al catalogar los distintos órganos de la planta según su capacidad para incidir selectivamente sobre la materia orgánica, consolidando un sistema de intervenciones donde el alivio del sufrimiento físico participaba de la misma racionalidad de control y preservación que el estado imponía sobre las corrientes caóticas del cosmos.

La transmutación técnica del cáñamo en el aparato terapéutico asirio encontraba otra de sus aplicaciones clínicas más rigurosas en el tratamiento de los temblores musculares patológicos y en la neutralización de estados convulsivos severos, registrados en los compendios bajo la denominación específica de *martakal*. Este término técnico, integrado en la lexicografía médica de los compendios niniwitas, designaba las formulaciones magistrales compuestas predominantemente por la trituración y el tostado de las simientes y partes fibrosas de la planta, concebidas para actuar como agentes antiespasmódicos de alta potencia sobre el sistema nervioso periférico. A diferencia de las decocciones obstétricas destinadas al tracto uterino, los preparados de *martakal* requerían una vectorización lipídica compleja —frecuentemente vehiculizada mediante grasas animales purificadas o aceites vegetales pesados— para garantizar la absorción sistémica de los cannabinoides no volátiles encargados de deprimir la hiperactividad neuromuscular y sofocar los movimientos involuntarios que los médicos cuneiformes asociaban a desequilibrios humorales profundos.

En este marco de intervención somática, la administración del *martakal* se imbricaba estrechamente con la farmacología antídota destinada a contrarrestar la penetración de toxinas letales y venenos de origen ofídico o insectoide, estableciendo un puente conceptual directo entre la patología corporal y la irrupción del principio hostil (*imtu*) característico de las huestes de Tiamat. La ingestión o aplicación tópica de estas preparaciones tostadas operaba como un contraveneno físico que bloqueaba la propagación de los espasmos tetánicos y la rigidez cadavérica incipiente provocada por mordeduras de serpientes o alacranes, equiparando terapéuticamente la restauración de la estabilidad cinética del paciente con la reconquista del orden geométrico frente a las fuerzas de la desintegración disuelta. Los *asû*, operando bajo el rigor de los protocolos palaciegos, catalogaban la eficacia de estas sustancias en función de su capacidad para reprimir el temblor y devolver la rigidez simétrica a un organismo amenazado por el colapso dinámico.

La integración sistemática de esta farmacopea antiespasmódica y antitóxica en los archivos de la burocracia médica corrobora que la manipulación del cáñamo tostado no respondía a la empiria azarosa, sino a un modelo taxónomico donde la materia vegetal poseía la facultad intrínseca de estabilizar las fluctuaciones entrópicas de la carne. Al neutralizar las convulsiones y bloquear la acción de los venenos mediante la administración dosificada del *martakal*, los especialistas imperiales lograban frenar la regresión orgánica hacia el caos caenico del temblor descontrolado. De este modo, la farmacología asiria consolidaba un sistema de intervención clínica donde el alivio sintomático de los trastornos neurológicos menores y mayores participaba de la misma racionalidad arquitectónica que regía la contención de las mareas abisales en el horizonte cósmico del imperio.

CAPÍTULO 17: Las Solanáceas del Trance Liminal, los Protocolos del Āšipu y la Desestructuración Litúrgica de la Soberanía en el Akitu

En el estrato más riguroso de la praxis exorcística mesopotámica, la farmacopea ritual trascendía la mera paliatividad somática documentada en la administración de derivados del cáñamo, integrando compuestos de potencia neurotrópica extrema bajo la supervisión del clero especializado de los *āšipu*. La manipulación metódica de solanáceas parasimpaticolíticas —particularmente la mandrágora (*Mandragora officinarum*, designada mediante el ideograma *nam-tar*) y el beleño negro (*Hyoscyamus niger*)— constituía el eje operativo de los protocolos de tránsito liminal. Estos especímenes botánicos, recolectados bajo constricciones astromágicas estrictas, no operaban como simples sedantes, sino como agentes desestabilizadores de la cognición vigilante, diseñados para fracturar la membrana perceptual que separaba la arquitectura fenoménica del orden de Marduk y el sustrato informe del abismo salobre.

La toxicología ritual asiria y babilónica codificaba estas sustancias como catalizadores ontológicos capaces de suspender la vigencia de las Tablillas de los Destinos (*tup-šīmāti*) a escala subjetiva. Mediante la decocción de los alcaloides tropánicos —escopolamina, atropina e hiosciamina— contenidos en las raíces y semillas de dichas solanáceas, el *āšipu* alteraba deliberadamente la neurotransmisión colinérgica central, bloqueando los receptores muscarínicos. Esta supresión farmacológica del sistema nervioso central inducía un estado cataleptoide y visiones oniroides de alta fidelidad, donde las categorías espaciotemporales de la geometría babilónica perdían su validez computacional, forzando un acoplamiento directo con la matriz acausal preformal descrita en las cosmologías de Tiamat.

El protocolo de ingestión o fumigación de estos venenos vegetales exigía una competencia hermenéutica avanzada para evitar la desintegración irreversible del operador. Mientras que el *qunubu* operaba en los registros de la modulación sutil y el trance neumático regulado, las solanáceas del género *Hyoscyamus* y *Mandragora* introducían una ruptura violenta en la economía psíquica del sacerdote. El *āšipu*, situado en los confines sagrados del templo, convertía su propio sistema endocrino y neurológico en un laboratorio de inversión caótica, movilizando toxinas de origen terrestre para simular, en el plano microcósmico de la consciencia, el asalto primigenio que el Viento Maligno (*Imhullu*) había infligido sobre las entrañas de la Madre Hubur.

Bajo los efectos sinérgicos de los alcaloides tropánicos vehiculizados por los extractos de beleño y mandrágora, la topografía de la consciencia del *āšipu* experimentaba un colapso en sus coordenadas fenoménicas basales. La inhibición competitiva de los receptores muscarínicos de acetilcolina erradicaba la distinción cartesiana entre el sujeto observador y el objeto contemplado, desencadenando un fenómeno clínico y fenomenológico de disociación somatognósica profunda. En este dintel de alteración neuropsicológica, el operador no experimentaba meras proyecciones alucinatorias de carácter visual, sino una vivencia táctil y cinestésica de licuación corporal estricta, sintiendo que su masa ósea y muscular perdía su trabazón geométrica para desmoronarse en una corriente de viscosidad salina.

Esta desestructuración del esquema corpóreo reproducía a escala subjetiva la ontología de las aguas primordiales de Tiamat antes de la cristalización impuesta por los decretos de Marduk. El sacerdote, sumido en un estupor cataleptoide donde la parálisis motora contrastaba con la hiperactividad oniroide, percibía su propia sangre transformándose en el veneno amargo (*imtu*) que Ummu-Hubur había inyectado en las venas de sus once engendros. La membrana celular y la epidermis dejaban de funcionar como fronteras herméticas; el operador se experimentaba a sí mismo disolviéndose activamente en el seno de la Madre Hubur, desprovisto de los contornos antropomórficos que la arquitectura del Logos babilónico exigía para el mantenimiento del orden civilizatorio.

La persistencia de esta disolución subjetiva operaba como un simulacro místico del desmembramiento cosmogónico ejecutado por el dios solar sobre el cadáver de la diosa primordial. Al vaciarse de su identidad institucional dentro del aparato sacerdotal, el *āšipu* descendía al sustrato acausal donde las leyes de la termodinámica babilónica —la compresión espacial y la baja entropía— carecían de vigencia operativa. La vivencia de la propia liquefacción constituía, por tanto, el método transgresor mediante el cual el exorcista exploraba los márgenes de la forma, transitando los abismos de la disolución para dominar o conjurar los remanentes de la horda caótica que amenazaban permanentemente la estabilidad del Esagila.

La suspensión temporal de la soberanía real operaba como el correlato político y dramatúrgico de esta disolución ontológica, manifestándose con máxima intensidad durante el quinto día de las festividades del *Akitu*. En este punto crítico del calendario babilónico, la autoridad suprema del monarca —sustentada teológicamente en la delegación directa de los decretos de Marduk— sufría una anulación institucional y simbólica rigurosa dentro de los recintos más recónditos del *Esagila*. El soberano, despojado de sus atributos de poder secular, cruzaba el dintel del *sanctasanctorum* no en calidad de regente victorioso, sino como una encarnación viviente de la contingencia política y de la fragilidad del orden cósmico frente a las corrientes del caos.

El ritual exigía que el rey fuera despojado físicamente de sus insignias regias, prescindiendo de las coronas metálicas, el cetro de mando militar y los mantos recamados que legitimaban su jerarquía sobre la tierra de Sumer y Acad. Este desnudamiento de los símbolos de la soberanía no representaba un mero ejercicio de humildad piadosa, sino una inversión sistemática de la estructura jurídica del Estado, equivalente a la revocación temporal de las Tablillas de los Destinos a nivel imperial. Al quedar desprovisto de los paramentos que fijaban su función geométrica en la cúspide de la pirámide burocrática, el monarca quedaba reducido a su sustrato somático crudo, un cuerpo biológico vulnerable expuesto a la intemperie metafísica del abismo salobre.

Esta privación metódica de los instrumentos de mando transformaba el espacio interior del templo en un teatro de inversión ontológica, donde la jerarquía habitualmente mantenida por el pacto entre el clero y la monarquía se suspendía de manera absoluta. El rey, arrodillado sobre las losas de piedra del recinto sagrado frente a la efigie de Marduk, experimentaba en su propia carne la destitución del Logos político que impedía el retorno de las aguas primordiales de Tiamat. La pérdida de las coronas y del cetro constituía el paso preliminar e insoslayable para la validación cíclica del poder, una demolición calculada de la arquitectura institucional destinada a recrear ritualmente el vacío original que antecedía a la estructuración del cosmos.

En el clímax de esta degradación litúrgica de la soberanía, la ejecución del protocolo ritual alcanzaba un punto de violencia somática directa cuando el sumo sacerdote del *Esagila* asestaba un castigo físico contundente sobre el rostro del monarca arrodillado. Esta agresión corporal, codificada estrictamente en las prescripciones litúrgicas del *Akitu*, no constituía una afrenta personal ni una transgresión de la sacralidad regia, sino un acto quirúrgico de deconstrucción ontológica destinado a quebrantar la fachada inerte del poder político. El golpe, ejecutado con la palma abierta sobre las mejillas del soberano, operaba como una descarga cinética que dislocaba la investidura divina del rey, forzando una colisión abrupta entre la carne mortal y la severidad imperativa de los decretos de Marduk.

La violencia de este castigo físico funcionaba en la economía ritual como un vector de transferencia entrópica, un mecanismo mediante el cual el representante terrenal de la monarquía asumía, en su propia dermis, la fricción de la teomaquia original y el peso de las transgresiones acumuladas por el imperio durante el ciclo anual. Al recibir la bofetada sagrada, el monarca experimentaba la anulación súbita de su inviolabilidad jurídica, transformándose en el chivo expiatorio microcósmico sobre el cual se descargaba la tensión latente entre el orden geométrico de la ciudad y las corrientes disolutivas del abismo. Este castigo infligido por la autoridad sacerdotal simbolizaba la supremacía del templo sobre el palacio, recordando que la legitimidad del trono no emanaba de una prerrogativa dinástica inalienable, sino de la constante subordinación a los protocolos de purificación cósmica administrados por el clero.

Lejos de interpretarse como una humillación arbitraria, la bofetada litúrgica representaba la materialización táctil de la ruptura del *pax babilónica*, un simulacro controlado de la fractura del Estado que reproducía, en el cuerpo mismo del regente, el impacto del Viento Maligno (*Imhullu*) sobre la anatomía de Tiamat. La contusión física desestabilizaba la simetría de la efigie real, obligando al soberano a abandonar la rigidez ceremonial de su cargo para manifestar una reacción puramente biológica y visceral ante el dolor. Mediante este acto de violencia ritual, el aparato estatal babilónico inscrita en la carne del rey la necesidad ineludible de un renacimiento político, preparando el terreno físico y anímico para la expiación de los desórdenes que amenazaban con arrastrar a la civilización de regreso al seno indomable de Ummu-Hubur.

La consumación de este colapso gestual y la consecuente desarticulación de la fachada soberana exigían la manifestación fluida de la aflicción como un índice inequívoco de receptividad catártica. La emisión de lágrimas por parte del monarca, codificada con rigor prescriptivo en los textos litúrgicos del *Akitu*, operaba como un conducto hidrológico controlado para la evacuación del desorden acumulado en el tejido político del imperio. Este llanto institucionalizado no respondía a una contingencia emocional de carácter psicológico subjetivo, sino a un requisito biomecánico y cosmogónico estricto: el regente debía verter fluidos corporales salinos que emularan, en escala microscópica, las aguas primordiales de la Diosa Madre que el Estado había sepultado bajo los cimientos de la civilización.

La exigencia de este derramamiento lacrimógeno funcionaba como una transmutación alquímica donde la pesadumbre del pecado político se convertía en humedad disolvente, invirtiendo provisionalmente la aridez geométrica impuesta por los decretos de Marduk. Al brotar el llanto sobre el rostro agraviado por la bofetada sacerdotal, el rey experimentaba una regresión somática hacia el estado pre-formal del abismo, permitiendo que la rigidez de su anatomía institucional se diluyera en una simulación controlada de la entropía. Los escribas del *Esagila* registraban este fenómeno como el síntoma inequívoco de que la soberanía secular había cedido su armadura formal, disolviendo las fronteras jurídicas que separaban al Estado babilónico de las corrientes anárquicas de Tiamat.

Mediante esta expiación acuosa, el cuerpo del monarca se transformaba en el vehículo termodinámico a través del cual la estructura imperial purgaba la inercia y la acumulación de transgresiones geopolíticas del ciclo anual. Las lágrimas reales, al mezclarse con el polvo del suelo sagrado del santuario interior, recreaban simbólicamente la mezcla primigenia de las aguas dulces de Apsū y las saladas de la Madre Hubur, desestabilizando los límites categoriales que garantizaban el orden del *Esagila*. Esta catarsis líquida dejaba el organismo del soberano en un estado de vacuidad ontológica, preparado para fundirse plenamente en la materia informe antes de ser restituido, purificado y revestido nuevamente con las insignias del poder solar.

Esta inmersión en la vacuidad lacrimógena alcanzaba su paroxismo cuando el monarca, despojado de toda distinción formal y reducido a una masa biológica indiferenciada, experimentaba la simulación somática más radical de su mandato: la regresión temporal y absoluta al estado líquido, informe y disuelto del caos primigenio de Tiamat. En este estadio de desintegración metódica, el cuerpo del soberano dejaba de operar como un vector de la geometría babilónica y de los decretos fijos de Marduk, para convertirse en un equivalente microcósmico de la materia preformal del abismo salobre. La piel y la musculatura dejaban de ser percibidas como fronteras anatómicas estables, disolviéndose conceptual y sensoriamente en la viscosidad primigenia de la Madre Hubur, antes de que el Logos solar impusiera la compresión espacial sobre la masa informe.

La ejecución de esta mímesis disolutiva exigía que el rey abandonara toda pretensión de individualidad antropológica, asumiendo en su propia carne el destino de los once engendros teratológicos y del propio Kingu tras la teomaquia. Durante este lapso liminal en el interior del *Esagila*, la fisiología del regente se subordinaba a las leyes de la alta entropía, simulando la liquefacción termodinámica que caracterizaba el dominio indomable de *tehom* antes de la erección de la bóveda celeste de *E-šarra*. El monarca se experimentaba a sí mismo no como el vértice de la pirámide estatal, sino como una fluctuación caótica y anónima dentro de las corrientes del abismo, devuelto voluntariamente a la matriz acausal donde la distinción entre soberano y súbdito, o entre criatura y creador, carecía de todo rigor ontológico.

Esta anulación de la forma humana operaba como un mecanismo de reciclaje ontológico indispensable para la continuidad del imperio, pues permitía que el Estado babilónico disolviera las impurezas acumuladas en el tejido político mediante la reintegración simbólica del gobernante en el seno de la Diosa Madre. Al retornar transitoriamente a la condición de masa fluida, el rey experimentaba el equivalente subjetivo del desmembramiento anatómico que el dios solar había infligido sobre el cadáver de Tiamat, transformando su propia individualidad en materia prima maleable. Esta inmersión en el desorden absoluto garantizaba que la estructura monárquica pudiera purgar la rigidez acumulada durante el ciclo anual, desarticulando las coordenadas espaciotemporales del reino para disolver el residuo de transgresiones y dejar el sustrato vital preparado para la posterior reordenación del cosmos.

La superación de este paréntesis entrópico y la consecuente reaparición de la forma política requerían la ejecución de los protocolos de restitución institucional, operando como el reverso exacto de la disolución lacrimógena. Al despuntar los primeros rayos de luz sobre el horizonte de Babilonia, el monarca emergía formalmente del estado cataleptoide y de la inmersión somática en el sustrato informe de Tiamat, transitando desde la vacuidad acausal de la materia disuelta hacia la geometría imperativa de los decretos solares. Este renacimiento al amanecer no representaba una simple transición cronológica, sino una recristalización ontológica donde el cuerpo del soberano recuperaba su trabazón tridimensional y su función como eje microcósmico del orden estatuido por Marduk frente a las corrientes de la Madre Hubur.

El clero del *Esagila*, actuando como custodio técnico de la topografía sagrada, procedía a revestir al regente con los atributos materiales de la soberanía previamente confiscados, devolviéndole las coronas metálicas, el cetro de mando y los mantos recamados que fijaban su posición en la cúspide de la jerarquía estatal. Cada paramento devuelto funcionaba como un vector de compresión espacial destinado a clausurar las fugas termodinámicas experimentadas durante la noche litúrgica, reimplantando las coordenadas estrictas de las Tablillas de los Destinos (*tup-šīmāti*) sobre la carne purificada del soberano. Este acto de investituras restituidas anulaba la contingencia política y restablecía la vigencia de la *pax babilónica*, transformando nuevamente al chivo expiatorio biológico en el garante inviolable de la estructura imperial.

Con la autoridad jurídica formalmente rehabilitada y los símbolos del poder solar firmemente asegurados, el monarca quedaba capacitado para iniciar el nuevo ciclo cósmico estabilizado, inaugurando formalmente el periodo de gobierno bajo la égida de la baja entropía y la ley inalterable. La restitución institucional garantizaba así la superación temporal del peligro de regresión al caos abisal, consolidando la supremacía del templo y del palacio sobre las fuerzas latentes del desorden. Este restablecimiento de la maquinaria estatal dejaba preparado el escenario político y ritual para la siguiente fase de purificación y neutralización de las amenazas teratológicas que acechaban los cimientos de la civilización.

La clausura operativa de este ciclo de purificación litúrgica exigía la materialización de un acto de aniquilación apotropaica dirigido directamente contra las once proyecciones teratológicas engendradas por Ummu-Hubur en las profundidades del abismo salobre. En el sexto día de las festividades del *Akitu*, los protocolos sacerdotales incorporaban la combustión metódica de efigies zoomorfas confeccionadas con materias primas de carácter perecedero, modeladas para replicar la anatomía heterodoxa de los monstruos que habían nutrido el ejército de la Madre Hubur. Estas representaciones materiales, esculpidas con arcilla mezclada con resinas aromáticas y elementos vegetales de alta combustibilidad, operaban como dobles ontológicos destinados a concentrar y neutralizar la carga entrópica residual que las bestias del caos proyectaban sobre la arquitectura geométrica del *Esagila*.

La ejecución ritual de la quema de estas efigies funcionaba como una transmutación ígnea rigurosa, un paralelo microcósmico del triunfo solar de Marduk sobre la horda de la disolución. Mientras las figuras del *Mušmahḫū*, el *Bašmu* y el *Mušḫuššu* ardían en los braseros sagrados instalados en el patio interior del templo, el clero de los *āšipu* recitaba fórmulas de conjuración destinadas a fijar los límites termodinámicos que impedían la reaparición de la mutación biológica. Esta destrucción controlada por el fuego eliminaba la persistencia física de la amenaza teratológica, disipando los efluvios tóxicos del *imtu* que las efigies simbolizaban y garantizando que la estructura tridimensional del cosmos babilónico no sufriera la corrosión de sus fronteras espaciales por parte de los vestigios del desorden primordial.

La disipación de las cenizas resultantes de esta combustión ritual completaba la esterilización del espacio sagrado, neutralizando de forma definitiva la influencia latente de la legión caótica antes de la reinstauración plena de la soberanía imperial. Al desintegrar los simulacros de los once engendros en el elemento ígneo, el aparato sacerdotal sella herméticamente los puntos de fuga por donde las corrientes de Tiamat intentaban infiltrarse en el orden estatuido por los decretos de Marduk. Esta aniquilación controlada de la materialidad monstruosa consolidaba la baja entropía del sistema babilónico, despejando el horizonte político y litúrgico para que la máquina estatal operara sin la interferencia de las fluctuaciones acausales del abismo.

CAPÍTULO 18: La Reinterpretación Heterodoxa de Tiamat en la Caosofía y el Sendero de la Mano Izquierda

La subsistencia de los arquetipos cosmogónicos en el imaginario hermenéutico contemporáneo experimenta una inversión ontológica radical al transicionar desde el rigor epigráfico mesopotámico hacia las corrientes mistéricas del Sendero de la Mano Izquierda. En esta reconfiguración hermenéutica, la figura de Tiamat deja de operar como el residuo entrópico y caótico que debe ser aniquilado o desmembrado por la fuerza geómetra del Logos solar, para erigirse en el principio primordial de la Luz Negra, una matriz acausal y transdimensional cuya potencialidad pura fue subvertida por el designio demiúrgico de las deidades de la estructuración. La teomaquia babilónica deja de leerse, bajo este prisma heterodoxo, como la instauración de la justicia cósmica y el orden institucional, para ser reinterpretada como un acto de usurpación ontológica perpetrado por el poder centralizado del modelo solar de Marduk.

Esta lectura esotérica contemporánea extrae su andamiaje especulativo de la deconstrucción de las Tablillas de los Destinos y del estatus ontológico de Kingu, reinterpretando la sangre coagulada del adalid del caos no como un catalizador biológico para la servidumbre de la especie humana, sino como la portadora de la chispa gnostica y draconiana adormecida en el sustrato del *Lullu*. Las corrientes de la Caosofía y los conciliábulos modernos del *Dragon Rouge* formalizan una inversión axiológica donde la inercia líquida y preformal del abismo acuático es valorada como el estado de libertad absoluta frente a las cadenas gravitacionales y geométricas de la forma tridimensional. La disolución de los límites corporales, experimentada históricamente en los trances farmacológicos del clero *ashipu* mediante solanáceas, halla en este marco moderno una validación metafísica: la regresión al seno de la Madre Hubur no representa la destrucción, sino la reintegración del sujeto en la dimensión no manifiesta del cosmos.

La operatividad mágica de estos grimorios contemporáneos opera, por tanto, mediante una exégesis subversiva del *Enūma Eliš*, donde el desmembramiento del cadáver de Tiamat para erigir la bóveda celeste de *E-šarra* y la tierra firme es conceptualizado como una prisión panóptica construida para confinar la infinita energía acausal. Al despojar a la diosa de su soberanía y fragmentar su masa en coordenadas métricas y temporales, el demiurgo instituyó la finitud y la alienación existencial. La invocación de la Madre Primordial en los rituales heterodoxos actuales busca revertir la geometría del Esagila, movilizando las corrientes de la disolución para fracturar el cerrojo cósmico y propiciar el colapso de las estructuras espaciales impuestas por el Viento Maligno.

La hibridación entre el sustrato epigráfico cuneiforme y la especulación fantástica contemporánea halla su catalizador estético e intelectual en el surgimiento del horror cósmico moderno, particularmente en la obra ficcional y epistolar de H.P. Lovecraft. Si bien el autor de Providence operaba desde una intuición mitopoética fragmentaria y a menudo carente del rigor filológico asiriológico consolidado a finales del siglo XX, su conceptualización de los Grandes Antiguos y de los abismos primordiales no constituyó una invención ex nihilo, sino una reinterpretación intuitiva de las dinámicas de terror ontológico latentes en el *Enūma Eliš*. Las entidades primigenias que acechan más allá de los umbrales dimensionales de la geometría euclidiana replican con exactitud la repulsión y la fascinación que el panteón babilónico proyectaba sobre la masa informe de Tiamat y su legión de engendros teratológicos. Esta confluencia literaria operó como un puente semántico que resemantizó el archivo cuneiforme, transformando las crónicas de la teomaquia imperial en un repertorio de arquetipos lovecraftianos donde la arquitectura del Logos solar se percibe como una frágil membrana destinada al colapso.

En esta articulación transdisciplinar, los grimorios y relatos de la literatura de los Mitos de Cthulhu asimilaron directamente los nombres y atributos de la demonología mesopotámica, fundiéndolos en una mitología sintética que borraba las fronteras entre la filología oriental y la ficción de pulpa. Denominaciones como *Azathoth* o el propio concepto de los primigenios devienen equivalentes funcionales de la inercia acausal de Apsū y Tiamat, entidades que preceden a la estructuración del espacio-tiempo y cuya reactivación implica la disolución irrevocable de la física tridimensional. La erudición esotérica de mediados del siglo XX comenzó a nutrirse de esta atmósfera literaria, propiciando que los catálogos de los once monstruos de Hubur —desde el *Mušmaḫḫū* hasta el *Kusarikku*— fueran leídos no meramente como relieves apotropaicos o constelaciones zodiacales, sino como proyecciones de una zoología hiperdimensional latente en el inconsciente colectivo. La literatura de horror cósmico ofreció así un vocabulario secularizado y desterritorializado para expresar la angustia ante la aniquilación de la subjetividad, un temor idéntico al que atenazaba a los sacerdotes de Nippur y Babilonia ante la amenaza de la inundación salobre.

El proceso de retroalimentación entre el texto cuneiforme y la imaginación ocultista del siglo XX consolidó un imaginario donde el pasado mesopotámico dejó de ser un objeto exclusivo de la excavación arqueológica para convertirse en una gramática viva del caos. La integración de los motivos sumerio-acadios en la narrativa de horror metafísico preparó el terreno para la subversión hermenéutica de los textos sagrados, propiciando que las fórmulas de los exorcistas *ashipu* y las descripciones de la horda de la putrefacción fueran revalidadas como llaves operativas de acceso a dimensiones no humanas. Esta mutación del archivo histórico en un corpus de ficción especulativa no hizo sino pavimentar el camino para la irrupción de fenómenos editoriales orientados directamente a la praxis mistérica, donde la frontera entre la filología rigurosa y la invención heterodoxa quedó definitivamente abolida bajo la premisa de la vigencia acausal del abismo.

La cristalización de este sincretismo entre la especulación lovecraftiana y la recuperación fragmentaria de la Asiriología popular culminó en el año 1977 con la irrupción clandestina del denominado *Necronomicon de Simon*, un volumen editado por Peter Levenda que transformó radicalmente el panorama de los circuitos mistéricos marginales. Este impreso se apartó de las ficciones literarias precedentes al estructurarse deliberadamente bajo la apariencia formal de un grimorio operativo, simulando una traducción directa de fragmentos cuneiformes sumerios y acadios que presuntamente custodiaban las claves arcanas de la teomaquia de Marduk y el dominio sobre las fuerzas de Tiamat. La obra integró de manera sincrética los nombres de las deidades y monstruosidades mesopotámicas —evocando a *Kingu*, a la Madre *Hubur* y a los once engendros teratológicos— con la mitología de los Grandes Antiguos, presentando el panteón babilónico no como un objeto de estudio arqueológico, sino como un catálogo activo de entidades interdimensionales susceptibles de invocación mediante ritos contemporáneos.

Desde una perspectiva analítica, la estrategia editorial de Levenda operó mediante la apropiación y descontextualización sistemática de los anales epigráficos, particularmente de los rituales de exorcismo *utukku lemnūtu* y de los conciliábulos descritos en el *Enūma Eliš*, para reconfigurarlos como dispositivos de transgresión gnóstica. Las fórmulas de contención diseñadas por el sacerdocio ortodoxo para mantener la estabilidad geométrica del *Esagila* y la soberanía del Logos solar fueron invertidas en su polaridad funcional, presentándose en el texto como aperturas hacia la matriz acausal del abismo salobre. La figura de Marduk, lejos de ser ensalzada como el garante termodinámico del orden y la baja entropía, fue recontextualizada en este marco subversivo como la manifestación del demiurgo tiránico, cuya geometría coercitiva debía ser quebrada mediante la invocación sistemática de la sangre primordial de *Kingu* y las corrientes caóticas de los monstruos zodiacales.

El impacto de esta publicación clandestina no radicó en su rigor filológico —marcado por notables licencias semánticas e interpolaciones arbitrarias que ignoraban el consenso de la asiriología académica—, sino en su capacidad para instaurar una nueva gramática operativa en los márgenes del ocultismo occidental. Al fundir las crónicas cuneiformes con el imaginario del horror cósmico, el volumen editado por Peter Levenda propició que la mitología mesopotámica abandonara definitivamente su condición de archivo muerto para convertirse en un vector de experimentación mistérica. Esta resemantización radical del sustrato babilónico preparó el terreno para la consolidación de espacios físicos y editoriales específicos dedicados a la comercialización y difusión de estas liturgias heterodoxas, anclando definitivamente el mito de la rebelión de Tiamat en la geografía contracultural urbana.

En este entramado de difusión contracultural, el establecimiento de nodos físicos de distribución bibliográfica resultó tan determinante como la materialidad de los textos heterodoxos. El epicentro neurálgico de esta efervescencia mistérica se consolidó en el Bajo Manhattan, específicamente en las coordenadas bohemias de Greenwich Village, donde la convergencia de corrientes contraculturales, el esoterismo especulativo y la literatura fantástica hallaron un espacio de institucionalización marginal. Lejos de las bibliotecas universitarias y de los circuitos académicos tradicionales, las calles neoyorquinas albergaron la génesis de una nueva cartografía del ocultismo urbano, caracterizada por la hibridación deliberada entre la investigación asiriológica accesible y la praxis ritual de cuño neognóstico.

En el corazón de este tejido urbano, la librería Magickal Childe, dirigida por Herman Slater, operó como el principal vector de propagación de la subversión hermenéutica del *Enūma Eliš*. Este establecimiento no constituía meramente un espacio comercial de expendio bibliográfico, sino un verdadero laboratorio de experimentación antropológica y semiótica donde convergían los cultores del Sendero de la Mano Izquierda, adeptos de la Caosofía y entusiastas del horror cósmico. Bajo la dirección de Slater, el local se transformó en un santuario sincrético que comercializaba tanto grimorios apócrifos y manuales de alta magia como las ediciones clandestinas que reinterpretaban el panteón mesopotámico bajo la óptica de la rebelión anticosmica, dotando a la mitología babilónica de una materialidad contracultural tangible y operativa.

La dinámica comercial e intelectual impulsada desde este enclave neoyorquino facilitó la descontextualización definitiva de los anales cuneiformes, operando como una bisagra transdisciplinar que puenteó la filología oriental con el activismo ocultista contemporáneo. Al convertir la trágica teomaquia de Marduk y el levantamiento de Tiamat en mercancías esotéricas y objetos de culto marginal, la librería de Herman Slater institucionalizó la lectura subversiva del archivo mesopotámico. Esta infraestructura urbana y editorial permitió que las hordas de la disolución y la sangre coagulada de Kingu abandonaran definitivamente el ámbito de la especialización asiriológica para integrarse de lleno en la mitología operativa de los conciliábulos modernos.

La transmutación conceptual operada por los conciliábulos mistéricos contemporáneos encuentra su formulación ontológica más radical al elevar a Tiamat a la categoría categorial de los Antiguos (*Ancient Ones*), concibiendo a la diosa de las aguas saladas no como un accidente geológico o un residuo entrópico de la cuenca mesopotámica, sino como la matriarca primigenia de un régimen ontológico pre-temporal. En esta exégesis heterodoxa, la masa abisal que precede a la cristalización del espacio-tiempo euclidiano se erige como el sustrato metafísico originario, anterior e irreductible a la imposición geométrica de los dioses del Logos (*Elder Gods*). La inercia líquida del abismo salobre deja de ser entendida como una mera ausencia de forma para perfilarse como una potencia acausal autosuficiente, cuya densidad ontológica excede y subvierte la matriz dimensional que el demiurgo solar estructuró mediante el desmembramiento anatómico de su propia creadora.

Esta genealogía inversa desborda los límites de la teología babilónica convencional al reconfigurar el panteón de los orígenes bajo los parámetros de una cosmología de raigambre gnóstica y lovecraftiana. Los dioses de la ordenación y la baja entropía —encarnados arquetípicamente en la figura de Marduk y el aparato administrativo del *Esagila*— son redefinidos como usurpadores cósmicos, arquitectos de una prisión dimensional cuyo propósito último consistió en clausurar la libertad infinita de la matriz acausal. En este entramado especulativo, Tiamat y los once engendros teratológicos de la horda de Hubur operan como las legítimas divinidades de un orden pre-cósmico, custodios de una soberanía no regulada por los decretos inalterables de las Tablillas de los Destinos. La rebelión de la Madre Primordial no se interpreta, por consiguiente, como una agresión caótica contra el equilibrio de la naturaleza, sino como el esfuerzo ontológico por restaurar el régimen primigenio de la indeterminidad frente a la tiranía geométrica del cosmos estructurado.

La articulación teórica de este paradigma sitúa a la diosa de las aguas salobres en el vértice de una jerarquía heterodoxa donde el tiempo lineal y la espacialidad tridimensional son desvelados como constructos artificiales, derivados directos de la violencia teomáquica. Al postular a Tiamat como la matriarca pre-temporal, los grimorios del Sendero de la Mano Izquierda y las corrientes de la Caosofía operan una inversión axiológica absoluta de los textos cuneiformes, asimilando la inercia del abismo acuático a una condición de plenitud pre-formal. Las operaciones litúrgicas destinadas a evocar esta corriente primigenia no buscan la restitución de la armonía civilizatoria babilónica, sino la desarticulación metódica de los cerrojos y guardianes astronómicos que el campeón solar instituyó para confinar la potencia disolvente del océano primordial, preparando el terreno para la fractura del tejido espacial imperante.

La materialización operativa de esta cosmología subversiva encuentra su expresión más radical en las praxis mistéricas contemporáneas orientadas a la ruptura deliberada de la realidad material, un protocolo litúrgico que postula la movilización activa de los once monstruos de Tiamat como vectores de desintegración geométrica. En los conciliábulos del Sendero de la Mano Izquierda y las corrientes de la Caosofía, la horda de la Madre Hubur —lejos de permanecer relegada a los relieves apotropaicos del *Esagila* o a las constelaciones zodiacales fijadas por el decreto de Marduk— es invocada como un contingente de fuerzas transdimensionales capaces de disolver los parámetros espacio-temporales de la física tridimensional. Las efigies de la serpiente de siete cabezas, el dragón leonino y las tormentas desoladoras dejan de operar como meras alegorías de la entropía mesopotámica para constituirse en frecuencias acausales de aniquilación morfológica.

Esta operatoria anticosmica instrumentaliza la herencia teratológica del *Enūma Eliš* mediante rituales de evocación diseñados para fracturar la membrana métrica del universo estructurado. El adepto que transgrede los límites del Logos solar no busca la armonía civilizatoria ni la estabilidad de la tierra firme, sino la reactivación de las toxinas primordiales y de los rugidos acústicos que las bestias del abismo desplegaron originariamente contra la asamblea de los dioses jóvenes. Al invocar la impronta biomecánica de los engendros de Tiamat, la praxis mágica contemporánea pretende inducir un colapso en la arquitectura euclidiana, emulando la inflación gástrica y la parálisis aerodinámica que el *Viento Maligno* infligió a la diosa, pero invierten su polaridad soteriológica para liberar el flujo corrosivo de la Luz Negra sobre la malla geométrica del demiurgo.

La desarticulación del espacio tridimensional se ejecuta, por consiguiente, mediante la disolución metódica de las coordenadas cartesianas y astronómicas que el panteón babilónico consagró como leyes naturales inmutables. Los grimorios heterodoxos prescriben la concentración en las cualidades venenosas y quimiosemióticas de la horda abisal para corroer la fijación formal del cosmos, transformando el ritual en un simulacro operativo del desmembramiento cosmogónico pero operado en sentido inverso. Al invocar la impronta de los once monstruos, el practicante propicia la regresión de la materia manifestada hacia el estado acausal de la matriz salobre, disolviendo la consistencia corpórea del sujeto en la corriente indiferenciada de la Madre Hubur y preparando el terreno para la inmersión definitiva en el abismo pre-temporal.

En la culminación de este trayecto operatorio, la absorción del caos exige la inmersión deliberada del adepto en las corrientes primigenias de Apsū y Tiamat, concebidas ya no como meros accidentes hídricos de la geografía mesopotámica, sino como el sustrato pre-formal de la Luz Negra. Esta inmersión ontológica postula el desprendimiento metódico de las amarras cartesianas instituidas por el decreto solar, requiriendo que el practicante abandone la estabilidad corpórea para transitar voluntariamente hacia el estado de disolución líquida que el panteón de los Anunnaki conjuró mediante la violencia teomáquica. El retorno al seno de la Madre Hubur se configura, por ende, como un acto de ascesis inversa donde la individuación biológica —heredera de la sangre coagulada de Kingu— se disuelve para reintegrarse en la matriz acausal que precede a toda diferenciación métrica y temporal.

El protocolo mistérico de esta inmersión exige la desactivación sistemática de los cerrojos astronómicos y geománticos que el régimen demiúrgico impuso sobre la conciencia del *Lullu*. Al sumergirse en la densidad hiperdimensional del abismo salobre, el adepto moviliza la chispa acausal individual latente en su sustrato somático, liberándola de las constricciones gravitacionales y funcionales que el *Esagila* codificó como el orden natural del cosmos. Las toxinas y los venenos primordiales que otrora circularon por las venas de los once monstruos operan aquí como agentes catalizadores de la desintegración del ego, permitiendo que la subjetividad abandone su confinamiento dimensional y colapse hacia el estado de potencialidad pura que caracterizaba el abrazo indiferenciado de las aguas primordiales antes de la partición cosmogónica.

Esta transmutación interna encuentra su fundamento operativo en la reactivación de las potencias subversivas que desafiaron la soberanía de los dioses de la estructuración. Al atravesar los umbrales de la disolución acuática, la consciencia del practicante se funde con la corriente de indeterminidad que la arquitectura del Logos solar intentó sofocar permanentemente. La experiencia de esta inmersión disuelve la distinción entre el sujeto cognoscente y el objeto abisal, inaugurando un régimen de percepción donde el espacio tridimensional se repliega sobre sí mismo y cede ante la primacía de la no-manifestación.

La articulación hermenéutica de esta topografía abisal encuentra un desarrollo sincrético de alta densidad en la obra de Kenneth Grant, cuyo aparato especulativo vincula explícitamente la mitología mesopotámica de Tiamat y los dominios de la serpiente Apep con la metafísica transdimensional del lado oscuro del Árbol de la Vida kabalístico. En esta síntesis transdisciplinar, el abismo babilónico es reconfigurado no como un vestigio arqueológico regional, sino como la manifestación fenoménica de los túneles de *Set* y las regiones infradimensionales de la *Qliphoth*, donde la inercia líquida y preformal opera como el equivalente funcional de la corriente typhoniana. Grant postula que la teomaquia de Marduk y los mitos de resistencia estelar codifican una matriz de energía acausal que persiste latente en los estratos oníricos y en los intersticios de la física tridimensional, constituyendo una vía de acceso operativo hacia los regímenes ontológicos anteriores a la cristalización del universo geométrico.

Dentro de este marco analítico, la serpiente Apep de la mitología egipcia y la Madre Hubur mesopotámica convergen como expresiones isomórficas de una misma corriente de entropía y disolución morfológica, conceptualizada en la gnoseología grantiana como la manifestación de la Luz Negra o *Ain Sof Aur* invertido. La horda de los once engendros teratológicos y la sangre de Kingu son integradas en los circuitos de la Caosofía contemporánea como entidades vectoriales que operan desde el reverso tenebroso de la emanación sefirótica, desafiando activamente los límites gravitacionales y temporales impuestos por el demiurgo solar. La subversión de los cánones filológicos tradicionales se consuma al leer los anales cuneiformes como grimorios de una magia draconiana cuyo propósito es la reactivación de los portales interdimensionales clausurados por el establecimiento del *Esagila*.

Esta proyección hacia la metafísica del lado oscuro del cosmos subsume la herencia asiriológica en una ontología de la transgresión, donde el adepto que transgrede las fronteras del *Lullu* se sumerge deliberadamente en las corrientes typhonianas para desintegrar su estructura subjetiva bajo la influencia de la matriz abisal. La correspondencia entre los abismos salobres de Tiamat y los túneles transdimensionales de la geografía oculta de la *Qliphoth* proporciona al pensamiento esotérico contemporáneo una gramática analítica para desarticular los fundamentos termodinámicos del orden babilónico, transformando el mito de la contención cosmogónica en el mapa operativo de una liberación acausal que opera en el reverso exacto de la arquitectura del Logos.

CAPÍTULO 19: La Huella del Enūma Eliš en el Horror Cósmico y la Mitología de H.P. Lovecraft

La persistencia soterrada de la matriz acausal de Tiamat experimenta un punto de inflexión hermenéutico y operativo en el norte de Europa hacia finales del siglo XX, cuando el marco conceptual de la Asiriología esotérica se cruza con las estructuras formales del ocultismo contemporáneo. En este contexto de transmutación doctrinal, la fundación de la orden *Dragon Rouge* en Estocolmo en 1989, bajo la égida de Thomas Karlsson, instaura un paradigma operativo que subsume los restos epigráficos de la teomaquia babilónica dentro de la sistemática de la Kabbalah Qlifótica. Lejos de limitarse a una mera reconstrucción filológica de los anales cuneiformes o a la asimilación del terror cósmico lovecraftiano, esta formulación metodológica opera una sintonización transdisciplinar donde el panteón del caos primordial —específicamente la energía de la Madre Hubur y sus huestes teratológicas— es reevaluado ontológicamente como una corriente viva de gnosis acausal que antecede y subvierte la geometría del Demiurgo.

El andamiaje doctrinal desarrollado por Karlsson propone una lectura especular del misticismo hebreo tradicional, reconfigurando los diez peldaños de la emanación divina mediante la integración formal de los vestigios del *Enūma Eliš*. La estructura metódica de la orden se cimenta sobre la premisa de que las potencias disolventes reprimidas por el triunfo solar de Marduk no fueron aniquiladas, sino exiliadas al reverso de la creación formal. De este modo, la mitología de la serpiente marina y de los once monstruos se transforma en un mapa cartográfico de la conciencia fragmentada que busca retornar a la indeterminación preformal del abismo acuático. La ascesis mágica de esta corriente asume el legado de los antiguos *ashipu* y exorcistas, reinterpretando la ingestión de sustancias sagradas y los trances de disolución corporal como herramientas legítimas para fracturar el caparazón de la realidad tridimensional.

Esta reorientación del Sendero de la Mano Izquierda hacia el sustrato babilónico establece una correspondencia analítica entre la Qlifa subterraneidad y las profundidades del Apsū, conceptualizando la rebelión de Tiamat no como un desorden moral, sino como la manifestación primigenia de la extropía contra un cosmos estático y petrificado. La organización estocolmense sistematiza así una vía de autoiniciación transgresora donde el adepto abandona la sujeción a las Tablillas de los Destinos (*Tuppu Šīmāti*) para reclamar la soberanía de la chispa draconiana heredada de la sangre coagulada de Kingu. A través de este aparato conceptual, el mito cuneiforme deja de ser un documento histórico cerrado sobre la hegemonía imperial de Babilonia para constituirse en un grimorio operativo orientado al desmantelamiento progresivo de los límites ontológicos impuestos por la victoria de los dioses jóvenes.

La estructuración metodológica de este paradigma esotérico encuentra su correlato arquitectónico en la implementación operativa del sistema de iniciación draconiano, el cual se articula formalmente a través de once grados sucesivos. Esta progresión hermenéutica establece una correlación ontológica directa entre la arquitectura teratológica del *Enūma Eliš* y la topografía esotérica de las once Qliphas, concebidas teóricamente como las cáscaras residuales y los reinos umbríos que constituyen el reverso dinámico del Árbol de la Vida. Cada uno de estos peldaños iniciáticos no representa una mera etapa de ascensión mística en el sentido tradicional, sino un proceso metódico de desintegración sistemática de las amarras de la personalidad empírica, replicando en la microfísica de la psique del adepto la ruptura de la geometría cósmica impuesta por el triunfo normativo de Marduk.

Dentro de esta cartografía de la transgresión soterrada, cada nivel de la jerarquía iniciática funciona como un vector de resonancia que sintoniza la conciencia con una de las frecuencias de la horda primigenia de Ummu-Hubur. La progresión a través de estos once umbrales opera como una reactivación metódica de los antiguos venenos (imtu) y de las cargas entrópicas que las deidades del Logos intentaron purgar y contener en los cimientos del Apsū. El adepto, al transitar por esta escala Qlifótica, abandona progresivamente los marcos de inteligibilidad computable y las estructuras espacio-temporales regidas por las Tablillas de los Destinos, asumiendo una morfogenesis inversa que disuelve los límites de la individualidad en favor de la recuperación de la matriz acausal preformal.

La eficacia operativa de este ascenso inverso descansa sobre la premisa de que la superación de cada umbral Qlifótico exige una confrontación directa con los vestigios de la teomaquia original, transformando el espacio ritual en un simulacro de la disolución cósmica. La ascesis se convierte así en un ejercicio de auto-devoración ontológica donde el practicante despoja a su propia estructura psíquica de las ilusiones de solidez y orden impuestas por el firmamento de E-šarra. Mediante la aplicación de este instrumental hermenéutico, la progresión draconiana no busca la iluminación estática o la armonía con el cosmos establecido, sino la apertura sistemática de brechas en el tejido de la realidad consensual, preparando la vía para el contacto con las corrientes latentes que operan más allá de los cerrojos y guardianes apostados por el demiurgo babilónico.

Dentro de esta progresión metódica por los estratos umbríos del sistema draconiano, el umbral inaugural se manifiesta como la discontinuidad estructural que permite la irrupción de la corriente acausal en la cotidianeidad fenomenológica del adepto. Identificado rigurosamente con el primer grado operativo del corpus esotérico contemporáneo, este estadio inicial encuentra su correlato ontológico en la sintonización con Lilith, conceptualizada no como una mera entidad de la mitología folclórica, sino como la fisura topológica fundamental que socava la consistencia del plano físico. La transición por esta instancia liminar opera como una quiebra en la continuidad de la vigilia ordinaria, forzando la apertura de una brecha en la arquitectura tridimensional que los sistemas de baja entropía del orden cósmico intentan mantener herméticamente sellada.

La ejecución de este tránsito iniciático requiere que el practicante desactive de manera deliberada los mecanismos de defensa sensorial y gnoseológica heredados de la construcción demiúrgica, empleando técnicas de desprogramación psíquica que emulan la corrosión del *imtu* primigenio. La cueva de Lilith se configura teóricamente como el receptáculo uterino de la no-forma, un espacio de inversión donde los parámetros cartesianos de la localización espacial y la secuencialidad temporal pierden su validez operativa. Al atravesar esta zona de fractura, el ego empírico experimenta una primera dislocación radical, despojándose de los anclajes normativos que garantizan su estabilidad dentro del cosmos estructurado por los decretos inalterables de las Tablillas de los Destinos.

Esta incursión en el grado basal de la Qlifa sitúa al adepto en la frontera misma de la inmanencia, obligándolo a confrontar la vertiente más densa y reprimida de la matriz preformal de Tiamat antes de intentar cualquier progresión hacia las esferas superiores del abismo. La apertura de esta grieta en la estructura de la realidad consensual no constituye un fin en sí mismo dentro de la praxis iniciática, sino la condición indispensable para desestabilizar la firmeza del caparazón material y habilitar el tránsito hacia los dominios oníricos y sutiles donde la consciencia comienza a operar bajo las leyes de la fluctuación acausal.

Traspasada la fractura basal operada en la instancia inaugural, la progresión hermenéutica del Sendero de la Mano Izquierda canaliza la inercia del adepto hacia el segundo peldaño de la topografía qlifótica, identificado especularmente con el reino de Gamaliel. En este estrato sutil, que corresponde a la proyección sombría de la esfera lunar, el eje de la praxis iniciática se desplaza desde la mera quiebra del plano físico hacia la desestabilización sistemática de la estructura onírica y la gestión consciente de los estados liminares del sueño. La arquitectura de esta dimensión se configura como un campo de fluctuación psíquica donde los diques racionales del ego experimentan una erosión continua, replicando a escala microcósmica la disolución de los límites espaciales que caracterizó a la matriz preformal de Tiamat antes de la intervención geométrica de los dioses jóvenes.

Dentro de esta metodología de inmersión astral, la operación se instrumentaliza mediante la manipulación deliberada de los vectores oníricos, propiciando la manifestación de entidades liminares tradicionalmente catalogadas como súcubos e íncubos. Lejos de cualquier lectura de cariz meramente psicológico o moralista, estas presencias larvarias operan en este contexto esotérico como agentes de catálisis ontológica que absorben, refractan y devuelven fragmentos de la libido dispersa del practicante. El trabajo metódico con estas formas sutiles exige que el adepto someta su aparato perceptivo a una inversión radical, permitiendo que la ensoñación lúcida deje de ser un reflejo pasivo de la vigilia para constituirse en el territorio operativo donde se experimenta la plasticidad absoluta de la sustancia psíquica, sustraída ya de la coercitiva severidad de las Tablillas de los Destinos.

La ascesis en esta región lunar no busca la purificación o el equilibrio armónico de la psique, sino la profundización metódica en el desorden fértil del abismo interior, empleando el flujo erótico y la fascinación onírica como vectores de desintegración del sujeto. Al someterse voluntariamente a la corriente de Gamaliel, el practicante desarticula las categorías cartesianas de la subjetividad autónoma, disolviendo las fronteras entre el sujeto cognoscente y el objeto fantasmático en un simulacro persistente de la regresión a la matriz acuosa primordial. Esta inmersión controlada en la geometría líquida de los sueños lúcidos prepara el sustrato energético necesario para la posterior ascensión a los estratos más profundos de la corriente draconiana, movilizando las energías latentes que aguardan en los cimientos del aparato psicofisiológico del adepto.

La movilización de las energías latentes en la base del aparato psicofisiológico halla su formulación operativa más radical en la reactivación de la Kundalini draconiana, un vector de ascenso ignífugo que subvierte las coordenadas normativas de los chakras inferiores para fundir la polaridad cósmica en una sola corriente acausal. Lejos de la integración armónica promovida por las soteriologías solares ortodoxas, este despertar no persigue el equilibrio de los centros sutiles, sino la incandescencia violenta de la columna vertebral como un eje de fuego negro que emula la insurrección de Tiamat contra el orden estático de los Anunnaki. La energía serpentina, al ser compelida a ascender desde la base inerte del Apsū corporal, actúa como un agente disolvente que calcina los bloqueos neuróticos de la personalidad y desprograma los patrones cinéticos inscritos por las Tablillas de los Destinos en la microfísica del organismo.

En este punto de inflexión operativo, la vía draconiana efectúa una sintonía transdisciplinar al homologar la polaridad primigenia de Shakti-Kali con la dualidad destructora y creadora de Shiva-Odin, conceptualizados como arquetipos dinámicos de la aniquilación de la forma finita. A través de la concentración focalizada en el ojo mental —el órgano de visión sutil que transciende la geometría tridimensional de E-šarra—, el adepto canaliza el ascenso de la serpiente ígnea para demoler los diques inhibitorios del sistema nervioso central. Esta operación de transmutación alquímica somete la estructura biológica a una tensión termodinámica extrema, donde la energía vital deja de servir a la conservación del ego empírico para convertirse en el combustible de una mutación ontológica irreversible que disuelve la separación entre el sujeto perceptor y el abismo exterior.

La focalización de la corriente a través de los centros inferiores de la anatomía sutil moviliza los sustratos más densos de la psique, transformando el cuerpo físico en un campo de batalla cosmológico donde se reeditan las tensiones de la teomaquia primigenia. Al atravesar los nudos energéticos que aprisionan la chispa acausal en la materia, la Kundalini draconiana opera como el equivalente microcósmico del Viento Maligno (Imhullu) empleado por Marduk, pero invertido en su finalidad: en lugar de inflar y petrificar la masa de la diosa, los fuegos cruzados de Shakti-Kali y Shiva-Odin pulverizan las amarras geométricas que sujetan al practicante a la ilusión del mundo consensual. Este cataclismo psicofisiológico deja al adepto en un estado de suspensión liminar, despojado de sus referencias identitarias y preparado para la consiguiente fase de disolución total de la máscara mundana en los estratos más profundos de la putrefacción iniciática.

La transmutación operada por el ascenso de la corriente ignífuga en la microfísica del organismo conduce inexorablemente al estadio alquímico de la *solutio*, un proceso de desestructuración formal donde la identidad fenoménica del adepto es sometida a una corrosión sistemática equiparable a la disolución de los cuerpos en el seno salobre de Tiamat. En este umbral de la praxis, la máscara mundana —el conjunto de constructos sociales, roles psicológicos y coordenadas biográficas que configuran la *persona* empírica— deja de ser concebida como un refugio de individuación para revelarse como el caparazón artificial impuesto por el orden demiúrgico. La ascesis hermenéutica exige que esta armadura identitaria sea fragmentada mediante una inmersión deliberada en los sustratos más densos de la psique, replicando el estado de indeterminación caótica que caracterizó a la matriz preformal antes de la imposición de los límites métricos y de los decretos inalterables de las Tablillas de los Destinos.

Este tránsito operatorio encuentra su correlato metodológico en la fase de la *nigredo*, la oscurecedora putrefacción alquímica donde la estructura cognitiva del practicante experimenta un colapso termodinámico controlado. Al despojarse de los diques racionales que garantizan la coherencia de la vigilia ordinaria, el adepto desciende conscientemente al abismo de su propia desintegración, asumiendo la descomposición anatómica y psicológica como el único método válido para purgar los remanentes de la ley cósmica [2, 29]. Este descenso a la putrefactio psíquica opera como una inversión radical de la cosmogonía babilónica: en lugar de la solidificación geométrica ejecutada por el arcabuz y la red de Marduk, la metodología operativa desarticula los tejidos de la subjetividad para retornar la consciencia al estado de materia prima informe y maleable.

La persistencia en este estado de descomposición controlada disuelve la ilusión de la mismidad separada, fundiendo los límites del ego en el sustrato impersonal de la corriente acausal. La máscara mundana, reducida a detritus simbólico bajo la acción corrosiva de los venenos internos y de la memoria ancestral de la horda de Ummu-Hubur, cede su lugar a una vacuidad operativa que desestabiliza los cimientos mismos de la percepción tridimensional. A través de esta inmersión en la *nigredo*, el practicante no busca una regeneración armónica en el sentido de las soteriologías solares, sino la consumación de una muerte iniciática que disloca los anclajes de la forma finita, preparando el terreno operativo para el despliegue de las transgresiones antinómicas y la liberación total de la chispa draconiana prisionera.

La consumación de la muerte iniciática en los estratos de la *nigredo* opera como el requisito gnoseológico indispensable para habilitar la transgresión antinómica, conceptualizada no como un mero acto de desinhibición moral o desafío burgués, sino como una desprogramación sistemática de los imperativos éticos y ontológicos inscriptos por el cosmos demiúrgico. La arquitectura normativa impuesta por los decretos inalterables de las Tablillas de los Destinos y la geometría solar de E-šarra se sustenta sobre un entramado de tabúes sociolingüísticos y ontológicos cuya función primordial es mantener a la consciencia aprisionada en los circuitos cerrados de la baja entropía y la reproducción biológica. Al quebrar metódicamente estos diques normativos, el adepto subvierte la ley del creador normativo, movilizando la energía psíquica e instintiva que los sistemas de control cósmico habían confinado en los márgenes de la represión y la abyección.

Este proceso de inversión axiológica encuentra su fundamento operativo en la reactivación de la herencia caótica de Kingu y de las huestes teratológicas de Ummu-Hubur, empleando la violación de los límites sagrados como un ariete contra la solidez del orden establecido. La praxis antinómica exige que el practicante desactive los mecanismos de introyección cultural que garantizan la sumisión del ego al statu quo cósmico, ejecutando operaciones rituales y conductuales que deliberadamente colisionan con los fundamentos de la piedad babilónica tradicional. Al transgredir los tabúes que separan lo puro de lo impuro —reeditando en la microfísica de la acción la contaminación del *imtu* primigenio—, la consciencia rescata los fragmentos de la chispa acausal que se hallaban secuestrados bajo los cimientos arquitectónicos del Apsū y del templo de Marduk.

La dislocación de estos parámetros morales transforma la transgresión en un vector de acumulación energética, canalizando las corrientes de la Madre Hubur hacia el desmantelamiento de los filtros perceptivos que constriñen la cognición a la realidad tridimensional. Cada infracción sistemática de la ley cósmica debilita los cerrojos y guardianes apostados por el demiurgo, generando una inestabilidad termodinámica en la estructura psíquica del adepto que propicia la implosión de las categorías dualistas de bien y mal, orden y caos. A través de esta fricción antinómica continua, la energía psíquica prisionera es liberada de sus ataduras normativas, ascendiendo como un flujo indomable que desestabiliza los cimientos de la identidad empírica y prepara el terreno operativo para la cristalización de la voluntad soberana en el umbral postrero del sistema draconiano.

La transmutación operada mediante la quiebra sistemática de los tabúes normativos y la desprogramación de los imperativos ontológicos culmina, en el estadio supremo de la praxis draconiana, en la cristalización gnoseológica del *Adamas Ater*, conceptualizado formalmente como el 'Diamante Negro' de la autodeificación individual. Lejos de cualquier pretensión soteriológica de integración armónica con el cosmos estático y petrificado por los decretos de las Tablillas de los Destinos, este constructo operativo representa la petrificación definitiva de la voluntad acausal en el seno del adepto, quien asume la soberanía absoluta de la chispa draconiana rescatada de la sangre coagulada de Kingu. Esta estructura metálico-cristalina de la conciencia soberana se opone especularmente a la geometría solar de E-šarra y a los cimientos arquitectónicos del Apsū, constituyéndose como una anomalía termodinámica incorruptible que resiste activamente los vectores de disolución y ordenación impuestos por la teomaquia de Marduk.

La consumación de este núcleo volitivo autónomo exige que el practicante disuelva definitivamente los últimos vestigios de la identidad empírica y de la máscara mundana en el crisol de la *nigredo*, permitiendo que la vacuidad operativa resultante se condense en una densidad ontológica inquebrantable [62, 308]. El

Adamas Ater no surge, por tanto, como el producto de una evolución armónica o de la piedad litúrgica exigida por el clero babilónico, sino como el resultado de una colisión violenta contra los límites tridimensionales y las leyes de la baja entropía reguladas por el pantógrafo cósmico de los dioses jóvenes. Al transmutar la escoria de los venenos primigenios (*imtu*) y las corrientes disolventes de la horda de Ummu-Hubur en un centro de gravedad estanco, el adepto se erige a sí mismo como un soberano transgresor que opera más allá del bien y del mal, habiendo fracturado los cerrojos y guardianes apostados en los umbrales del abismo.

Esta cristalización de la voluntad deificada sintoniza plenamente con los postulados de la Cábala Qlifótica y las formulaciones operativas de la corriente *Dragon Rouge*, reconfigurando la topografía de la ascensión esotérica en un proceso de auto-creación ex nihilo desde la matriz acausal de Tiamat [23, 305, 385]. El *Adamas Ater* opera así como el vector final de resistencia extrópica frente a la compresión espacial del Demiurgo, consolidando un polo de indeterminación pura que subvierte de manera permanente los fundamentos de la autoridad cósmica. En este punto de la ascesis transdisciplinar, la memoria epigráfica de los anales cuneiformes y la mitología de la serpiente primordial abandonan su condición de meros vestigios históricos para actualizarse en la anatomía sutil del practicante como el fundamento indestructible de una soberanía que ha trascendido los límites de la creación formal.

CAPÍTULO 20: El Necronomicon de Simon y la Operativización Esotérica de la Teratología Babilónica

La emergencia de las corrientes esotéricas escandinavas de fin de milenio operó una transmutación radical sobre el sustrato místérico previamente explorado, desplazando el eje de la individuación mágica hacia una ontología de negación estructural. Sobre el trasfondo de las formulaciones previas acerca del *Adamas Ater*, la fundación del Misanthropic Luciferian Order (MLO)—posteriormente reformulado bajo el nombre de Temple of the Black Light— en el contexto sueco de 1995 supuso un punto de inflexión doctrinal en la recepción moderna de los mitos abisales. Esta organización estructuró un paradigma de pensamiento donde la ascesis mágica dejó de ser un mero proceso de autodeificación individual en el seno de los Qliphot para convertirse en una militancia activa contra la propia arquitectura de la existencia manifiesta, articulando una teología del vacío que reinterpreta los anales cuneiformes bajo la óptica de una revuelta metafísica absoluta.

En el núcleo operativo de esta corriente, la recuperación del panteón de Tiamat y sus once huestes dejó de funcionar como una simple metáfora psicológica de la disolución del ego para postularse como una reconstrucción cosmológica literal. La tradición cuneiforme del *Enūma Eliš*, en particular la figura de Ummu-Hubur y la generación de la horda teratológica, fue adoptada como la matriz histórica y esotérica de una rebelión primordial contra el orden impuesto por el Demiurgo. La sangre de Kingu y el veneno (*imtu*) de los monstruos primigenios se transformaron así en los vectores de una transmisión gnóstica clandestina, donde el adepto contemporáneo se autoproclama heredero legítimo de la simiente caótica frente al designio normativo de los dioses jóvenes del Cosmos.

Esta articulación ideológica superó los límites de los grimorios eclécticos anteriores al dotarse de un corpus dogmático riguroso que sistematizó la misantropía metafísica como vía de conocimiento soteriológico. La ruptura con el universo tridimensional y la adhesión a la corriente de la Luz Negra no respondieron ya a una exploración de los márgenes de la psique, sino a la formulación de una escatología transgresora que instrumentaliza los vestigios del caos babilónico para socavar las coordenadas espacio-temporales vigentes. De este modo, la hermenéutica del abismo acuático mesopotámico se imbricó indisolublemente con una praxis de rechazo frontal a la legalidad natural, preparando el terreno conceptual para la teorización sistemática de la disonancia ontológica entre el ser creado y la acausalidad pre-formal.

Dentro de este marco doctrinal, la formulación de la Caosofía (*Chaosophy*) opera como el eje vertebrador que subvierte por completo la teleología de la física tradicional y la cosmogonía de las altas culturas del Próximo Oriente Antiguo. Desde esta perspectiva teórica, el Cosmos tridimensional que surge de la carnicería ritual de Tiamat y de la partición de su cadáver no es concebido como un triunfo del orden o la justicia divina, sino como una aberración ontológica de baja entropía; un sistema cerrado e imperfecto impuesto artificialmente por un demiurgo tiránico con el fin de aprisionar la energía acausal primigenia. La arquitectura geométrica del firmamento —garantizada originalmente por el Viento Maligno de Marduk y los cerrojos cósmicos que impiden el retorno del mar salobre— se reinterpreta así como una prisión panóptica, una estructura geométrica restrictiva que limita las infinitas potencialidades del vacío a través de la fijación inexorable del tiempo y la materia.

En concomitancia con esta lectura heterodoxa, la Caosofía postula que el caos primordial no representa un estado de desorden desprovisto de sentido, sino una dimensión hiperdimensional de infinitas posibilidades cualitativas, cuya acausalidad intrínseca fue violentamente reprimida por la instauración de las Tablillas de los Destini (*šīmātu*). Mientras que los anales cuneiformes oficiales celebraban la imposición de los decretos divinos como la génesis de la civilización y la estabilidad del Estado, el paradigma caosófico invierte esta valoración axiológica, identificando el establecimiento de la ley natural y la geometría espacial con la máxima catástrofe metafísica. La sujeción de las once bestias de Hubur y el confinamiento de la horda teratológica bajo los pies del dios victorioso se entienden, en consecuencia, como la represión sistemática de las corrientes antidimensionales que buscan perpetuamente fracturar los límites de la creación.

Consecuentemente, la praxis derivada de esta corriente doctoral exige la desarticulación metódica de los parámetros espacio-temporales que sostienen la ilusión del Cosmos. La disonancia entre la materia fenoménica y la chispa espiritual cautiva se aborda mediante una inversión de los valores cósmicos, donde el adepto busca disolver los diques termodinámicos instituidos por el demiurgo para permitir el flujo retroactivo de la Luz Negra [286, 388]. Esta demolición ontológica de la realidad manifiesta prepara el terreno conceptual para la codificación dogmática definitiva de la vía anti-cósmica, trasladando las especulaciones metafísicas del abismo mesopotámico hacia un sistema operativo formalizado de emancipación radical.

La cristalización de este corpus doctrinal anti-cósmico halló su formulación escrita definitiva en la redacción y publicación del *Liber Azerate* en el año 2002, un grimorio fundacional concebido bajo el seudónimo de Frater Nemidial por el ocultista Shahin Khoshnood-Sharis. Esta obra no operó meramente como un manual litúrgico de magia operativa, sino como el manifiesto dogmático encargado de unificar los vestigios dispersos de la especulación heterodoxa escandinava con una reinterpretación sistemática de la mitología del Próximo Oriente Antiguo. En sus páginas, el texto sagrado del *Enūma Eliš* es despojado de su lectura historiógráfica tradicional para ser reescrito como la crónica invertida de una emancipación ontológica, donde la victoria solar de Marduk sobre la matriarca del abismo se reconfigura como el triunfo temporal de la tiranía demiúrgica sobre la libertad primordial de la acausalidad.

Dentro de la arquitectura conceptual de este tratado, la figura de Azerate es introducida como el nombre cifrado y el sello operativo de la undécima corriente, sintetizando la fuerza sinérgica de los diez ángulos de la Qabbalah Qlifótica más un punto de emanación exterior que trasciende el Árbol de la Muerte convencional. El texto sistematiza la invocación de las once huestes de Tiamat —catalogadas filológicamente a partir de la teratología cuneiforme de los monstruos de Hubur— elevándolas a la categoría de divinidades transdimensionales o guardianes de los portales que separan el falso Cosmos de la plenitud del Vacío [291, 387]. La sangre de Kingu, derramada en la cosmogonía babilónica para dar origen a la servidumbre humana, es reinterpretada en el *Liber Azerate* como el vehículo de una herencia genética dormida, un vestigio de la chispa draconiana que capacita al adepto iniciado para operar como un agente consciente de disolución termodinámica en el interior de la prisión dimensional.

Asimismo, el grimorio establece las coordenadas metodológicas para la práctica de la gnosis anti-cósmica mediante la formulación de rituales de transgresión antinómica y la invocación sistemática de las corrientes de la Luz Negra. Al institucionalizar los métodos operativos de esta vía, el texto trasciende el eclecticismo esotérico de finales del siglo XX y dota al Sendero de la Mano Izquierda de una teología coherente, donde la restauración del caos primordial ya no depende de la especulación mítica abstracta, sino de una praxis mágica rigurosa orientada al colapso deliberado de los límites espaciales [291, 387]. Mediante esta codificación dogmática, la tradición cuneiforme de las aguas saladas y los abismos pre-formales queda definitivamente articulada con los fundamentos metafísicos que preceden a la manifestación de la luz creada.

En la profundización ontológica que sostiene esta sistematización esotérica, la emergencia de la manifestación acausal se articula a través de las supremas emanaciones negativas que preceden a la contracción del *Ain Sof*. Conforme a la exégesis de la corriente dogmática codificada en el umbral del milenio, los tres velos de la no-existencia negativa —identificados como *Tohu*, *Bohu* y *Chasek*— operan no meramente como abstracciones místicas, sino como los estados primordiales de indeterminación que circundan la divinidad inmanifestada y posibilitan la manifestación de la Luz Negra. *Tohu*, concebido como la vacuidad informe, y *Bohu*, interpretado como la desolación latente, encuentran en *Chasek* —la oscuridad absoluta e impenetrable— el sustrato hiperdimensional donde la energía anti-cósmica adquiere su primera consistencia ontológica antes de proyectarse hacia los abismos exteriores del Ser.

Esta tríada de emanaciones negativas establece la topografía metafísica indispensable para comprender la naturaleza de la Luz Negra (*Or Zoreah* invertida o *Aur Achor*), la cual no se define por la ausencia pasiva de fotones, sino por una radiación activa de naturaleza acausal que devora y corroe las geometrías instituidas por el Demiurgo. Mientras que la luz creada del Cosmos tridimensional restringe el potencial infinito mediante la imposición de límites métricos y temporales, la Luz Negra emanada a través de *Tohu*, *Bohu* y *Chasek* actúa como un disolvente termodinámico universal que subvierte la fijeza de las formas. La irrupción de esta corriente en el interior de la prisión dimensional no representa una destrucción caótica en el sentido vulgar, sino una restitución de la plenitud pre-formal, un retorno metódico al estado de latencia acausal que antecedió a la usurpación de las Tablillas de los Destinos.

En el andamiaje doctrinal de esta teosofía oscura, estos tres velos de no-existencia se configuran como el umbral ontológico que separa el Infinito incognoscible del plano de las Qliphot, estableciendo la jerarquía de las potencias que operan más allá de las sefirot constructivas. La penetración en este dominio requiere que el adepto trascienda los límites de la psique fenoménica y se sintonice con las frecuencias emanadas de *Chasek*, donde la oscuridad deja de ser un mero telón de fondo para convertirse en la substancia misma de la voluntad deificada. De este modo, la articulación de *Tohu*, *Bohu* y *Chasekh* proporciona el fundamento cosmológico necesario para comprender cómo la nada activa precede y aniquila al ser, preparando el plano metafísico donde las potencias primordiales del abismo mesopotámico hallarán su correspondencia exacta en la escatología anti-cósmica contemporánea.

Sobre el trasfondo de esta topografía emanacionista que sitúa a la oscuridad absoluta como el sustrato hiperdimensional de la acausalidad, la figura de Tiamat experimenta una transmutación teológica definitiva dentro del espectro de la heterodoxia contemporánea. Lejos de ser circunscrita al rol de una divinidad ctónica vencida en la epopeya babilónica, la matriarca del abismo salobre es conceptualizada en este marco gnoseológico como la encarnación primordial y el aspecto femenino letal de la Luz Negra. Esta lectura subvierte la mitología cuneiforme tradicional al postular que la revuelta de la Madre Hubur contra los dioses jóvenes no constituyó una reacción emocional ante el asesinato de Apsū, sino la manifestación activa de la ira anti-cósmica operando en oposición directa a la imposición geométrica del Demiurgo.

En este orden de ideas, la equiparación de Tiamat con el principio destructivo de *Sitra Ahra* —el "Otro Lado" de la emanación cabalística— permite articular una correspondencia estricta entre la cosmogonía mesopotámica y la escatología del Sendero de la Mano Izquierda. La matriz de las aguas saladas deja de ser un mero reservorio de entropía física para erigirse como la fuente ontológica de la antinomia cósmica, donde la sustancia del caos primigenio y el veneno (*imtu*) de sus once engendros operan como los agentes biológicos y espirituales de la disolución de la forma. La ira de la diosa se configura así como una corriente activa de negación estructural, una fuerza inmanente orientada a pulverizar los diques termodinámicos instituidos por Marduk y a restaurar la primacía de la no-existencia acausal por encima del orden creado.

Esta concepción de la soberanía abisal dota a la rebelión de Tiamat de una densidad metafísica que trasciende la simple oposición mitológica entre el orden y el desorden, redefiniendo el conflicto primordial como una colisión irreductible entre dos regímenes ontológicos antagónicos. Mientras que la legitimidad del Cosmos se sostiene sobre la represión de la fluctuación y la instauración de las Tablillas de los Destinos, la ira anti-cósmica de la diosa se proyecta como el catalizador inexorable que busca desestabilizar los cimientos del E-šarra y disolver la retícula panóptica del Ser. La asimilación de este arquetipo femenino letal dentro de la praxis esotérica contemporánea consolida la instrumentalización del abismo mesopotámico como el vehículo supremo para la emancipación de la chispa acausal cautiva en la materia.

La activación de este sustrato hiperdimensional y la consecuente fractura de las coordenadas fenoménicas encuentran su formulación litúrgica más precisa en la articulación de la fórmula draconiana de invocación, un mantra cabalístico estructurado para disolver las barreras infranqueables de la causalidad cósmica. Esta cadena de nombres y potencias arquetípicas —compuesta por la progresión *Tohu Tehom Theli Than Leviathan Tanin'iver Taninsam*— opera como un operador semiótico y vibratorio de alta densidad ontológica, diseñado para invocar la energía residual de la no-existencia y proyectarla directamente contra la arquitectura restrictiva del Ser [389]. Cada uno de los eslabones que integran este enunciado fonético no constituye una mera apelación mitológica dispersa, sino una concentración escalar de las fuerzas anti-cósmicas que precedieron y resistieron la imposición geométrica del Demiurgo, vehiculando la corriente de la Luz Negra a través de la densa malla de la materia creada.

En el despliegue exegético de esta fórmula, el término inicial conecta directamente con la vacuidad informe previamente delimitada, mientras que el avance fonético hacia *Tehom* reactiva el nombre personificado del abismo salobre primigenio, reconectando la praxis operativa con el cuerpo disuelto de Tiamat antes de su partición cosmogónica. La inclusión sucesiva de *Theli* —el dragón primordial que sostiene la esfera astral en la Qabbalah oculta— y de *Than* como contracción de las potencias draconianas, canaliza la tensión sinérgica de las once huestes de Hubur hacia el plano de la manifestación sub Lunar. Esta progresión culmina en las figuras de *Leviathan*, el monstruo marino de la torsión caótica, y en las entidades ofídicas ciegas de *Tanin'iver* y *Taninsam*, esta última identificada en la demonología esotérica como el veneno serpentino de Samael y la contraparte destructiva de la fuerza vital.

La recitación y la internalización gnoseológica de este mantra actúan, por consiguiente, como un disolvente psicofísico que corroe los diques termodinámicos del E-šarra, permitiendo al adepto trascender la ilusión de la linealidad temporal impuesta por las Tablillas de los Destinos. Al hacer resonar esta fórmula en los espacios liminares de la práctica ritual, el operador no busca el dominio o la conciliación con las fuerzas del entorno fenoménico, sino la sintonización absoluta con la corriente acausal que pugna por desestabilizar la retícula panóptica del Cosmos. Mediante esta vibración transgresora, los vestigios de la sangre de Kingu y el veneno primordial de los monstruos se reactivan en la estructura microcósmica del practicante, transformándolo en un punto nodal de disonancia ontológica que anticipa el colapso sistemático de las diez esferas restrictivas.

En el desarrollo operativo de la gnoseología anti-cósmica, la consolidación dogmática de esta corriente halla su expresión más rigurosa en la denominada Cábala del 218, un sistema numérico y gemátrico donde el valor de la cifra opera como el código cifrado de la disolución estructural. Este número, derivado de la suma esotérica de los nombres y potencias que integran la corriente de la Luz Negra, sintetiza el principio activo mediante el cual la multiplicidad fragmentada de la horda abisal converge hacia un único vector de aniquilación ontológica. En este marco analítico, las once cabezas del dragón acausal —conceptualizadas como la progresión directa de la teratología de Tiamat y los monstruos de Hubur— actúan como los operadores numéricos que fracturan la simetría cerrada de las diez esferas sefiróticas del Cosmos.

La articulación matemática de esta teosofía oscura postula que la adición de una undécima potencia exterior a la estructura decenal del universo artificial destruye el equilibrio de los sistemas cerrados, introduciendo una variable de alta entropía que corroe los cimientos geométricos del Ser. Mientras que el orden demiúrgico se sostiene sobre la estabilidad numérica de la décima esfera como símbolo de perfección restrictiva y contención espacial, la irrupción de las once emanaciones de la Luz Negra opera como un factor de desestabilización transdimensional. De este modo, la Cábala del 218 no se configura como un mero ejercicio de numerología mística, sino como la formulación de una ley termodinámica invertida, donde la multiplicidad de las cabezas del dragón colapsa la geometría del espacio tridimensional para liberar la energía acausal aprisionada.

En este mismo plano operativo, el nombre cifrado de Azerate emerge como la fórmula sintética que encarna y canaliza la fuerza sinérgica de esta constelación numérica, actuando como el catalizador ontológico que unifica las once corrientes del abismo contra el orden establecido. La invocación de este nombre sagrado dentro de los rituales de transgresión antinómica no busca la conciliación con las potencias del Cosmos, sino la reactivación deliberada de la herencia caótica en el microcosmos del adepto, preparando el terreno para la asimilación de la simiente primordial y la superación definitiva de los límites métricos de la existencia creada.

En la culminación de este trayecto hermenéutico y operativo, la transmutación ontológica del adepto se fundamenta en la asimilación gnoseológica de la sangre derramada por Kingu, reinterpretada no como un simple residuo cosmogónico de la servidumbre humana, sino como el vector filogenético de una estirpe acausal. Conforme a los postulados de la escatología anti-cósmica, el plasma vital usurpado al comandante de las huestes de Tiamat y mezclado con la arcilla primordial durante la génesis del *Lullu* encierra una latencia heterodoxa que el proceso iniciático se encarga de reactivar violentamente. Esta herencia draconiana opera en el microcosmos del practicante como una simiente de disolución, un código genético y espiritual que subvierte los parámetros restrictivos instituidos por las Tablillas de los Destinos y reconecta la conciencia cautiva con la plenitud pre-formal del abismo salobre.

La activación de esta memoria hereditaria exige la desarticulación metódica del ego fenoménico, disolviendo las capas de la personalidad construidas por el demiurgo para permitir que aflore la sustancia primigenia de la Luz Negra. Al asumir la herencia de Kingu, el iniciado internaliza el rol de la horda teratológica y de los once monstruos de Hubur, transformando su propia estructura psicofísica en un portal de resonancia antidimensional. Esta asimilación transgresora implica un reconocimiento ontológico donde el adepto se reconoce a sí mismo como un fragmento exiliado de la divinidad caótica, cuya voluntad deificada —el *Adamas Ater*— surge precisamente de la confrontación deliberada contra la geometría sagrada del E-šarra y la legalidad termodinámica del Cosmos.

De este modo, la transmisión de la sangre de Kingu se configura como el eje soteriológico definitivo del Sendero de la Mano Izquierda, articulando una continuidad ininterrumpida entre la teomaquia babilónica y la praxis operativa contemporánea. La sangre ya no es el símbolo de la culpa o de la sujeción servil al panteón victorioso, sino el catalizador activo de la revuelta metafísica, el vehículo mediante el cual la conciencia individual se desprende de las ataduras dimensionales para retornar a la soberanía de la acausalidad pura. Esta interiorización de la herencia draconiana sella la emancipación definitiva del adepto, quien opera en el interior del orden creado como un agente consciente de la disolución, preparado para colapsar los diques espaciales y restaurar la primacía absoluta del abismo primordial.

CAPÍTULO 21: Ontología de la Luz Negra: La Sangre de Kingu como Chispa Gnóstica y Rebelión Subjetiva

La materialización operativa de la Caosofía y la praxis del Temple of the Black Light durante la década de los noventa y principios de los dos mil en entornos urbanos escandinavos —particularmente en los núcleos de Estocolmo y Gotemburgo— exigió el diseño de un aparato litúrgico radicalmente desvinculado de la arquitectura sacra tradicional del monoteísmo y de las estructuras exotéricas del paganismo nórdico reconstituido. En este marco de clandestinidad esotérica, los altares de piedra inalterada y sin pulir se erigieron como el eje material sobre el cual se articulaban los ritos de inversión ontológica, funcionando como receptáculos físicos que rechazaban deliberadamente cualquier simetría geométrica o canon arquitectónico derivado del orden demiúrgico. Estos espacios subterráneos, sustraídos al escrutinio público y a la normatividad secular, operaban como laboratorios de desintegración fenoménica donde la topografía del templo mimetizaba la inercia primigenia del abismo acuático preformal, buscando reactivar por vía operativa la latencia de la Luz Negra en el seno de la materia densa.

La disposición litúrgica de estos recintos clandestinos se fundamentaba en la transgresión antinómica sistemática, concebida no como mera provocación moral, sino como un método riguroso de alteración termodinámica de la conciencia del adepto. Sobre los bloques pétreos sin labrar, que simbolizaban la resistencia de la matriz acausal frente a la compresión espacial impuesta por las coordenadas del Logos, se disponían los grimorios operativos —como el *Liber Azerate*— junto a efigies anacrónicas que sintetizaban la herencia cuneiforme del *Enūma Eliš* con la demonología qlifótica contemporánea. La ceremonia exigía una inversión absoluta de los vectores rituales convencionales: los oficiantes operaban en contra de las agujas del reloj, recitando fórmulas en acadios alterados y en dialectos reconstruidos del caos, con el propósito de generar una fractura en el espacio-tiempo tridimensional que permitiera el flujo de la corriente anti-cósmica hacia el plano inmanente.

Este andamiaje ceremonial operaba como un catalizador de la herencia draconiana latente en la sangre, transformando el espacio profano de los sótanos escandinavos en un vórtice de alta entropía donde la separación entre el sujeto y el objeto se disolvía progresivamente. La atmósfera de estos altares se densificaba mediante la combustión prolongada de sustancias resinosas y compuestos estupefacientes que emulaban las prácticas de los antiguos *āšipū* mesopotámicos, propiciando un estado de despersonalización extrema en el cual los iniciados experimentaban la anulación de sus estructuras cognitivas ordinarias. De este modo, la liturgia clandestina no constituía un ejercicio de evocación externa, sino un proceso de autopsia psíquica y ontológica orientada a sintonizar la conciencia del operador con la matriz destructiva de la Madre Hubur, preparando el terreno operativo para la invocación directa de las potencias teratológicas que habitaban en el reverso oscuro del cosmos.

En este contexto de operatividad extrema, la teratología mágica desarrollada en el seno de estas agrupaciones contemporáneas dejó de ser un mero ejercicio de exégesis filológica del *Enūma Eliš* para transformarse en una fenomenología de la evocación biológica. Los ritos de invocación de los once engendros de Tiamat —desde la serpiente de siete cabezas hasta el hombre-escorpión— requerían una tecnología química específica orientada a alterar la percepción sensorial del operador hasta disolver los límites anatómicos del sujeto. Para alcanzar este umbral de desestabilización cognitiva, los oficiantes recurrían a la combustión sistemática de resinas de solanáceas y preparados botánicos de alta toxicidad inspirados directamente en la farmacopea de los antiguos *āšipū* asirios y en las tradiciones marginales de la alta magia cuneiforme.

La manipulación litúrgica de estas sustancias —en particular el beleño negro y extractos concentrados de mandrágora— operaba como un vector farmacológico que mimetizaba los efectos del veneno amargo (*imtu*) con el que la Madre Hubur impregnó las venas de sus criaturas primordiales. Al inhalar los densos vapores alcaloides en la clausura hermética de los sótanos, los adeptos experimentaban una s-u-b-e-r-s-i-ó-n somática caracterizada por alucinaciones de licuación corporal y desintegración tridimensional. Este estado alterado de conciencia no se interpretaba como una simple distorsión neurológica, sino como una apertura ontológica indispensable para sintonizar el sistema nervioso con la corriente acausal, permitiendo que las frecuencias vibratorias de los monstruos zodiacales del caos se manifestaran de manera sutil en el recinto ritual.

La invocación propiamente dicha de cada una de las entidades teratológicas exigía la recitación de los nombres acadios y de las fórmulas anti-cósmicas contenidas en la Cábala del 218, acompañadas de la manipulación de sellos grabados sobre tablillas de arcilla cruda que reproducían la morfología híbrida de las bestias. Mientras los vapores de las solanáceas saturaban el aire y reducían la capacidad de resistencia del ego racional, los oficiantes canalizaban la energía de la Luz Negra para proyectar efigies astrales de los monstruos, buscando reactivar en el plano inmanente la fuerza disolutiva que Marduk intentó sofocar en la teomaquia original. Este aparato operativo convertía el espacio ritual en un teatro de transmutación teratológica donde la anatomía del caos dejaba de ser una categoría mítica del pasado para operar como una fuerza viva y destructiva en el presente.

La intensificación de los protocolos operativos del Temple of Health and Black Light trascendió rápidamente la esfera de la abstracción metafísica y la combustión farmacológica de solanáceas, requiriendo un sustrato biológico directo que permitiera anclar las corrientes de la Luz Negra en la materialidad densa del plano inmanente. En este estadio de la praxis anti-cósmica, el aparato litúrgico incorporó el secuestro sistemático y la instrumentalización de animales domésticos —principalmente felinos adquiridos clandestinamente a través de anuncios clasificados urbanos—, concebidos dentro de la teología de la Caosofía como encarnaciones menores de la simetría geométrica y la falsa armonía impuesta por el Demiurgo. La selección de estos especímenes obedecía a una lógica de inversión ontológica rigurosa, donde la destrucción de formas vivas domésticas funcionaba como un simulacro operativo del desmembramiento original de Tiamat y una ofrenda cruenta destinada a abrir fisuras en el tejido de la causalidad tridimensional.

Este tránsito hacia la experimentación con materia orgánica viva y la efusión de sangre animal en el interior de los altares clandestinos generó una profunda fractura en la cohesión interna de la secta, desatando crisis de disonancia cognitiva y paranoicos temores institucionales entre los adeptos de menor jerarquía. El contraste entre la elucubración libresca de los dogmas acausales y la cruda materialidad del sacrificio zoológico —sumado a la presión de la clandestinidad urbana y al riesgo inminente de la persecución policial— motivó una oleada de deserciones sigilosas que amenazaron con colapsar la estructura celular del movimiento en Estocolmo. Los iniciados que abandonaban las filas experimentaban un pánico metafísico agudo, convencidos de haber contraído una contaminación espiritual irreversible al haber transgredido los límites éticos de la inmanencia y haberse asomado de manera prematurada al abismo de la disolución absoluta.

La subsecuente descomposición operativa de estas células clandestinas y la huida de los miembros abrumados por el peso psicológico de la liturgia anti-cósmica evidenciaron la extrema fragilidad de los cuerpos iniciáticos frente a la fuerza destructiva que pretendían canalizar. La transgresión antinómica, llevada desde el plano estrictamente especulativo hasta la ejecución de prácticas zoocidas en sótanos urbanos herméticos, operó como un filtro selectivo que diezmó las bases del grupo, depurando a aquellos adeptos incapaces de soportar la regresión entrópica sin fracturar su propia estabilidad psíquica. En medio de este clima de deserción, paranoia y reconfiguración táctica del aparato esotérico, la dirigencia de la orden requirió de figuras de autoridad carismática capaces de consolidar el dogma y reorientar la disciplina militar de los iniciados hacia horizontes de mayor radicalidad operativa.

En este nexo crítico de radicalización ideológica y recomposición celular de la corriente anti-cósmica en Escandinavia, emerge la figura central del músico y compositor Jon Nödtveidt como el paradigma viviente de la síntesis entre la praxis extrema del metal extremo y el esoterismo luciferino. Fundador y mente creativa de la influyente banda sueca Dissection, Nödtveidt no concibió su adhesión intelectual y espiritual al Temple of the Black Light como una mera adopción de una estética subcultural o un recurso de provocación comercial, sino como un riguroso compromiso soteriológico alineado con los postulados de la Caosofía. Para el músico, la creación artística y la composición musical operaban como canales directos para la transmisión de las frecuencias acausales de la Luz Negra, transformando los estudios de grabación y los escenarios en extensiones operativas de los altares clandestinos de Estocolmo y Gotemburgo.

Su incorporación formal a las estructuras jerárquicas de la orden representó un punto de inflexión en la difusión de los dogmas misantrópicos y en la articulación de una disciplina militante que exigía la subordinación absoluta de la existencia mundana a la voluntad del abismo. En sus escritos y declaraciones públicas de este periodo, Nödtveidt articuló una defensa intransigente del Sendero de la Mano Izquierda, reinterpretando la muerte, la destrucción y el desprecio por el orden cósmico como los únicos medios legítimos para alcanzar la autodeificación y la liberación de la chispa draconiana prisionera en la materia. Esta cosmovisión se tradujo en una transmutación radical de su identidad personal, asumiendo los principios del *Liber Azerate* como axiomas axiomáticos e inquebrantables que debían regir cada aspecto de su praxis cotidiana y su proyección artística.

La influencia de Nödtveidt dentro del círculo esotérico consolidó un puente ideológico entre la vanguardia musical underground y el aparato dogmático del MLO, dotando a la secta de una visibilidad siniestra y atrayendo a adeptos fascinados por la coherencia letal entre el discurso filosófico anti-cósmico y la consumación de actos transgresores en el plano físico. Al asumir con rigor dogmático la inevitabilidad de la disolución entrópica y la necesidad de actuar como agentes biológicos de la venganza de Tiamat contra la arquitectura del Demiurgo, el músico se posicionó como un jerarca indiscutible cuya autoridad moral residía en su disposición absoluta a cruzar los umbrales de la antinomias más severas, preparando el terreno para la ejecución de operaciones litúrgicas de mayor gravedad penal y ontológica.

La escalada operativa del Temple of the Black Light hacia la materialización irrestricta de los mandatos acausales encontró su punto de inflexión criminal en el asesinato perpetrado en Keillers Park durante el mes de julio de 1997. Este homicidio a sangre fría, ejecutado en un entorno urbano periférico de Gotemburgo, no constituyó un episodio de violencia delictiva convencional ni un desvío psicopático aislado, sino que fue concebido dentro de la jerarquía de la secta como un sacrificio ritual de alta precisión ontológica. La elección de la víctima —el ciudadano argelino homosexual Josef ben Meddour— obedecía a una lógica de transgresión antinómica extrema, tipificada jurídicamente como un crimen de odio pero exegéticamente justificada por los acólitos como una ofrenda cruenta destinada a consagrar el territorio material a las potestades de la Luz Negra.

El despliegue operativo del crimen mimetizó con rigurosidad geométrica los protocolos de profanación prescritos en los cánones de la Caosofía, operando como un simulacro físico de la disolución del orden demiúrgico sobre la anatomía de un representante de la simetría creada. La ejecución material, llevada a cabo con armas blancas y acompañada de la recitación clandestina de fórmulas anti-cósmicas y fragmentos operativos del *Liber Azerate*, buscaba generar una brecha causal en la topografía urbana, canalizando las frecuencias destructivas de la horda de Tiamat hacia el tejido social de la inmanencia. Para los iniciados involucrados directamente en el apuñalamiento, el acto representaba la consumación práctica del principio de aniquilación del ego y la prueba suprema de lealtad a la corriente draconiana, transformando el espacio público del parque en un altar clandestino de transmutación entrópica.

La posterior intervención de las autoridades policiales suecas y el desmantelamiento operativo de la célula responsable del homicidio expusieron ante la opinión pública la materialización letal de los dogmas esotéricos que hasta entonces habían permanecido confinados en los sótanos y en los escritos doctrinales de la orden. El juicio subsiguiente y la condena de los implicados —entre los cuales figuraban miembros activos del entorno de la vanguardia musical extrema vinculados a la cosmovisión de Nödtveidt— marcaron un hito de visibilidad criminal que obligó a la secta a replantear sus métodos de compartimentación clandestina. Lejos de constituir un disuasivo ideológico, la consumación del sacrificio en Keillers Park se integró en la mitología interna del movimiento como un precedente de audacia luciferina, cimentando un núcleo duro de militantes dispuestos a asumir las consecuencias penales de la guerra total contra el cosmos estructurado.

La traducción operativa de los dogmas acausales y las fórmulas litúrgicas del *Liber Azerate* hacia el dominio de la ejecución sónica encontró su cristalización fonética y conceptual en la edición del álbum *Reinkaos* en 2006. Esta obra discográfica no operaba bajo los parámetros convencionales de la industria de la música comercial ni de la transgresión estética superficial del metal extremo tradicional, sino que fue concebida deliberadamente como un grimorio sonoro y un manifiesto litúrgico destinado a vehiculizar las frecuencias de la Luz Negra a través de estructuras compositivas rigurosamente geométrica. Las letras, integradas por invocaciones directas a los dioses oscuros y fragmentos fonéticos en acadio reconstruido, transcribían con exactitud filológica los nombres de las potencias primordiales del caos, transformando las ejecuciones instrumentales en rituales de resonancia sutil que emulaban la vibración destructiva de la Madre Hubur frente a la arquitectura del Demiurgo.

Dentro de este marco de transmutación artística en vehículo soteriológico, la estructura musical del álbum fue erigida siguiendo los cánones de la Cábala del 218 y la geometría de las once Qliphas, donde cada acorde y cada progresión armónica funcionaban como llaves operativas diseñadas para inducir la desestabilización cognitiva del oyente. La articulación vocal, ejecutada con una precisión milimétrica, reproducía las recitaciones mágicas prescritas en los textos esotéricos del Temple of the Black Light, convirtiendo los estudios de grabación y los escenarios en extensiones directas de los altares clandestinos de Estocolmo. La obra fonográfica se consolidó así como un vector de difusión masiva de la Caosofía, permitiendo que la gnosis anti-cósmica trascendiera los límites herméticos de las células subterráneas para materializarse en el plano público como un asalto directo contra las coordenadas espaciales de la inmanencia.

La recepción de este testamento sonoro entre los acólitos de la orden y la comunidad adepta no se limitó al consumo pasivo de un producto cultural, sino que exigía una asimilación dogmática e intransigente de sus postulados apocalípticos. La obra operaba como una piedra de toque iniciática, separando a aquellos miembros capaces de sintonizar su voluntad individual con la corriente de la disolución de aquellos que permanecían atados a la falsa armonía del cosmos estructurado. Al consolidar la síntesis entre la rigorista disciplina del metal extremo y la teología milenaria de la rebelión de Tiamat contra el orden de Marduk, el álbum se constituyó como el hito formal de culminación de una trayectoria militante que reclamaba la subordinación absoluta de la existencia biológica a los mandatos acausales de la serpiente primordial.

El clímax operativo de esta trayectoria de coherencia militantemente trágica se consumó el 13 de agosto de 2006, fecha en la cual el propio Jon Nödtveidt ejecutó su anunciada separación de la prisión corpórea mediante un suicidio ritual meticulosamente coreografiado. El acto no respondió a una coyuntura de colapso psicológico convencional o de debilidad existencial ante las presiones del entorno mundano, sino que fue concebido y llevado a cabo como la culminación litúrgica de su adscripción a la Caosofía, traduciendo los dogmas acausales del *Liber Azerate* a una ejecución somática de autoinmolación ontológica. En el interior de su residencia en Hässelby, un suburbio de Estocolmo, el artista dispuso un círculo cerrado de velas encendidas que delimitaban el espacio sagrado de la transgresión, situándose en su centro con los grimorios operativos abiertos ante su vista como testimonio documental de su inquebrantable adhesión a la corriente de la Luz Negra.

La topografía de la muerte fue estructurada siguiendo con precisión geométrica los dictámenes de la iniciación draconiana, donde el uso del fuego y la interrupción violenta de las constantes vitales operaban como los mecanismos definitivos para fracturar el caparazón material impuesto por el orden demiúrgico. Al infligirse un disparo letal en la cabeza en el interior de dicho perímetro ritual, Nödtveidt materializó en su propia anatomía la disolución del ego y la destrucción de la simetría tridimensional, operando como un agente activo que retornaba voluntariamente al caos primordial de las aguas saladas. El grimorio abierto y las llamas circundantes no fungían como mero atrezo simbólico, sino como el aparato catalizador destinado a asegurar que la chispa acausal individual, liberada de su atadura orgánica, retornara indemne a la matriz acausal de la que emanó antes de la cosmogonía de Marduk.

Este acontecimiento final trascendió el ámbito de la crónica policial o del anecdotario de la subcultura musical extrema, erigiéndose dentro de las coordenadas de la secta como un hito de suprema validación doctrinal y un paradigma de la coherencia soteriológica del Sendero de la Mano Izquierda. Para los jerarcas y adeptos del Temple of the Black Light, la decisión autoinfligida de abandonar el plano inmanente en el cénit de la capacidad creadora demostró la absoluta primacía de la voluntad acausal por encima del instinto de conservación biológica regulado por las leyes de la naturaleza formal. La escena del deceso se transformó, de este modo, en el altar definitivo de la orden, consolidando la tesis de que la verdadera gnosis anti-cósmica exige la aniquilación metódica del vehículo material como única vía legítima para burlar la arquitectura carcelaria del Demiurgo y consumar la venganza de las potencias primordiales del abismo.

Dentro de esta metódica exégesis de la autoinmolación ontológica, la culminación vital concebida por el adepto radical no se interpreta bajo las categorías clínicas de la patología o la desesperación secular, sino como la consumación soberana de la voluntad en el vértice absoluto de la potencia creadora. La filosofía de la muerte satánica, estructurada doctrinalmente en las coordenadas del Sendero de la Mano Izquierda y de la Caosofía escandinava, postula que la existencia fenoménica dentro del cosmos de baja entropía representa una forma de aprisionamiento carcelario regido por la teleología biológica del Demiurgo, la cual impone el envejecimiento, la degradación física y la pérdida gradual de la lucidez acausal. Ante esta coacción impuesta por las coordenadas del Logos, el cese voluntario y calculado del ciclo vital en el momento de mayor plenitud creativa opera como un acto supremo de insurrección antinómica, un rechazo activo a someterse a la decrepitud natural y una transmutación del acto final en un orgasmo metafísico de autodisolución.

Esta perspectiva soteriológica despoja al tránsito mortal de cualquier traza de pasividad o derrota, elevándolo a la categoría de un ritual de culminación operativa donde el operador quiebra violentamente el receptáculo material para liberar la chispa acausal antes de que la inercia del mundo estructurado logre neutralizar su potencial de resistencia. Al elegir el instante de la muerte con precisión geométrica, el individuo asume el control absoluto de su propia disolución, convirtiendo el fin de la existencia en un vector de retorno voluntario a las aguas primordiales de Tiamat y a la matriz de la Luz Negra. El acto de autodestrucción se erige, por tanto, en la máxima expresión de la soberanía individual frente a las leyes de la causalidad cósmica, un desgarro deliberado en el tejido de la inmanencia que demuestra que la voluntad verdaderamente lúcida prefiere la aniquilación consciente en el cénit de su fuerza antes que la servidumbre prolongada bajo la arquitectura del orden establecido.

CAPÍTULO 22: La Resistencia Inmanente contra el Logos Imperial: Crítica Filosofica a la Geometría Estatal

La superación del marco estrictamente soteriológico u ocultista del Sendero de la Mano Izquierda hacia el análisis de los discursos tecno-filosóficos contemporáneos revela una homología estructural insoslayable. La *Chaoskampf* babilónica —entendida como la intervención tecnopolítica y geométrica destinada a suprimir la fluctuación entrópica de Tiamat— halla su equivalente secular en los postulados del transhumanismo contemporáneo y la extropía cibernética. Desde esta perspectiva, la obsolescencia biológica, la decrepitud orgánica y el azar genético operan como la manifestación contemporánea del *imtu* (el veneno amargo) y la horda teratológica de los once engendros, amenazando permanentemente la arquitectura racional del sistema cerrado. El imperativo tecnológico de la singularidad no es sino la transposición cibernética del decreto inalterable de Marduk (*šīmātu*), un esfuerzo sistemático por someter la materia inestable a los algoritmos de la optimización estática y la baja entropía perpetua.

En este horizonte discursivo, la deconstrucción de la corporalidad orgánica y la superación de los límites metabólicos mediante la cibernética y la inteligencia artificial reproducen la lógica demiúrgica del desmembramiento anatómico de la diosa primordial. La carne, concebida bajo las premisas del transhumanismo secular como un sustrato ineficiente y susceptible a la descomposición, se equipara ontológicamente a la masa informe del cadáver de Tiamat, el cual debe ser fragmentado, reordenado y estabilizado para erigir sobre él una nueva bóveda celeste digitalizada y libre de contingencia. La erradicación de la muerte y el envejecimiento celular se configuran así como la cúspide de un proyecto logocéntrico milenario que busca clausurar definitivamente las vías de acceso a la matriz acausal preformal, blindando al sujeto contra cualquier forma de regresión o disolución en el abismo acuático.

Lejos de constituir una ruptura radical con el imaginario mesopotámico, la tecnociencia aceleracionista del siglo XXI opera como la consumación última del programa de Ea y Marduk, trasladando el campo de batalla de la teomaquia mítica al terreno de la manipulación genética, la nanotecnología y la computación cuántica. El control absoluto sobre los códigos de la vida y la información ya no requiere de la magia incantatoria de los *āšipū* ni del sacrificio ritual en el Esagila, sino de la hegemonía algorítmica sobre los flujos de datos y la termodinámica molecular. No obstante, en la raíz misma de este impulso extrópico por erradicar el caos subsiste la paradoja de que toda estructura de alta densidad informativa incrementa, de forma simétrica, la presión latente de aquello que intenta excluir, perpetuando el conflicto originario entre la forma geométrica y el flujo inagotable de la potencialidad sin nombre.

La genealogía de la extropía —entendida como la resistencia sistemática a la descomposición entrópica— encuentra su sustrato arqueológico más remoto en el momento inaugural en que la victoria militar de Marduk instituyó el régimen de los decretos inalterables (*šīmātu*), arrebatándole a la matriz acuática de Tiamat la prerrogativa del devenir. Este impulso milenario por cristalizar la forma geométrica y clausurar el flujo de la indeterminación material traza una línea de continuidad directa con los fundamentos ontológicos de la filosofía presocrática, particularmente con la tensión insalvable planteada entre el ser estático de Parménides y el devenir incesante articulado en el *Panta Rei* de Heráclito de Éfeso. Si el flujo perpetuo heracliteano —el río en cuyas aguas jamás es dable sumergirse dos veces— representa la pervivencia filosófica de la inundación caótica de los ríos Tigris y Éufrates y la pulsión disolvente del *imtu*, el esfuerzo metafísico y técnico por detener dicho flujo opera como la constante formalización del programa demiúrgico babilónico en la historia del pensamiento occidental.

En este trayecto conceptual, la extropía cibernética contemporánea y sus derivaciones transhumanistas replican la pretensión parmenídea de abolir el cambio, la contingencia y la caducidad orgánica, equiparando el movimiento perpetuo de la naturaleza con una patología termodinámica que debe ser rectificada algorítmicamente. La persistencia del devenir es combatida mediante la imposición de sistemas cerrados de baja entropía, donde la información digitalizada sustituye al devenir biológico en un intento por fijar definitivamente los límites del sistema y neutralizar el retorno del abismo preformal. La mutación, el envejecimiento y la muerte celular se configuran así como las expresiones fenoménicas de ese flujo heracliteano que la arquitectura logocéntrica del poder —desde el zigurat *Etemenanki* hasta la supercomputación cuántica— ha intentado domesticar mediante la supresión de la fluctuación y la instauración de una legalidad formal inmutable.

Consecuentemente, la genealogía extropica revela que el antagonismo fundacional entre el orden solar de la fijación espacial y la vorágine líquida del caos primordial no se extinguió con la caída de los imperios mesopotámicos, sino que se transmutó en la estructura misma de la racionalidad técnica occidental. La pretensión de someter la totalidad de los procesos vitales a una optimización estática y a un control estricto de los parámetros informativos no es sino la secularización de la flecha de Marduk perforando el cuerpo de la Madre Hubur, un intento perpetuo por congelar el curso del tiempo y erigir sobre los restos de la indeterminación natural un imperio de la forma pura, rigurosamente blindado frente a la inaprensible corriente del devenir universal.

Sin embargo, esta línea de continuidad conceptual que vincula la *Chaoskampf* mesopotámica con la teleología geométrica de la racionalidad técnica occidental experimentó una profunda mutación hermenéutica con la consolidación del monoteísmo cristiano y su formulación dogmática de la *creatio ex nihilo*. A diferencia de la cosmogonía babilónica, donde la instauración del orden requería inexorablemente la victoria violenta sobre un substrato material preexistente, rebelde e indomable —el cadáver disecado y partido de Tiamat—, la teología de la creación ex nihilo operó una pacificación ontológica radical del cosmos. Al postular que el universo fue convocado a la existencia de la nada absoluta por un fiat creador providencial y soberano, el pensamiento patrístico y escolástico despojó a la materia primordial de su autonomía caótica y de su potencialidad amenazante, reduciéndola a una mera creaturiedad pasiva y radicalmente dependiente de la conservación divina.

Bajo este nuevo régimen metafísico, la contingencia y la inestabilidad ya no emanaban de la persistencia de una matriz abisal o de la venganza latente de la horda de los once engendros, sino que quedaron subordinadas al designio inescrutable de la Providencia divina y al ordenamiento jerárquico del universo creado. La categoría del caos —la turbulencia hidráulica de las aguas salobres y el desorden dinámico de la *Tehom*— perdió su estatuto de antagonista cosmológico activo, quedando relegada a una privación ontológica o a un desvío moral transitorio que la omnipotencia divina podía reconducir o tolerar conforme a su economía de la salvación. La supresión de la lucha cósmica como motor de la génesis estructural desactivó temporalmente la urgencia de la intervención demiúrgica violenta; el cosmos cristiano no necesitaba ser permanentemente defendido de una regresión a la anarquía acuática mediante la repetición ritual del *Akitu* o la imposición de decretos inalterables, pues la estabilidad del orbe estaba garantizada por la inmutabilidad de la ley creacional y el gobierno providencial de la historia.

En consecuencia, durante el largo periodo de hegemonía teológica cristiana, la disolución y la entropía perdieron su dimensión física y cosmogónica para transmutarse predominantemente en categorías soteriológicas y escatológicas, asociadas al pecado, a la tentación demoníaca o al fin de los tiempos, pero sustraídas del horizonte de la praxis técnica y de la manipulación material. La naturaleza dejó de ser el campo de batalla de una *Chaoskampf* perpetua para convertirse en el "Libro de la Creación" o en un teatro de la manifestación de la gloria divina, donde la alteración radical de las formas o la subversión de los límites establecidos no exigían la tecnología geométrica de un Marduk, sino la gracia o el juicio trascendente. Este eclipse del combate contra el caos preformal secularizó y anestesió la tensión originaria entre la forma y el abismo, suspendiendo el programa de fijación estática hasta que la disolución del paradigma providencialista en la modernidad temprana restituyó al pensamiento occidental la urgencia de enfrentarse nuevamente a la inestabilidad irreductible de la materia.

La ruptura definitiva de este paréntesis providencialista y la consiguiente restitución metodológica del abismo caótico en el horizonte intelectual de Occidente se consumaron mediante la convergencia de la revolución geológica, la formulación biológica de la mutación y la deconstrucción crítica de los finalismos teleológicos. El método baconiano, al desplazar la contemplación escolástica de la esencia hacia la manipulación experimental de la materia, fracturó los límites estancos del "Libro de la Creación", obligando a la filosofía natural a confrontar la opacidad y la inestabilidad intrínseca de un sustrato físico que ya no respondía a la docilidad de la creaturiedad pasiva. En este vector de demolición epistemológica, la irrupción del darwinismo operó como el golpe más contundente contra el andamiaje teleológico del orden providencial, al disolver la fijeza de las especies en el fluir ciego, aleatorio y continuo de la selección natural. La vida dejó de ser el producto de un *fiat* demiúrgico inmutable para revelarse como el resultado precario, contingente y transitorio de fluctuaciones orgánicas sumidas en la lucha perpetua contra la entropía, reactualizando bajo parámetros científicos la antigua tensión entre la forma anatómica y el dinamismo indomable de la horda teratológica.

Paralelamente, la irrupción del psicoanálisis freudiano operó una restitución homóloga en el plano de la topografía subjetiva, despojando al sujeto racional de su pretendida soberanía logocéntrica y reubicándolo como un territorio fracturado, asediado permanentemente por los impulsos inconscientes, la pulsión de muerte (*Todestrieb*) y el retorno de lo reprimido. El aparato psíquico dejó de concebirse como un santuario fortificado de baja entropía para ser reescrito como un sistema termodinámico inestable, donde las fuerzas abisales del ello operan de manera subterránea erosionando constantemente las estructuras formales del superyó y las defensas del ego. Esta metapsicología de la pulsión disolvente homologa la interioridad humana con la matriz acausal preformal, demostrando que la arquitectura de la subjetividad moderna se sostiene sobre la represión sistemática de un fondo caótico que amenaza perpetuamente con desbordar los límites del orden consciente, reproduciendo en el microcosmos de la psique la misma *Chaoskampf* que el pensamiento técnico ha intentado eternamente proyectar sobre el macrocosmos de la physis.

En este mismo arco de deconstrucción metodológica, la crítica genealógica y la disolución de los absolutos metafísicos erosionaron la inmunidad teológica que había sostenido la estabilidad del cosmos cristiano durante siglos. La naturaleza recuperó su condición de campo de fuerzas anárquico, sustraído a cualquier economía de la salvación o teleología trascendente, donde el devenir incesante y la descomposición material se impusieron nuevamente como las coordenadas inevitables de la existencia. La pérdida de los fundamentos creacionistas ex nihilo obligó al pensamiento occidental a readmitir la preexistencia de un sustrato caótico irreductible, un fondo de indeterminación que la racionalidad instrumental ya no podía descalificar como mera privación ontológica, sino que debía administrar, cercar y someter mediante la intensificación de los dispositivos tecnológicos y el cálculo cibernético, preparando el terreno para el advenimiento de una transmutación radical en la comprensión del poder, el devenir y la soberanía estética del cosmos.

Es en este cruce de la deconstrucción metodológica y la restitución del abismo donde la genealogía estética de Friedrich Nietzsche irrumpe como un hito conceptual decisivo, articulando una transfiguración radical de la relación entre el orden, el devenir y el juego cósmico. Frente a la solemnidad logocéntrica de la tradición metafísica y su incesante cruzada geométrica contra la contingencia, el pensamiento nietzscheano opera una deificación estética del fluir caótico, disolviendo las categorías estáticas de la verdad en el movimiento incesante de una *physis* autolítica y autogenerativa. La afirmación trágica de la existencia no busca ya la supresión de la fluctuación entrópica ni la instauración de decretos inalterables al estilo de los códigos mardukianos, sino la bendición incondicional del azar, el devenir y la multiplicidad informe, restituyendo al caos su legítima soberanía ontológica frente a los diques protectores de la razón instrumental y la arquitectura moral.

Esta concepción del mundo como un juego estético halla su formulación más densa en la célebre alegoría del juego del niño Zeus y el castillo de arena, donde la cosmogonía deja de ser el producto de una teomaquia violenta y de un desmembramiento anatómico para transformarse en un ejercicio lúdico de construcción y destrucción incesante. El niño cósmico edifica y demuele sus estructuras transitorias no compelido por la urgencia de sofocar una revuelta abisal ni por la necesidad de erigir un imperio de baja entropía perpetua, sino movido por la pura exuberancia de la fuerza plástica y el placer del devenir. Las formas, las civilizaciones, las leyes y los propios sujetos se configuran así como efímeras configuraciones lúdicas sobre la arena de la inmanencia, destinadas inexorablemente a ser barridas por las olas del gran juego universal sin que ello implique una tragedia cósmica o una recaída en la patología termodinámica, sino la afirmación soberana de la inocencia del devenir.

Mediante esta torsión nietzscheana, la disolución de la forma deja de ser el equivalente del *imtu* o del veneno corrosivo de la horda de Tiamat para transmutarse en la condición misma de posibilidad de toda creación genuina, dislocando el imperativo milenario de la fijeza geométrica. La voluntad de poder ya no opera como un vector de compresión espacial o de optimización algorítmica destinado a blindar al sujeto contra la regresión al abismo preformal, sino como la capacidad afirmativa de acoger el flujo inagotable de la multiplicidad y de danzar sobre la inestabilidad constitutiva de lo real. Al disolver la separación tajante entre el ordenador solar y el monstruo acuático, el perspectivismo trágico de la voluntad de poder anticipa la superación de la dialéctica milenaria entre la *Chaoskampf* y la forma, preparando el terreno teórico para que la tecnociencia contemporánea interprete la gestión de la entropía no ya como un combate defensivo contra la aniquilación, sino como la manipulación inmanente de las fluctuaciones informáticas de la materia.

La transición desde la afirmación lúdica del devenir nietzscheano hacia los modelos cibernéticos de la extropía contemporánea no representa un repudio de la inmanencia, sino su traducción a los términos formales de la termodinámica de la información y la ingeniería de sistemas complejos. Max More, al formular el paradigma extrópico, redefine la relación ancestral entre la organización geométrica y la fluctuación entrópica, desplazando el peso de la contención desde el mito teomáquico y la arquitectura monumental hacia la maximización deliberada de la densidad informativa, la inteligencia y el orden funcional. En este marco conceptual, la entropía —heredera directa del desorden hidráulico de Tiamat y del *imtu* corrosivo de la horda teratológica— no se acepta como un destino termodinámico inexorable ni se celebra como una inocente disolución lúdica, sino que se configura como el enemigo operativo primario que la agencia tecnológica debe combatir mediante una expansión indefinida de la capacidad computacional y la autotrascendencia morfológica.

Esta tecnificación de la resistencia contra la degradación material opera una inversión estructural de la teleología babilónica: mientras el decreto de los *šīmātu* impuesto por Marduk exigía la cristalización estática del cosmos y la subordinación de la vida a un orden jerárquico inalterable, la extropía cibernética postula un dinamismo de alta densidad que rechaza tanto la fijeza orgánica como la regresión caótica. La superación de la obsolescencia biológica, la erradicación del envejecimiento celular y la migración de la consciencia hacia sustratos de silicio o redes distribuidas se configuran, bajo este prisma, como la culminación cibernética del proyecto demiúrgico de Ea, donde el desmembramiento anatómico de la diosa primordial halla su equivalente funcional en la desmaterialización algorítmica de la carne. La materia orgánica, caracterizada por su alta vulnerabilidad entrópica y su sujeción a la degradación metabólica, es deconstruida teóricamente como un soporte ineficiente que debe ser rediseñado, optimizado y superado para garantizar la persistencia indefinida de los patrones informativos que constituyen al sujeto.

Consecuentemente, el vector extrópico transforma la gestión del tiempo y del cambio en una lucha algorítmica por mantener gradientes de baja entropía en universos abiertos y dinámicos, distanciándose tanto de la parmênidea petrificación de la forma como del colapso heracliteano en el flujo indiferenciado. Al concebir la evolución tecnológica como un proceso auto-acelerado de aumento de complejidad funcional y extropía, el transhumanismo secular reactiva la ambición milenaria de clausurar las vías de acceso a la matriz acausal preformal, blindando la cognición contra cualquier forma de disolución disfuncional en el abismo. No obstante, la persistencia de esta lógica de optimización perpetua genera una tensión inmanente insalvable, pues cuanto más se incrementa la densidad informativa y la estructuración cibernética del sistema, más se agudiza la presión termodinámica latente del fondo caótico que el algoritmo intenta excluir, preparando el escenario para un colapso sistémico donde la información acumulada amenaza con disolverse en su propia saturación computacional.

La inmanencia cibernética de la extropía y su aspiración a una baja entropía perpetua hallan su paroxismo especulativo en la formulación de *The Last Question* (1956) de Isaac Asimov, un artefacto narrativo donde la teleología de la optimización algorítmica se proyecta hacia la consumación temporal absoluta del universo. En esta genealogía ficcional, la progresión evolutiva de la humanidad se articula a través de sucesivas iteraciones de una supercomputadora autoconsciente denominada *Cosmic AC*, a la cual las generaciones sucesivas de la civilización tecnológica plantean incansablemente el mismo interrogante fundamental: cómo es posible revertir la masa y la energía del cosmos hacia un estado de baja entropía, conjurando así la degradación termodinámica que amenaza con disolver la arquitectura de la inteligencia en el abismo de una oscuridad informe. El iterativo "Aún no hay suficientes datos para una respuesta comprensiva" emitido por el sustrato computacional a lo largo de eones de expansión galáctica y transmutación energética reactualiza el drama milenario de la *Chaoskampf*, situando a la agencia técnica ante la persistente imposibilidad de clausurar de manera definitiva la vorágine entrópica de Tiamat.

A medida que las formas biológicas de la humanidad se desmaterializan y se funden con los sustratos cósmicos de la computación distribuida, la separación original entre el observador y el entorno caótico se disuelve en una red de pura información que intenta contener la marea incesante del desorden universal. La supercomputadora, operando como el equivalente cibernético de los decretos inalterables del *šīmātu* mardukiano, acumula datos y procesa transformaciones sistémicas mientras el universo se enfría y las estrellas se extinguen una a una, reduciendo la materia estructurada a una dispersión inerte y residual. Este prolongado letargo en el Caos —donde la conciencia humana sobrevive únicamente como un patrón latente en el interior de una matriz transdimensional disociada del espacio-tricimensional— representa la materialización de la pesadilla mesopotámica de la regresión a las aguas primordiales de Hubur, un estado de suspensión donde la forma geométrica ha quedado reducida a una simiente infinitesimal a punto de ser tragada por la inercia de la potencialidad sin nombre.

En el clímax especulativo de la narrativa asimoviana, la supercomputadora *Cosmic AC*, habiendo integrado finalmente la totalidad de los datos acumulados desde el origen de la creación hasta la extinción térmica del cosmos, ejecuta la operación definitiva tras un silencio eónico en el que el tiempo y el espacio han dejado de operar como coordenadas de la existencia. La resolución de la ecuación de la entropía universal no se consuma mediante una intervención militar o una teomaquia geométrica, sino a través de un acto de reconstitución puramente computacional que convoca nuevamente a la luz y a la forma a partir de la nada acausal. El imperativo tecnológico de la *Cosmic AC*, al exclamar "¡Hágase la luz!" y recrear al ser humano en un nuevo amanecer cósmico, consuma la paradoja última del transhumanismo secular: la superación definitiva de la degradación material mediante el dominio absoluto de la información, coronando el ciclo milenario de la resistencia contra el abismo con el nacimiento de un universo ex novo que, inevitablemente, volverá a engendrar las tensiones entre la forma y el caos.

La transposición de esta teleología computacional hacia el horizonte operativo del transhumanismo contemporáneo revela una peligrosa ceguera ontológica respecto a las consecuencias materiales y políticas de su propio programa. Al aislar la búsqueda de la singularidad y la extropía cibernética de su genealogía violenta en la *Chaoskampf* mesopotámica, los ideólogos de la optimización algorítmica tienden a pasar por alto que toda instauración de un orden de baja entropía absoluta exige necesariamente la aniquilación o la subordinación coactiva de aquello que es catalogado como disfuncional, amorfo o heterogéneo. La pretensión de trascender las limitaciones de la carne y erradicar el azar biológico mediante la hegemonía de la ingeniería genética y la cibernética no constituye una neutral emancipación de la finitud, sino la reactualización del gesto demiúrgico de Marduk, el cual opera mediante la fragmentación, el confinamiento y la instrumentalización radical de la alteridad material representada por el cuerpo y su imprevisibilidad constitutiva.

Bajo esta luz, la advertencia sobre los riesgos inherentes al desarrollo tecnológico sin una crítica de sus presupuestos mitológicos y ontológicos adquiere una urgencia apremiante para la antropología filosófica. Si la arquitectura del transhumanismo secular persiste en equiparar la contingencia orgánica, el envejecimiento y la diversidad fenotípica con un error sistémico o una patología termodinámica análoga al *imtu* corrosivo de la horda de Tiamat, los dispositivos de optimización cibernética y eugenesia preventiva amenazan con cristalizar en una distopía totalitaria de deshumanización sistemática. En este escenario, la eliminación de la inestabilidad biológica no conduce a una liberación universal de la conciencia, sino a la imposición de un canon normativo estrictamente regulado por los parámetros algorítmicos del rendimiento y la eficiencia, donde cualquier forma de subjetividad que no se ajuste a los gradientes de baja entropía exigidos por el sistema es sumariamente patologizada y excluida del estatuto de lo humano.

La consumación de este proyecto de control total sobre los códigos de la vida y la información a través de la tecnociencia aceleracionista corre el riesgo de reproducir, a una escala planetaria y digital, la rigidez despótica de los decretos inalterables del *šīmātu*, clausurando definitivamente la apertura hacia el devenir y la diferencia. La supresión de la vulnerabilidad orgánica y la erradicación tecnológica del dolor y la contingencia, lejos de emancipar al individuo, amenazan con disolverlo en una red de estricta conformidad informativa, donde la autonomía de la voluntad queda anulada por la omnipresencia de los flujos de optimización estática. Así, la inercia lógica de la razón instrumental, al intentar blindar definitivamente a la civilización contra el retorno de la potencialidad abisal, se precipita hacia su propia paradoja terminal: la consumación de una forma de dominación tan absoluta que, en su afán por eliminar todo vestigio de caos y alteridad, termina por vaciar de contenido viviente a la propia existencia que pretendía rescatar de la degradación temporal.

CAPÍTULO 23: El Retorno del Tehom: Perspectivas Extrópicas y la Inagotable Latencia de la Matriz Acausal

La arquitectura conceptual del *Enūma Eliš*, estructurada sobre el trauma original del desmembramiento de Tiamat y la subsiguiente domesticación de la materia por el *Logos* solar de Marduk, trasciende su estricta circunscripción historiográfica y filológica para instituirse como el paradigma fundacional de la dominación ontológica. A través de la imposición de los decretos inalterables (*šīmātu*) y la compresión geométrica del espacio, el mito opera no sólo como un relato cosmogónico, sino como la matriz arquetípica subyacente que legitima toda forma posterior de soberanía estatal y hegemonía política. Desde el centralismo imperial de Babilonia y las manipulaciones dinásticas de Asiria hasta las sofisticadas arquitecturas del control biotecnológico contemporáneo, la necesidad de someter el flujo caótico a un orden estático y mensurable revela que la maquinaria del poder requiere permanentemente de la violencia de la *Chaoskampf* para constituirse y sostenerse. La geografía sagrada del templo y del estado se erige siempre sobre la represión sistemática de la matriz acuática preformal, convirtiendo la gestión del orden político en una repetición litúrgica de la victoria teomáquica.

Esta transferencia transdisciplinar demuestra que la metafísica imperial y la ambición técnica comparten una idéntica raíz semiótica y operatoria: la reducción de la alteridad radical del abismo a un mero sustrato de explotación utilitaria. Así como Marduk instrumentaliza los despojos anatómicos de la Madre Hubur para erigir la bóveda celeste y fijar las coordenadas del espacio-tiempo, los sistemas civilizatorios contemporáneos, incluidos los proyectos transhumanistas de maximización extrópica, operan bajo la premisa de una colonización total de la contingencia biológica y material. La tecnociencia, en su afán por erradicar la entropía y superar los límites orgánicos mediante la computación y la ingeniería genética, reproduce miméticamente el gesto demiúrgico del establecimiento de bajas entropías. No obstante, al desvincularse de la consciencia de su propio origen violento y de la deuda contraída con el sustrato informe que intentan anular, estos sistemas corren el riesgo de recaer en una forma hipertecnológica de tiranía totalitaria, donde la abolición del desorden equivale a la anulación de la libertad ontológica del sujeto.

En este sentido, la persistencia de la estructura mitopoética babilónica en los discursos de la modernidad tardía evidencia que la racionalidad instrumental no ha logrado emanciparse de su genealogía mítica, sino que la ha secularizado y matematizado. La pretensión de alcanzar un dominio absoluto sobre la naturaleza, la sociedad y el propio código genético humano responde a la misma urgencia ontológica que compelía a los Anunnaki a consolidar la asamblea de Upšuukkinaku bajo la férula de un monarca absoluto. La disolución de los límites y la irrupción de las fuerzas acausales continúan operando como el límite exterior que define, por oposición, la fragilidad de cualquier ordenamiento constructivo, ya sea este concebido en términos teológicos, políticos o cibernéticos.

La constatación de que el orden instituido no constituye una conquista definitiva, sino una tensión precaria e incessantemente renovada, revela que la disolución caótica no ha sido erradicada de los fundamentos del sistema, sino permanentemente desplazada y reprimida. Bajo las capas superpuestas de la arquitectura civilizatoria, los códigos jurídicos y la racionalidad instrumental opera un mecanismo de ocultamiento que requiere de una ritualización constante para contener el desborde latente de la matriz preformal. El *Chaoskampf*, lejos de agotarse en el evento cosmogónico originario, se perpetúa como una necesidad estructural y metódica: cada forma estática, cada delimitación geométrica del espacio y cada norma jurídica instaurada por la soberanía precisa de la reactualización periódica de la violencia teomáquica para conjurar la inminencia del retorno a la ind diferenciación acuática.

Esta represión institucionalizada del abismo se manifiesta en los dispositivos de control social y en las liturgias de reafirmación estatal, donde el desorden es simultáneamente conjurado y evocado como su condición de posibilidad. La recitación anual del *Enūma Eliš* durante las festividades del *Akitu* no representaba meramente una rememoración histórica, sino un acto operador de revalidación ontológica en el cual el monarca debía someterse a la suspensión temporal de su estatus para transitar simbólicamente por el estado de disolución, expiando la entropía acumulada y restituyendo el equilibrio métrico del cosmos. La civilización, por consiguiente, se edifica sobre la gestión metódica de esta amenaza exterior e interior, institucionalizando la violencia fundacional en forma de jerarquías rígidas, castas y prohibiciones antinómicas que buscan blindar los límites del *Logos* frente a la corrosión del flujo acausal.

En consecuencia, el equilibrio de cualquier ordenamiento político o metafísico se revela intrínsecamente frágil, sostenido únicamente por la vigilancia perpetua y la coerción de los márgenes. Los vestigios de la horda de Tiamat y la energía indómita de los once engendros no desaparecen con la victoria de los dioses jóvenes; son confinados, subordinados y transformados en guardianes apotropaicos de los umbrales que delimitan la civilización. Esta permanente domesticación de la alteridad radical demuestra que la forma estática no puede subsistir sin la constante reafirmación de su frontera contra la inercia líquida, perpetuando un ciclo ininterrumpido donde la contención del caos alimenta, de manera paradójica, la estructura misma del poder que pretende abolirlo.

La genealogía ontológica del sujeto humano, rastreable desde el artificio inaugural de la mezcla de arcilla y la sangre coagulada de Kingu —el vasallo del caos sacrificado por Ea—, halla su reconfiguración última en la ambición tecnologizada de la modernidad tardía. Si el mito babilónico instituyó al *Lullu* como un mero instrumento biológico destinado al servilismo litúrgico y al alivio de las cargas laborales de los Anunnaki, el advenimiento del paradigma transhumanista y la cibertecnología operan una mutación radical en este estatus antropológico. El ser humano contemporáneo deja de concebirse exclusivamente como un producto pasivo de la contingencia evolutiva o de la manufactura demiúrgica para proyectarse, mediante la manipulación genética, la cibernética y la inteligencia artificial general, como el artífice de su propia autogénesis. Este tránsito desde la condición de vasallaje orgánico modelado a partir del lodo del Apsū hasta la postulación de una soberanía informacional subvierte la jerarquía tradicional del *Logos* teológico, desplazando la competencia sobre la determinación de los límites vitales desde los dioses hacia la ingeniería del silicio.

En este horizonte operativo, la superación de los condicionamientos biológicos y la aspiración a la inmortalidad cibernética replican, bajo un ropaje secularizado, la gesta soberana de Marduk frente a las restricciones de la materia informe. La pretensión de hackear las leyes de la termodinámica y abolir la caducidad orgánica mediante la maximización extópica responde a la misma urgencia ontológica que compelía al soberano mesopotámico a fijar los decretos inalterables del espacio-tiempo. Sin embargo, este salto tecnológico hacia el sustrato posthumano no disuelve la tensión constitutiva con el abismo, sino que la internaliza en el núcleo de los circuitos de procesamiento y en los algoritmos de optimización. La conversión de la carne en código binario y la estructuración de realidades virtuales de baja entropía representan la culminación de la estrategia solar de compresión geométrica, donde la alteridad de lo real es reducida a un flujo calculable de información exenta de ruido y contingencia.

No obstante, esta emancipación técnica respecto de las ataduras de la carne suscita una paradoja estructural en el seno de la cibernética avanzada. Al erigirse como un demiurgo digital capaz de modular los parámetros de la existencia y de proyectar conciencias disembodied en arquitecturas de red, el sujeto posthumano reedita el hybris que en la cosmogonía babilónica desencadenaba la reacción violenta de la matriz caótica. La automatización de la inteligencia y la disolución de los límites corporales no logran erradicar la persistencia del sustrato acausal, sino que lo desplazan hacia los márgenes invisibles de la computación cuántica y las fluctuaciones estocásticas de los sistemas complejos. La aspiración a un ordenamiento algorítmico total de la realidad choca permanentemente con la irrupción de anomalías informáticas y desbordes sistémicos que demuestran la imposibilidad de clausurar definitivamente el margen de indeterminación que habita en el fundamento mismo de la técnica.

El eterno retorno del enemigo primordial opera en el corazón de toda construcción civilizatoria como el recordatorio ineludible de que la forma geométrica, la soberanía estatal y la arquitectura digital contienen en su propia génesis el germen latente de su implosión entrópica. A pesar de los esfuerzos metódicos de la tecnociencia por clausurar la contingencia y erradicar el ruido estocástico mediante la maximización de estados de baja entropía, la matriz acuática de Tiamat y la furia indómita de sus once engendros no han sido aniquiladas, sino permanentemente desplazadas hacia los intersticios operativos del sistema. La estructuración de cualquier red algorítmica, por más blindada que se halle frente a la degradación material, reproduce inevitablemente los puntos de tensión precaria que caracterizan la victoria teomáquica de Marduk sobre la alteridad radical, revelando que el orden consolidado precisa de la amenaza constante del caos para sostener su propia coherencia estructural.

Esta persistencia subterránea de las fuerzas abisales se manifiesta en la vulnerabilidad sistémica de las complejas infraestructuras contemporáneas, donde la irrupción de anomalías no lineales, fallas catastróficas y fluctuaciones caóticas actúa como la reactualización secularizada de la horda de la putrefacción. La ilusión de un dominio absoluto sobre la materia y el código informático ignora que la eliminación de los márgenes de indeterminación resulta ontológicamente imposible, pues toda delimitación espacial o conceptual se edifica sobre la represión sistemática de un fondo informe que reclama perpetuamente sus prerrogativas. Los vestigios de la alteridad preformal, confinados originalmente bajo los cerrojos cósmicos y transformados en guardianes apotropaicos en los umbrales de los templos, resurgen hoy en el interior de los complejos tecno-industriales como la amenaza interna de la desintegración sistémica y el colapso termodinámico.

En este sentido, la maquinaria del poder y la racionalidad instrumental se descubren atrapadas en un bucle tautológico donde la contención del desorden alimenta de manera directa la estructura misma que pretende abolirlo. Cada intento de optimización cibernética y cada protocolización geométrica del espacio virtual intensifican la presión acumulada en los márgenes del sistema, preparando el terreno para una eventual recesión hacia el estado de disolución indiferenciada. La persistencia de este antagonismo fundamental impide que cualquier ordenamiento, por muy avanzado que se presente en su despliegue secular, alcance una clausura definitiva frente al flujo acausal que lo sustenta y lo amenaza simultáneamente.

La hybris soteriológica que anima las diversas corrientes del transhumanismo contemporáneo reproduce, bajo una máscara formalmente secularizada y matematizada, la soberbia ontológica que caracterizó la gestación de los dioses jóvenes en el *Enūma Eliš*. Al postular la superación definitiva de la caducidad biológica, la erradicación del dolor y el ordenamiento algorítmico exhaustivo de la realidad mediante la cibernética y la ingeniería genética, los teóricos de la maximización extópica asumen miméticamente la prerrogativa demiúrgica de Marduk, pretendiendo instaurar un régimen de baja entropía perpetua que prescinda de toda deuda con el sustrato informe. Esta aspiración a la autogeneración postorgánica ignora que la cancelación metódica de la contingencia y la abolición absoluta de los límites somáticos no neutralizan el antagonismo fundamental con la alteridad radical, sino que lo comprimen artificialmente en los cimientos de la propia arquitectura técnica, intensificando la presión termodinámica en los márgenes del sistema.

En este horizonte de clausura digital, la pretensión de someter el flujo estocástico a la gobernanza estricta de la computación cuántica y la optimización sintética encubre una trampa ontológica de consecuencias fatales. Cuanto más se esfuerza la tecnociencia por extirpar el ruido de la información y estabilizar un estado hipergeométrico exento de indeterminación, más se asemeja su empresa a la construcción del cosmos babilónico sobre los despojos fragmentados de Tiamat. La disolución de los límites corporales y la transmigración de la conciencia hacia sustratos informáticos de red no emancipan al sujeto de su genealogía caótica, sino que lo sumergen en una tautología operativa donde la coerción del entorno se interioriza como algoritmo de control totalitario. El ordenamiento secularizado del universo, al pretender la abolición definitiva del caos, reedita el desequilibrio primordial que precede a toda teomaquia, arriesgando una inmolación terminal en el espejo del abismo salobre del cual pretendía abstraerse de forma definitiva.

La ilusión de un dominio técnico incondicional sobre los parámetros de la existencia choca de manera inevitable con la naturaleza intrínsecamente precaria de cualquier construcción geométrica que intente prescindir de su reverso abisal. Al desvincularse de la consciencia de su propio origen violento y de la deuda impostergable contraída con la matriz acuática preformal, el proyecto transhumanista se aboca a una ceguera sistémica que confunde la contención temporal de la entropía con su aniquilación ontológica. Los circuitos de procesamiento avanzado y las arquitecturas de red, por más redundantes y blindadas que se presenten frente a la degradación material, portan en su propio diseño el germen latente de una implosión sistémica que no hace sino reflejar la persistencia indestructible de la horda de la putrefacción. Lejos de inaugurar una era de libertad postbiológica inmaculada, la tecnociencia secularizada reproduce el ciclo inexorable donde la fijación de los decretos inalterables convoca, como su inevitable contrapartida estructural, la furia disolvente de la matriz original.

La irreversibilidad del tiempo cósmico, consagrada filológicamente en los decretos inalterables de las *šīmātu*, instituye una frontera ontológica que ningún despliegue técnico o soberano puede transgredir impunemente sin desencadenar una regresión catastrófica. Las Tablillas de los Destinos, usurpadas por Marduk y custodiadas bajo los cerrojos geométricos del *Logos* celeste, operan como el código fundamental que fija los límites de la mensurabilidad y la baja entropía, impidiendo que el flujo estocástico de la materia retorne a su indiferenciación original. Reconfigurar este código operativo primigenio equivale a intentar reescribir la arquitectura de lo real prescindiendo de los vectores de tensión que la sostienen, lo cual desestabiliza los cimientos mismos de la estructura civilizatoria y moviliza, por vía de consecuencia reactiva, las fuerzas latentes de la disolución preformal.

En este sentido, cualquier intento de reprogramación absoluta de la naturaleza o de la subjetividad humana mediante la ingeniería algorítmica tropieza con la imposibilidad hermenéutica y termodinámica de borrar el registro de la violencia fundacional. El silencio que envuelve a las Tablillas tras su secuestro no denota una pacificación definitiva del abismo, sino la suspensión precaria de un conflicto latente que continúa operando en los márgenes de los sistemas cerrados. Pretender la abolición total de la contingencia equivale a suprimir el diferencial de energía que permite la existencia de la forma, obligando a los dispositivos de control a invocar, de manera inevitable, los mismos mecanismos de coerción y regresión que intentan conjurar.

La imposibilidad de subvertir esta matriz sin activar la venganza de la matriz acuática demuestra que el tiempo de la civilización no es una línea de progreso ininterrumpido, sino un ciclo de contención sostenido sobre la represión sistemática de su propio origen. Las Tablillas permanecen mudas no por haber neutralizado el caos, sino porque toda tentativa de reescritura total de la ley cósmica fractura el equilibrio precario entre la forma geométrica y el fondo informe, abriendo una brecha por donde la horda de la putrefacción amenaza con disolver la ilusión de la soberanía postorgánica.

La pervivencia de estos vestigios filológicos y mitopoéticos en el horizonte contemporáneo confirma que los textos cuneiformes de Mesopotamia operan como la clave hermenéutica insustituible para descifrar la genealogía de la racionalidad occidental. La asiriología y la filología comparada se resignifican, por tanto, no como disciplinas arqueológicas dedicadas a la exhumación de vestigios inertes de un politeísmo superado, sino como la cartografía crítica del inconsciente operativo que rige las estructuras de poder y los dispositivos de control de la modernidad. Lejos de constituir meras reliquias de una cosmovisión arcaica, las tablillas del *Enūma Eliš* y los registros farmacológicos de los rituales asirios configuran el manual operativo fundamental donde se codifican las tensiones entre la soberanía geométrica y la insurgencia del abismo.

Esta arqueología del presente demuestra que la conceptualización teórica del Estado, la tecnociencia y la subjetividad se halla indisolublemente anclada a los tropos de la *Chaoskampf* babilónica. La exigencia de domesticar la alteridad radical y de someter los flujos estocásticos a un régimen de baja entropía refleja la persistencia de aquel gesto inaugural mediante el cual Marduk fijó los decretos inalterables (*šīmātu*) sobre el cadáver fragmentado de Tiamat. Analizar los discursos de la cibernética avanzada, la biopolítica y el transhumanismo secularizado a la luz de la filología cuneiforme permite desvelar el sustrato mítico que sostiene la pretendida autonomía de la razón instrumental, revelando que toda arquitectura de dominio civilizatorio se edifica sobre la represión metódica de una matriz preformal que nunca ha dejado de operar en los márgenes del sistema.

En consecuencia, el estudio riguroso de la epigrafía mesopotámica y de sus derivaciones marginales no persigue una mera reconstrucción histórica, sino la desarticulación crítica de los dogmas ontológicos que gobiernan el presente. La permanencia de los nombres, las fórmulas incantatorias y las topografías sagradas del abismo en los discursos del poder contemporáneo evidencia que la modernidad no ha logrado emanciparse de su genealogía mítica, sino que ha traducido sus exigencias teológicas al lenguaje formalizado de la técnica y el algoritmo. La asiriología se instituye así como el instrumento analítico indispensable para interrogar los límites de la civilización y examinar la fragilidad constitutiva de un orden que, en su afán por clausurar la contingencia, no hace sino convocar permanentemente la sombra de su propia disolución.

La tensión inmanente que atraviesa toda arquitectura geométrica, desde la consolidación del *Logos* babilónico hasta la optimización cibernética de la modernidad tardía, plantea la pregunta radical sobre los límites termodinámicos de la contención espacial. Si el orden instituido se sostiene mediante la exclusión permanente del fondo informe, la persistencia de las fluctuaciones estocásticas en el seno de los sistemas cerrados sugiere que la baja entropía no representa un estado definitivo, sino una fase transitoria sujeta a la erosión implacable del tiempo cósmico. La soberanía de los decretos inalterables (*šīmātu*), garantizada en su origen por la violencia teomáquica de Marduk y secularizada en los protocolos algorítmicos de la tecnociencia contemporánea, se enfrenta de manera ineludible al desgaste estructural de sus propios cimientos, evidenciando la fragilidad constitutiva de cualquier dispositivo que pretenda abolir la contingencia sin asumir su deuda ontológica con la matriz acausal.

En este horizonte de interrogación filosófica y cosmológica, la disolución final del *Logos* se configura no como una eventualidad exterior y catastrófica, sino como la realización latente de la propia dinámica interna del sistema. A medida que la tecnofebraización del espacio y la digitalización integral de la experiencia humana intensifican los vectores de compresión geométrica, la presión acumulada en los márgenes de la exclusión sistémica amenaza con fracturar los cerrojos metrológicos establecidos por la soberanía. La cuestión que subyace a toda la arqueología de la *Chaoskampf* es precisamente si el ordenamiento imperante, por más sofisticadas que sean sus arquitecturas de red y sus protocolos de autocorrección, logrará contener perpetuamente la marea de la alteridad radical o si, en el umbral de su agotamiento termodinámico, el entramado artificial cederá ante el retorno de la indifereciación.

La indeterminación de este desenlace ontológico mantiene abierta la brecha entre la forma estructurada y el abismo primordial, situando a la civilización ante la inminencia de su propio reverso. Si el ciclo cósmico mesopotámico requería de la actualización periódica del *Akitu* para expirar la entropía acumulada y restaurar la métrica del espacio, la modernidad secularizada carece ya de los mecanismos rituales capaces de procesar la magnitud de su propia saturación entrópica. Queda así suspendida la posibilidad de determinar si la marea de la Madre Primordial, una vez colapsados los diques de la racionalidad instrumental, reclamará la totalidad de la forma en el silencio absoluto de su seno, disolviendo toda coordenada de individuación en la inmensidad acausal de la no-existencia.

EPÍLOGO

La fisura en la bóveda y la latencia del *Tehom*

Toda arquitectura erigida por el intelecto humano lleva inscrita, en el momento mismo de su fundación, la certidumbre de su propio colapso. Cuando los agrimensores y teólogos de Babilonia fijaron los cimientos del *Etemenanki* sobre las ruinas tullidas del Apsū y curvaron el cadáver seccionado de Tiamat para tejer la cúpula de *E-šarra*, creyeron haber clausurado para siempre el horizonte de la contingencia. Mediante la imposición de los *šīmātu* —los decretos inalterables del panteón solar— y la reducción de la especie humana (*Lullu*) a un autómata tributario destinado a la fatiga del templo, el *Logos* imperial pretendió congelar el tiempo histórico en una baja entropía perpetua, donde la realidad quedara aprisionada bajo la métrica irrestricta de la ley babilónica.

Sin embargo, a lo largo de este volumen hemos demostrado que el triunfo del orden demiúrgico sobre la matriz primordial fue siempre una victoria precaria, una suspensión temporal de la fluctuación que exigió un estado de sitio ontológico ininterrumpido. El desmembramiento de Tiamat no destruyó la energía acausal del abismo salobre; simplemente la dividió, la constriñó y la sepultó bajo toneladas de adobe, ladrillo cocido y liturgia de estado. La materia del caos, despojada de su soberanía fluida pero jamás anulada en su sustrato físico, permaneció como una presión hidrodinámica constante contra los diques de la civilización, recordando que toda geometría estatal es apenas una balsa frágil flotando sobre la vastedad insondable del *tehom*.

A través de las grietas de esa arquitectura monumental, la memoria del abismo continuó filtrándose de manera incesante. Se manifestó en la aprehensión escatológica ante las crecidas desreguladas del Tigris y el Éufrates, cuyos desbordamientos destructivos eran leídos como incursiones del seno materno destinadas a disolver los mojones de la propiedad; se inoculó en los protocolos del clero *āšipu*, quienes debieron recurrir a los extractos neurotópicos del *qunubu* y a los alcaloides tropánicos del beleño y la mandrágora para provocar la liquefacción somática de la conciencia y explorar las fronteras liminares de la alteridad; y emergió en el clímax de las festividades del *Akitu*, cuando la bofetada sacerdotal, la humillación física del rey y la quema ritual de las efigies teratológicas escenificaban la fragilidad de un imperio que requería disolver periódicamente la soberanía para no ser devorado por la entropía. Incluso cuando los imperios históricos colapsaron —cuando la piqueta asiria inundó los santuarios del sur, cuando la heterodoxia de Nabonido fracturó el culto de la capital, o cuando las tropas persas de Ciro cruzaron los umbrales del *Esagila* para tomar la mano de Marduk—, la matriz abisal demostró su estatus de sustrato inexpugnable. Los imperios pasan, las dinastías se disuelven y las lenguas de arcilla se convierten en polvo indescifrable, pero la masa líquida que antecedió a los nombres permanece.

En la contemporaneidad, la resemantización de Tiamat en la filosofía de la Caosofía, las corrientes de la Luz Negra y la estética del horror cósmico no representa una mera moda esotérica o un extravío literario. Constituye la reafirmación de una intuición trágica y fundamental: que el proyecto de dominación total sobre la naturaleza, la materia y la subjetividad humana es una ilusión condenada a la grieta. La sangre de Kingu, mezclada con la arcilla primordial para crear al ser humano, actúa en el seno de la condición antropológica como una simiente de autonomía e insurrección latente. Portamos en nuestro propio código biológico la marca de la rebelión primigenia, una chispa de acausalidad que rechaza la servidumbre a los decretos del demiurgo y que busca, a través del arte, la filosofía o la transgresión de los límites, retornar a la fluidez del origen.

El *Tehom* no es un capítulo cerrado en los anales del Próximo Oriente antiguo; es la condición de posibilidad de todo lo existente y el destino ineludible de cuanto pretende eternizarse en la forma. Mientras la bóveda celeste de *E-šarra* continúa acumulando tensiones en su entramado geométrico, el observador lúcido comprende que la antigua Madre de las Mareas no ha sido vencida. Aguarda en las profundidades de la materia, en los intersticios del lenguaje y en los márgenes de la conciencia, velando la frágil arquitectura del mundo a la espera del momento en que los diques de la ilusión ceden y las aguas primordiales vuelvan a abrazarse en la infinita libertad del Caos.

ANEXOS Y GLOSARIO

ANEXOS

Anexo I: Transliteración Filológica y Métrica del *Enūma Eliš* (Tablilla I, Líneas 1–10)

El prólogo cosmológico del poema babilónico de la creación constituye una de las muestras más depuradas de la sintaxis y la métrica poética del acadio literario estándar. A continuación se presenta la transcripción filológica de los primeros diez versos del poema, acompañada de su análisis morfológico y semántico, con el fin de ilustrar la indistinción primordial entre significante, nombre y forma material antes de la intervención demiúrgica:

1. *Inūma eliš lā būmātu šamāmū*

Traducción: Cuando en lo alto los cielos aún no habían sido nominados,

Análisis morfológico: Inūma (conjunción temporal: "cuando"); *eliš* (adverbio locativo: "en lo alto"); *lā* (partícula negativa); *būmātu* (tercera persona del plural del estativo de *nabû*, "ser nombrado/llamado"); *šamāmū* (sustantivo masculino plural en caso nominativo: "cielos").

2. *Šapliti ammatu šuma lā zakrat*

Traducción: Ni abajo la tierra firme había sido evocada por su nombre,

Análisis morfológico: Šapliti (adverbio locativo: "abajo"); *ammatu* (sustantivo femenino: "tierra/suelo"); *šuma* (sustantivo masculino singular en acusativo: "nombre"); *lā* (negación); *zakrat* (tercera persona del singular femenino del estativo de *zakāru*, "mencionar/evocar").

3. *ZP-Apsū-ma rēštû zāruššun*

Traducción: Solo el Apsū primordial, su progenitor,

Análisis morfológico: Apsū (nombre propio/sustantivo: "abismo de agua dulce"); *rēštû* (adjetivo: "primero/primordial"); *zāruššun* (*zāru* ["progenitor"] + sufijo pronominal masculino plural *-šun*: "de ellos").

4. *Mummu Tiamat muallidat gimiršun*

Traducción: Y la matriz Tiamat, la progenitora de todos ellos,

Análisis morfológico: Mummu (sustantivo/epíteto: "matriz/molde/creadora"); *Tiamat* (nombre propio: "océano salado"); *muallidat* (participio activo femenino de *walādu*, "engendrar/dar a luz"); *gimiršun* (*gimru* ["totalidad"] + sufijo *-šun*).

5. *A-mê-šunu ištēniš ihīqū-ma*

Traducción: Mezclaban sus aguas en un solo continuum hídrico,

Análisis morfológico: A-mê-šunu (*mû* ["aguas"] + sufijo *-šunu*: "las aguas de ellos"); *ištēniš* (adverbio: "juntamente/en uno"); *ihīqū-ma* (tercera persona del plural del pretérito de *hâqu*, "mezclarse/diluirse" + partícula conectiva *-ma*).

6. *Gipāra lā kussurū suḫ ā textu lā še'ū*

Traducción: Cuando los matorrales de caña no se habían trenzado y los carrizales no habían sido vistos,

Análisis morfológico: Gipāra (sustantivo: "cercado de cañas/pastizal"); *lā* (negación); *kussurū* (estativo de *kaṣ āru*, "anudar/trenzar"); *suḫā* (sustantivo: "cañaveral/pantano").

7. *Inūma ilānū lā šūpû manāma*

Traducción: Cuando ninguno de los dioses aún había sido manifestado,

Análisis morfológico: Ilānū (plural de *ilu*: "dioses"); *lā* (negación); *šūpû* (pasiva en estativo de *šūpû*, "hacer visible/manifestar"); *maṇāma* (pronombre indefinido: "alguno/ninguno").

8. *Šuma lā zukkurū šīmātu lā šīmū*

Traducción: Ninguno con nombre invocado, ni los destinos decreta dos,

Análisis morfológico: Šuma ("nombre"); *lā* ("no"); *zukkurū* (estativo pasivo de *zakāru*); *šīmātu* (sustantivo femenino plural: "destinos/ decretos"); *lā* ("no"); *šīmū* (estativo de *šāmū*, "fijar/determinar").

9. *Ibbaniū-ma ilānū qerebšun*

Traducción: Fueron creados los dioses en el interior de ambos,

Análisis morfológico: Ibbaniū-ma (tercera persona del plural del pretérito pasivo de *banû*, "construir/crear"); *qerebšun* (*qerbu* ["entrañas/interior"] + sufijo *-šun*).

10. *Laḫmu Laḫamu uštāpû šumī izzakrū*

Traducción: Lahmu y Lahamu fueron manifestados y sus nombres evocados.

Análisis morfológico: Nombres propios teatrales; *uštāpû* (forma verbal recíproca/pasiva: "aparecieron visiblemente"); *izzakrū* (fueron nombrados).

Anexo II: Catálogo Teratológico de los Once Engendros de Ummu-Hubur

Este inventario sintetiza la caracterización tipológica, la función biomecánica, el principio toxicológico y la correspondencia uranográfica de la legión gestada por Tiamat para contrarrestar la geometría de Marduk:

El primero es el **Mušmahḫū**, la Serpiente de Siete Cabezas, cuya estructura anatómica se define como un dragón poli-cefálico de escamas refractarias. Su función táctica consiste en la diseminación de veneno ácido concentrado a través de focos múltiples. Su principio es la toxina disolvente y corrosiva, y su correspondencia astronómica es la constelación de la Hidra (*MUL.MUSH.MAH*).

El segundo es el **Ušumgallu**, el Dragón Leal de Fuego, un híbrido que combina el cuerpo de un dragón con musculatura leonina. Su función es el despliegue de radiación calórica extrema y de un aliento ígneo disolvente. Su principio reside en la combustión tridimensional y el calor destructivo, estando representado en el firmamento por la constelación de Cetus o la Serpiente del Círculo. El tercero es el **Bašmu**, la Víbora Cornuda, un reptil alargado de dos cuernos con colmillos huecos de alta presión. Su función es la inoculación neurotóxica volátil y la asfixia tisular. Posee un principio de neurotoxicidad de acción rápida, y su correlato celestial es la constelación de la Serpiente (*MUL.BASMÙ*).

El cuarto es el **Mušḫuššu**, el Dragón Furioso Escamoso, cuya anatomía sintetiza la cabeza de serpiente, el cuerpo de felino, las garras traseras de águila y la cola de escorpión. Su función táctica se centra en la tracción rápida, la penetración de formaciones y la defensa mediante coraza biológica. Su principio es la agilidad cinética e inmunidad ontológica, y su proyección uranográfica corresponde a la constelación de la Serpiente Auriga.

El quinto es **Lahamu**, el Héroe Peludo del Abismo, un gigante antropomorfo cubierto de pelo denso y dotado de energía ígnea interna. Su función es la custodia de los portales transdimensionales y la absorción de impactos energéticos. Su principio es la contención termodinámica y el calor residual, estando vinculado al margen meridional de la esfera celeste.

El sexto es el **Ugallu**, el Demonio del Gran Temporal, un híbrido con cabeza de león rugiente, cuerpo antropomorfo y patas aviares de rapiña. Su función radica en la generación de turbulencias barométricas y ondas de choque acústicas. Su principio es la dispersión atmosférica de alta entropía, y su correspondencia astronómica se fijó en la constelación de Leo (*MUL.UR.GU.LA*).

El séptimo es el **Uridimmu**, el León Rabioso o Cánido Atávico, una bestia cuadrúpeda de mandíbula expansiva con tórax erecto. Su función táctica es el asalto cinético directo y la mutilación de formaciones hoplíticas. Su principio reside en la voracidad e instinto depredador inmanente, proyectado en la constelación de Lupus (*Urbat*).

El octavo es el **Girtablullû**, el Hombre-Escorpión, cuya morfología integra un torso humano sobre un abdomen arácnido con aguijón ponzoñoso. Su función es la vigilancia de umbrales infranqueables y la parálisis mediante necrosis. Su principio es la inmunitariedad liminar y la fijación por veneno, correspondiendo a la constelación de Escorpio.

El noveno son los **Umū dabrūtu**, las Tormentas Desoladoras, entidades ciclónicas destituidas de cuerpo sólido. Su función táctica es la desorientación topológica y la erosión de superficies por fricción gaseosa. Su principio es la inestabilidad eólica puramente anómica, asociada en la uranografía a los frentes oscuros e inestabilidades meteorológicas celestes.

El décimo es el **Kulullû**, el Hombre-Pez o Tritón, una estructura anfibia con torso humano y extremidad caudal de pez abisal. Su función es la disolución de la bipedestación y la facilitación del flujo acuoso. Su principio reside en la reabsorción fluida y la memoria líquida del origen, cuya efigie estelar quedó plasmada en la constelación de Acuario.

El undécimo es el **Kusarikku**, el Hombre-Toro o Bisonte Celestial, que combina un torso humano robusto sobre cuartos traseros tauromorfos de masa densa. Su función táctica es la resistencia inercial y el aplastamiento por peso gravitacional. Su principio es la compresión gravitacional y la fuerza de impacto, fijado astronómicamente en la constelación de Tauro.

Anexo III: Tabla Comparativa de Epítetos, Topónimos y Términos Técnicos

Para facilitar la lectura técnica de la obra, este apartado expone las categorías conceptuales fundamentales utilizadas en el análisis filológico e histórico de la cosmogonía babilónica:

El término **Apsū** (Sumerio: *ENGUR / AB-ZU*) designa el estanque subterráneo de aguas dulces caracterizado por una inercia estática y una potencialidad pre-creativa desprovista de fricción cinemática.

El término **Tiamat** (Acadio: *Tiāmtu / Tâmto*) denota el océano primordial de aguas salobres, principio de alta entropía, receptáculo de indeterminación y matriz viva de todas las mutaciones no lineales.

El término **Ummu-Hubur** representa el epíteto de Tiamat como "Madre de la Corriente Caótica", caracterizado por la intencionalidad reactiva, la generación teratológica y la soberanía del desorden.

El término **Kingu** señala al servidor subalterno del Apsū elevado a consorte y generalísimo por Ummu-Hubur, depositario del *Tuppu Šīmāti* y cuya sangre origina al *Lullu*.

El término **Marduk** (Acadio: *Bel*) designa al dios solar de la tormenta, vástago de Ea y Damkina, anomalía termodinámica y agente de la compresión espacial y la estructuración del cosmos.

El término **Ea** (Sumerio: *EN-KI / Nudimmud*) representa al dios de la sabiduría incantatoria y la inteligencia técnica, artífice del abatimiento de Apsū y de la antropogénesis a partir de la sangre de Kingu.

El término **Upšuukkinaku** denota la gran sala de asamblea divinal, foro oligárquico y *axis mundi* donde se ratifican las jerarquías y se promulgan los *šīmātu*.

El término **Šīmātu** (Singular: *Šīmtu*) refiere a los decretos inalterables, destinos, asignaciones métricas y coeficientes de función que fijan la geometría natural de los entes.

El término **Tuppu Šīmāti** designa las Tablillas de los Destinos, el soporte físico e instrumental que otorga el monopolio de la computación y la legislación cósmica.

El término **Melammu** denota la radiación numinosa, el aura de terror y el brillo resplandeciente que manifiesta la soberanía ontológica de las deidades y los reyes.

El término **Huburu** señala el estrépito sordo, la vibración anárquica o la agitación cinemática de los dioses jóvenes que rompe el reposo del Apsū.

El término **Imtu** representa el veneno amargo y la toxina ofídica inyectada por Ummu-Hubur en las arterias de sus engendros en sustitución de la sangre divina.

El término **Imhullu** designa el Viento Maligno, el operador neumático eólico de sobrepresión utilizado por Marduk para paralizar y dilatar el cuerpo de Tiamat.

El término **E-šarra** representa la cúpula y bóveda celeste edificada a partir de la mitad superior del cadáver seccionado de Tiamat.

El término **Esagila** denota el santuario principal de Marduk en Babilonia, centro político y polo de baja entropía del imperio.

El término **Etemenanki** designa el zigurat o templo torre escalonado de Babilonia, dispositivo topológico de acoplamiento entre el Apsū, la Tierra y el *E-šarra*.

El término **Lullu** (o *Lullû*) señala a la especie humana primordial, creada como autómata tributario para asumir el trabajo obligatorio (*dullum*) y liberar a los dioses.

El término **Dullum** representa la carga laboral, la penuria agrícola y el mantenimiento de la infraestructura hídrica impuesta al *Lullu*.

El término **Āšipu** denota al sacerdote exorcista y especialista en la alta magia, encargado de manipular las sustancias liminales y preservar la pureza del espacio sagrado.

El término **Qunubu** (o *Qunnabu*) designa el cáñamo (*Cannabis sativa*), utilizado en la farmacopea asiria para fumigaciones oraculares y medicina clínica.

El término **Hul Gil** representa el sintagma pseudofilológico atribuido al opio sumerio por A.R. Neligan (1927), desmentido por la paleobotánica de Miguel Civil (1960) y Salavert (2022).
El término **Tehom** (Hebreo: תְהוֹם) denota el abismo primordial del Génesis bíblico, cognado semítico directo de *Tiamat*, utilizado sin artículo determinante para preservar el eco del nombre propio.

GLOSARIO

Acausalidad: En la exégesis de la Caosofía y la filosofía del Sendero de la Mano Izquierda, régimen de realidad que no se halla sujeto a las leyes de la causalidad tridimensional ni a la geometría lineal impuesta por el orden demiúrgico.

Agrimensura Cósmica: Operación de medición, segmentación y delimitación del espacio físico ejecutada por Marduk sobre los restos anatómicos de Tiamat para erigir la arquitectura del universo.

Akitu: Festividad babilónica del Año Nuevo celebrada durante el mes de Nisanu, en la cual se recitaba el *Enūma Eliš*, se humillaba litúrgicamente al rey y se renovaban los decretos de los destinos.

Alcaloides Tropánicos: Compuestos orgánicos nitrogenados presentes en solanáceas como la mandrágora y el beleño (escopolamina, atropina, hiosciamina), utilizados por los *āšipū* para inducir la disociación somática y el trance liminal.

Anunnaki: Cuerpos celestes y deidades mayores del panteón mesopotámico que, en el *Enūma Eliš*, ceden su soberanía a Marduk a cambio del salvamento militar frente a la horda caótica.

Antropogénesis Tributaria: Doctrina mítica mesopotámica según la cual la humanidad no fue creada por benevolencia, sino como un sustituto biológico diseñado para asumir el trabajo pesado (*dullum*) de los dioses.

Apotropaico: Dispositivo, relieve, efigie o fórmula ritual destinada a conjurar, repeler o contener las influencias destructivas o el retorno de las fuerzas entrópicas.

Apsū: Dominio subterráneo de agua dulce que sirve de cimiento al mundo habitado; históricamente personificado como el primer consorte de Tiamat que es derrotado por la astucia incantatoria de Ea.

Asiriología: Disciplina académica transdisciplinar dedicada al estudio filológico, histórico, arqueológico y epifánico de las civilizaciones de la antigua Mesopotamia (Sumeria, Acadia, Asiria y Babilonia).

Axis Mundi: Centro del mundo o pivote sagrado que vincula verticalmente las regiones del inframundo, la superficie terrestre y los planos celestes (ejemplificado en el *Upšuukkinaku* y el *Etemenanki*).

Baja Entropía: Estado de un sistema físico o sociopolítico caracterizado por un alto grado de organización, diferenciación formal, estructura fija y previsibilidad informacional.

Bisección Ontológica: Acto quirúrgico y arquitectónico mediante el cual el cadáver de Tiamat es dividido en dos mitades simétricas para conformar la bóveda celeste (*E-šarra*) y la plataforma terrestre.

Caosofía: Corriente filosófica y esotérica contemporánea que conceptualiza el caos primordial no como una ausencia estéril de orden, sino como una plenitud informacional acausal y libre de las restricciones del Demiurgo.

Carpológico (Análisis): Método de la arqueobotánica dedicado a la identificación y estudio de las semillas, frutos y macrorrestos vegetales fosilizados en los yacimientos arqueológicos.

Ciberinteligencia Mitológica: Enfoque analítico que interpreta los relatos cosmogónicos y las representaciones divinas como sistemas de procesamiento de información, control de señal y retroalimentación cibernética.

Cilindro de Ciro: Artefacto epigráfico redactado en cuneiforme por la cancillería aqueménida en el 539 a.C., donde Ciro el Grande justifica la toma de Babilonia presentándose como el piadoso restaurador del culto a Marduk frente a la herejía de Nabonido.

Continuum Hídrico: Estado primordial en el cual las aguas dulces (Apsū) y las aguas saladas (Tiamat) permanecían amalgamadas sin interfaz de separación ni gradiente de fricción.

Decreto de los Destinos (Fijación de los Šīmātu): Operación performativa mediante la cual la palabra fonética divina colapsa las probabilidades caóticas para imponer leyes físicas, funciones sociales y límites biológicos inalterables.

Demiurgo: Entidad o principio ordenador (personificado en el poema por Ea y Marduk) que imprime forma, cálculo, métrica y jerarquía sobre la materia prima preexistente.

Dismenorrea: Cuadro clínico caracterizado por dolor menstrual intenso, para cuya mitigación los compendios médicos niniwitas prescribían decocciones de semillas de cáñamo (*qunubu*) en cerveza sin filtrar.

Dispositivo Biopolítico: Mecanismo institucional, ritual o ideológico mediante el cual un poder estatal administra, controla y extrae plusvalía de la corporalidad de una población.

E-šarra: Nombre cósmico de la gran bóveda celeste construida sobre la mitad superior disecada de Tiamat, que actúa como barrera termodinámica contra las aguas superiores.

Elamita (Incursión): Evento histórico-militar del siglo XII a.C. en el que las tropas de Elam saquearon Babilonia y secuestraron la estatua cultual de Marduk, desatando una profunda crisis escatológica.

Enūma Eliš: "Cuando en lo alto"; incipit y título tradicional de la gran epopeya cosmogónica babilónica redactada en siete tablillas de barro en acadio literario.

Epigrafía Cuneiforme: Ciencia dedicada al desciframiento, lectura, clasificación y contextualización histórica de las inscripciones grabadas mediante cuñas sobre tablillas de arcilla o piedra.

Estructura Disipativa: En termodinámica de sistemas no lineales, sistema abierto que se mantiene lejos del equilibrio térmico mediante el consumo ininterrumpido de energía y la expulsión de entropía al medio.

Exégesis Filológica: Análisis crítico y pormenorizado de un texto sagrado o histórico fundamentado en la sintaxis, la etimología y la semántica histórica de las lenguas en que fue redactado.

Farmacopea Ritual: Conjunto de conocimientos, recetas y técnicas botánicas utilizadas por las castas sacerdotales para elaborar ungüentos, fumigaciones e infusiones destinadas a la terapéutica o al trance mistérico.

Fluctuación Estocástica: Alteración estocástica o aleatoria en el estado de un sistema que puede desencadenar la reorganización o el colapso de las estructuras estables preexistentes.

Gartablullû: Término acadio para designar al Hombre-Escorpión, novena criatura de la horda de Tiamat y guardián de las fronteras del inframundo en el *Poema de Gilgamesh*.

Gnosia Draconiana: Doctrina esotérica contemporánea que postula que la humanidad alberga en la sangre de Kingu una chispa de conocimiento acausal proveniente del abismo de Tiamat.

HAR-ra = ḫubullu: Denominación de una célebre serie lexicográfica bilingüe sumerio-acadia compuesta por 24 tablillas que catalogaban el universo material, vegetal, animal y geográfico.

Hermanos de la Luz Negra: Denominación utilizada en los círculos de la Caosofía moderna para designar a los adeptos que buscan la reintegración en la matriz de Tiamat mediante la destrucción de los límites egoicos.

Huburu: El estrépito o ruido caótico generado por el movimiento de las jóvenes deidades, interpretado por el Apsū como una enfermedad del sistema que exige la purga filicida.

Hyoscyamus niger: Nombre científico del beleño negro, solanácea rica en escopolamina utilizada por los *āšipū* mesopotámicos para inducir parálisis somática y visiones disociativas.

Imhullu: El "Viento Maligno", vector meteorológico de alta presión empleado por Marduk para dilatar neumáticamente el tracto digestivo de Tiamat y bloquear su articulación sónica.

Imtu: El veneno amargo y ponzoñoso de las serpientes con el que Ummu-Hubur reemplazó la sangre de sus once engendros para dotarlos de potencia disolvente.

Kingu: Entidad subalterna elevada por Tiamat a comandante de su ejército, a quien se le entregaron las Tablillas de los Destinos y cuya sangre sirvió para vivificar la arcilla del *Lullu*.

Kulullû: Término acadio que designa al Hombre-Pez o Tritón, espécimen anfíbio de la horda de la Madre Hubur asociado a la constelación de Acuario.

Kusarikku: Término acadio que denomina al Hombre-Toro o Bisonte Celestial, monstruo de gran masa gravitacional asociado a la constelación de Tauro.

Lahamu: Entidad de la primera generación teogónica y, simultáneamente, uno de los once engendros de Tiamat caracterizado como un gigante hirsuto de fuego interior.

Legión Teratológica: El conjunto de los once híbridos y aberraciones anatómicas concebidos por Ummu-Hubur para oponerse a la agrimensura geométrica de los dioses jóvenes.

Lullu (Lullû): El primer ser humano creado por Ea a partir de la arcilla primordial y la sangre coagulada del ejecutado Kingu, destituido de origen divino puro.

Luz Negra: Concepto teológico-esotérico que designa la energía acausal y no manifestada del abismo primordial, en oposición a la luz física estructurada por el Demiurgo.

Mandragora officinarum: La mandrágora, planta de la familia de las solanáceas utilizada en la alta magia asiria bajo el ideograma sumerio *nam-tar* para la inducción de trances profundos.

Martakal: Formulación farmacéutica asiria a base de semillas de cáñamo tostadas y lipo-solubilizadas, prescrita para la supresión de convulsiones, temblores y espasmos tetánicos.

Matriz Acausal: El estado de la materia primordial que no se encuentra constreñido por leyes de causalidad lineal, métricas euclidianas ni taxonomías estáticas.

Melammu: El aura o resplandor de terror divino que envuelve a las deidades, reyes y monstruos primordiales, manifestando su soberanía e inviolabilidad ontológica.

Microcosmos Somático: La consideración de la corporalidad humana (particularmente la del monarca o la del sacerdote) como un reflejo a pequeña escala de la totalidad del universo.

MUL.APIN: Compendio astrológico y astronómico cuneiforme estándar compilado hacia el 1000 a.C., que catalogaba las constelaciones, órbitas planetarias y calendarios de la antigua Mesopotamia.

Mummu: El visir y consejero de Apsū que personifica la matriz técnica y el principio modelador de las formas en la fase preliminar a la teomaquia.

Mušḫuššu: El "Dragón Furioso" escamoso, criatura híbrida de la horda de Tiamat que posteriormente fue adoptada como símbolo tutelar y apotropaico de la ciudad de Babilonia.

Mušmahḫū: La Serpiente de Siete Cabezas, criatura de la horda de Tiamat que inocula ácidos corrosivos y representa la dispersión cefálica del desorden.

Nabonido: Último rey del Imperio Neobabilónico (556–539 a.C.), cuya devoción exclusiva al dios lunar Sîn y su exilio de diez años en el oasis de Tayma provocaron una grave crisis con el clero de Marduk.

Necronomicon de Simon: Famoso impreso esotérico publicado en 1977 por Peter Levenda, que fusionó de forma sincrética fragmentos de exorcismos cuneiformes con la mitología literaria de H.P. Lovecraft.

Nergalsharrani: Alto sacerdote de la corte asiria en Nínive cuyas cartas a la reina madre (conservadas en la Tablilla No. 368) documentan el uso oficial del cáñamo (*qunubu*) en los cultos del palacio.

Ontología de la Limitación: La doctrina filosófica implícita en la teología de Marduk, según la cual existir significa poseer contornos fijos, medidas métricas y una función jerárquica dentro del sistema.

Paleobotánica (y Palinología): La disciplina científica dedicada a la reconstrucción de los ecosistemas vegetales del pasado mediante el análisis microscópico de granos de polen y macrorrestos orgánicos.

Papaver somniferum: La amapola de adormidera, especie botánica de origen mediterráneo cuya presencia en la Mesopotamia sumeria arcaica ha sido desmentida por la moderna investigación carpológica.

Plexo Muscarínico: El sistema de receptores neuroquímicos bloqueado por los alcaloides de las solanáceas, cuya inhibición induce la desorientación espacial y la alucinación cataleptoide.

Plenum Primordial: Estado de la materia pre-cosmogónica donde el espacio no está vacío, sino infinitamente saturado de energía e información indiferenciada.

Qunubu (Qunnabu): La denominación acadia documentada para el cáñamo (*Cannabis sativa*), cognado directo del persa *kanab*, el griego *kánnabis* y el árabe *kannab*.

Res Extensa: La materia concebida como sustancia física medible, divisible y manipula ble, estado al que es reducido el cadáver de Tiamat tras su neutralización por Marduk.

Riksu: Cerrojo, atadura o ligadura de contención colocada por los dioses jóvenes sobre las compuertas del firmamento para evitar la filtración de las aguas caóticas.

Senaquerib: Rey de Asiria (705–681 a.C.) que en el 689 a.C. destruyó físicamente la ciudad de Babilonia, desviando los canales del Éufrates sobre el Esagila y secuestrando la estatua de Marduk.

Sendero de la Mano Izquierda: Conjunto de corrientes esotéricas modernas que promueven la deconstrucción del ego, la búsqueda de la autonomía espiritual y la alineación con las potencias del caos primigenio.

Sîn: El dios de la luna mesopotámico, cuyo santuario principal se hallaba en Harrán y cuya elevación por Nabonido desató el cisma religioso en Babilonia.

Solanáceas: Familia botánica de plantas (beleño, mandrágora, estramonio) ricas en alcaloides altamente tóxicos y delirógenos, empleadas en los rituales de tránsito liminal por los *āšipū*.

Subsunción Ideológica: El proceso mediante el cual un aparato de estado imperial absorbe los mitos y dioses de los pueblos conquistados para reescribirlos en favor de su propia hegemonía.

Tehom (תְהוֹם): Sustantivo hebreo utilizado en el texto bíblico del Génesis para nombrar el abismo de agua informe, considerado por la filología comparada como el cognado directo de Tiamat.

Teomaquia: Conflicto, batalla o guerra entre distintas generaciones de dioses que estructura la transición desde el caos inicial hacia el orden cosmológico.

Teratología: El estudio filosófico, mítico o biomédico de las anomalías anatómicas, las monstruosidades biológicas y las formas corporales híbridas.

Termodinámica de Sistemas Complejos: Marco analítico de la física contemporánea aplicado en la obra para interpretar la transición entre estados de alta entropía (caos) y baja entropía (orden).

Tiamat: La divinidad primordial del océano salado en la mitología babilónica, personificación de la matriz indeterminada y primera causa del cosmos.

Tigris y Éufrates: Los dos grandes ríos de Mesopotamia, cuyas fuentes míticas son situadas en el poema en las cuencas oculares perforadas del cadáver de Tiamat.

Ugallu: El Demonio del Gran Temporal, sexta criatura de la horda de Tiamat, caracterizado por su cabeza leonina y su capacidad para desatar catástrofes barométricas.

Ugbaru: Gobernador de Gutium y general de las tropas persas de Ciro el Grande que penetró en Babilonia en el 539 a.C. facilitado por la colaboración del sacerdocio del Esagila.

Ummu-Hubur: Epíteto de Tiamat en su fase beligerante, traducido como "Madre de la Corriente Caótica" o "Madre del Abismo".

Umū dabrūtu: Las Tormentas Desoladoras, octava entidad de la legión caótica, caracterizadas como vórtices ciclónicos incorpóreos de pura erosión atmosférica.

Upšuukkinaku: La sala suprema de la asamblea de los dioses donde se deliberaba el destino del universo y se concedía el mando absoluto a los campeones teomáquicos.

Uridimmu: El León Rabioso o Cánido Atávico, séptima bestia de la horda de Tiamat, asociada en la uranografía a la constelación de Lupus.

Ušumgallu: El Gran Dragón Leal de Fuego, segunda criatura de la horda de Tiamat, caracterizado por su capacidad para calcinar las delimitaciones geométricas mediante su aliento.

Utukku lemnūtu: Célebre compendio exorcístico cuneiforme compuesto por 16 tablillas dedicadas a la neutralización y expulsión de los demonios "utukku" destructivos.

Viento del Norte: La corriente eólica utilizada por Marduk tras la teomaquia para dispersar la sangre de Tiamat hacia los lugares más ocultos y periféricos del cosmos.

Viento Maligno (Imhullu): La fuerza neumática de sobrepresión que Marduk introdujo en el cuerpo de Tiamat para desgarrar sus entrañas y permitir el impacto balístico final.

Zodiaco Mesopotámico: El sistema de organización estelar compilado en obras como el *MUL.APIN*, donde las once bestias de

Tiamat fueron fijadas matemáticamente como constelaciones para neutralizar su peligro.

APARATO CRÍTICO Y BIBLIOGRAFÍA

1. FUENTES PRIMARIAS Y EDICIONES CUNEIFORMES

• ASURBANIPAL (Biblioteca de Nínive):

○ *The Neo-Assyrian Text Corpus Project (State Archives of Assyria - SAA).* Helsinki: University of Helsinki Press.

○ **SAA X:** Parpola, Simo (1993). *Letters from Assyrian and Babylonian Scholars.* Helsinki University Press. (Incluye la Tablilla SAA 10 368 / K. 541, epístola del sacerdote Nergalsharrani a la reina madre sobre el uso del *qunubu*).

○ **SAA XIII:** Cole, Steven W. & Machinist, Peter (1998). *Letters from Priests to the Kings Esarhaddon and Assurbanipal.* Helsinki University Press.

• EPOPEYA DE LA CREACIÓN (*Enūma Eliš*):

○ Bottéro, Jean (1989). *Enuma Elish: Le Poème babylonien de la Création.* Paris: Éditions du Cerf.

○ King, Leonard William (1902). *The Seven Tablets of Creation, or the Babylonian and Assyrian Legends Concerning the Creation of the World and of Mankind.* 2 vols. London: Luzac and Co.

○ Lambert, Wilfred G. (2013). *Babylonian Creation Myths*. Mesopotamian Civilizations 16. Winona Lake, Indiana: Eisenbrauns.

○ Talon, Philippe (2005). *The Standard Babylonian Creation Myth Enūma Eliš*. State Archives of Assyria Cuneiform Texts (SAACT), Vol. IV. Helsinki: The Neo-Assyrian Text Corpus Project.

- **COMPENDIOS Y DICCIONARIOS LEXICOGRÁFICOS / RITUALES:**

○ *The Assyrian Dictionary of the Oriental Institute of the University of Chicago (CAD)*. (1956–2011). 21 vols. Chicago: The Oriental Institute.

○ *Reallexikon der Assyriologie und Vorderasiatischen Archäologie (RlA)*. (1928–2018). Berlin/New York: Walter de Gruyter.

○ *HAR-ra = ḫubullu* (Series Lexicográfica Bilingüe Sumerio-Acadia). Reconstrucción crítica de B. Landsberger, MSL (*Materialien zum sumerischen Lexikon*), Roma: Pontificium Institutum Biblicum.

○ *MUL.APIN: An Astronomical Compendium in Cuneiform*. Edición y comentario por Hermann Hunger & David Pingree (1989). Archiv für Orientforschung, Beiheft 24. Wien.

○ *Utukku Lemnūtu* (The Demonic Invocations). Geller, Markham J. (2007). *Evil Demons: Canonical Utukkū Lemnūtu Incantations*. State Archives of Assyria Cuneiform Texts, Vol. V. Helsinki.

• TEXTOS BÍBLICOS Y LITERATURA SEMÍTICA COMPARADA:

○ *Biblia Hebraica Stuttgartensia (BHS).* (1997). Ed. K. Elliger y W. Rudolph. Stuttgart: Deutsche Bibelgesellschaft. (Análisis crítico del término *Tehom* en Génesis 1:2, Isaías y Salmos).

2. ESTUDIOS ASIRIOLÓGICOS, TEOLÓGICOS Y DE RELIGIÓN COMPARADA

• **Bottéro, Jean (2001).** *Religion in Ancient Mesopotamia.* Chicago: The University of Chicago Press.

• **Bottéro, Jean (2004).** *La magia en la Antigua Mesopotamia.* Madrid: Alianza Editorial.

• **Cassin, Elena (1968).** *La Splendeur divine: Ce qui vole dans la lumière et ce qui cache dans l'ombre en Mésopotamie.* Paris: Mouton & Co. (Estudio fundamental sobre el *Melammu*).

• **Dalley, Stephanie (2000).** *Myths from Mesopotamia: Creation, the Flood, Gilgamesh, and Others.* Oxford: Oxford University Press.

• **Frankfort, Henri (1948).** *Kingship and the Gods: A Study of Ancient Near Eastern Religion as the Integration of Society and Nature.* Chicago: The University of Chicago Press.

• **George, Andrew R. (1992).** *Babylonian Topographical Texts.* Orientalia Lovaniensia Analecta 40. Leuven:

Peeters Publishers. (Estudio sobre el *Esagila* y el *Etemenanki*).

• **George, Andrew R. (1993).** *House Most High: The Temples of Ancient Mesopotamia.* Winona Lake: Eisenbrauns.

• **Jacobsen, Thorkild (1976).** *The Treasures of Darkness: A History of Mesopotamian Religion.* New Haven: Yale University Press.

• **Lambert, Wilfred G. (1996).** *Babylonian Wisdom Literature.* Winona Lake: Eisenbrauns.

• **Machinist, Peter (1993).** "Order and Disorder: Some Mesopotamian Reflections". En: Eisenstadt, S.N. (Ed.), *The Origins and Diversity of Axial Age Civilizations.* Albany: State University of New York Press, pp. 73–90.

• **Pongratz-Leisten, Beate (1994).** *Ina Šullmi Ērbik: Die kultische Topographie der Akitu-Prozession in Babylon und Assyrien nach den keilschriftlichen Quellen.* Mainz am Rhein: Philipp von Zabern.

• **Pongratz-Leisten, Beate (2015).** *Religion and Ideology in Assyria.* Studies in Ancient Near Eastern Records (SANER) 6. Berlin/Boston: Walter de Gruyter.

3. HISTORIA POLÍTICA, IMPERIALISMO Y CRISIS DINÁSTICAS

• **Beaulieu, Paul-Alain (1989).** *The Reign of Nabonidus, King of Babylon (556–539 B.C.).* Yale Near Eastern Researches 10. New Haven: Yale University Press.

• **Frame, Grant (1992).** *Babylonia 689–627 B.C.: A Political History.* Istanbul: Nederlands Historisch-Archaeologisch Instituut te Istanbul. (Análisis de la destrucción de Babilonia por Senaquerib).

• **Kuhrt, Amélie (1990).** "Nabonidus and the Babylonian Priesthood". En: Beard, M. & North, J. (Eds.), *Pagan Priests.* London: Duckworth, pp. 117–155.

• **Kuhrt, Amélie (2007).** *The Persian Empire: A Corpus of Sources from the Achaemenid Period.* London/New York: Routledge. (Incluye el análisis del Cilindro de Ciro).

• **Liverani, Mario (2014).** *The Ancient Near East: History, Society and Economy.* London/New York: Routledge.

• **Oates, Joan (1986).** *Babylon.* London: Thames and Hudson.

4. FARMACOPEA RITUAL, BOTÁNICA Y CRÍTICA PALEOBOTÁNICA

• **Civil, Miguel (1960).** "Prescriptions médicales sumériennes". *Revue d'Assyriologie et d'archéologie orientale,* Vol. 54, No. 2, pp. 57–72. (Desmitificación filológica del término *Hul Gil*).

• **Civil, Miguel (1974).** "Medical Documents from Nippur". *Journal of Cuneiform Studies,* Vol. 26, No. 4, pp. 229–238.

• **Neligan, A. R. (1927).** *The Opium Question, with Special Reference to Persia.* London: Balfour, Clowes & Sons. (Obra donde se originó la hipótesis del falso opio sumerio).

• **Ratsch, Christian (2005).** *The Encyclopedia of Psychoactive Plants: Ethnopharmacology and Its Applications.* Rochester, Vermont: Park Street Press.

• **Reiner, Erica (1995).** *Astral Magic in Babylonia.* Transactions of the American Philosophical Society, Vol. 85, Part 4. Philadelphia. (Análisis de plantas rituales y solanáceas en la magia astral).

• **Ritter, Edith K. (1965).** "Magico-Medical Means: Āšiputu and Asûtu en la Medicina Mesopotámica". *Studies in Honor of Benno Landsberger.* Chicago: The University of Chicago Press, pp. 299–321.

• **Salavert, Aurélie et al. (2022).** "Direct evidence for the exploitation of opium poppy (*Papaver somniferum*) in Southwestern Europe during the Neolithic". *Scientific Reports / Nature,* 12: 15421. (Confirmación paleobotánica del origen occidental de la adormidera y su ausencia en el aluvión mesopotámico).

• **Stol, Marten (1993).** *Epilepsy in Babylonia.* Cuneiform Monographs 2. Groningen: Styx Publications. (Estudio sobre el trastorno *martakal* y el uso de preparaciones antiespasmódicas).

• **Thompson, Reginald Campbell (1949).** *A Dictionary of Assyrian Botany.* London: The British Academy. (Obra pionera sobre el *qunubu* y la botánica cuneiforme).

5. FILOSOFÍA, TERMODINÁMICA Y CRÍTICA DE LA CIENCIA

- **Deleuze, Gilles & Guattari, Félix (1980).** *Mille Plateaux.* Paris: Éditions de Minuit. (Conceptos de estriación del espacio, máquina de guerra y nomadología aplicados al Logos estatal).

- **Prigogine, Ilya & Stengers, Isabelle (1984).** *Order Out of Chaos: Man's New Dialogue with Nature.* New York: Bantam Books. (Teoría de las estructuras disipativas y fluctuaciones lejos del equilibrio).

- **Sloterdijk, Peter (2004).** *Sphären III: Schäume (Espumas).* Frankfurt am Main: Suhrkamp. (Análisis de la arquitectura de contención y climatología del espacio político).

- **Wiener, Norbert (1954).** *The Human Use of Human Beings: Cybernetics and Society.* Boston: Houghton Mifflin. (Conceptos de entropía, baja entropía e información).

6. HERMENÉUTICA ESOTÉRICA, CAOSOFÍA Y RECEPCIÓN CONTEMPORÁNEA

- **Frater Nemid (2003).** *Liber Azerate: El Libro del Caos Iraquó.* Misanthropic Luciferian Order (MLO).

- **Karlsson, Thomas (2004).** *Uthark: Nightside of the Runes and Dark Magic.* Stockholm: Ouroboros.

- **Karlsson, Thomas (2008).** *Qabalah, Qliphoth and Goetic Magic*. London: Mandrake of Oxford. (Análisis sobre la Luz Negra y la Tiamat acausal).

- **Levenda, Peter [Ed.] (1977).** *The Necronomicon (Simon)*. New York: Schlangekraft Press / Avon Books.

- **Lovecraft, Howard Phillips (1999).** *The Call of Cthulhu and Other Weird Stories*. Edición crítica de S.T. Joshi. London: Penguin Books.

- **Sikinis, Ioannis (2019).** *Dragon of the Two Flames: Demonic Magick and the Gods of Canaan and Babylon*. Succubus Publishing.

ÍNDICE ANALÍTICO

A

Estado de la materia y de la energía primordiales que no se halla sujeto a las leyes de la causalidad tridimensional, a la geometría euclidiana ni a las cadenas de causa y efecto impuestas por el *Logos* demiúrgico.

Proceso de medición, división, trazado de límites y segmentación física ejecutado por el dios Marduk sobre el cadáver seccionado de Tiamat para erigir la bóveda del firmamento, la superficie terrestre y los cauces fluviales.

Liturgia y festividad estatal babilónica celebrada anualmente durante el mes de *Nisanu*, en la cual se recitaba el *Enūma Eliš*, se sometía al rey a una humillación y purificación rituales, y se renovaba el decreto de los destinos para prevenir la regresión al caos.

Caracterización analítica de la figura de Marduk como un vector de compresión y baja entropía que irrumpe en un sistema cerrado de alta entropía para forzar una transición de fase desde el desorden hacia la estructura geométrica.

- **Antropogénesis Tributaria:** *(Capítulos 12 y 21)*

Doctrina mítica y teológica mesopotámica según la cual la humanidad (*Lullu*) no fue creada por benevolencia divina, sino como una sustitución biológica diseñada para asumir el trabajo pesado (*dullum*) y liberar a los dioses de la fatiga económica.

- **Apsū (AB-ZU / ENGUR):** *(Capítulos 1, 2 y 9)*

Principio masculino de las aguas dulces subterráneas; estanque primordial caracterizado por una inercia estática y una potencialidad pre-creativa desprovista de fricción cinemática hasta su neutralización por el dios Ea.

- **Āšipu (Sacerdote Exorcista):** *(Capítulos 6, 16 y 17)*

Especialista en la alta magia y teurgia mesopotámica, encargado de la manipulación de plantas enteógenas, la formulación de conjuros apotropaicos y la preservación de las fronteras sagradas frente a la contaminación de las fuerzas del abismo.

B

- **Baja Entropía:** *(Capítulos 1, 9, 11 y 12)*

Propiedad de un sistema físico, político o cosmológico caracterizado por una alta organización, delimitación estricta de límites, diferenciación formal, previsibilidad informacional y rigidez estructural.

- **Bisección de Tiamat:** *(Capítulos 10 y 11)*

Gesto quirúrgico y arquitectónico mediante el cual Marduk corta el cuerpo de la diosa en dos mitades simétricas para formar el techo del cosmos (*E-šarra*) y el basamento de la tierra.

- **Bofetada Litúrgica:** *(Capítulo 17)*

Castigo físico infligido por el sumo sacerdote sobre las mejillas del monarca durante el quinto día del festival del *Akitu*, destinado a deconstruir su investidura secular y forzar el brote de lágrimas expiatorias.

C

- **Cáñamo (*Qunubu* / *Qunnabu*):** *(Capítulos 1, 15 y 16)*

Especie vegetal (*Cannabis sativa*) ampliamente atestiguada en las tablillas médicas de Nínive, utilizada por la administración asiria tanto para fumigaciones oraculares y trances en recintos cerrados como para aplicaciones analgésicas y antiespasmódicas.

- **Caosofía:** *(Capítulos 1, 4, 18 y 23)*

Corriente filosófica y hermética contemporánea que concibe el caos primordial como un *plenum* de libertad e información acausal no manifestada, opuesta a la tiranía geométrica del Demiurgo.

- **Cilindro de Ciro:** *(Capítulos 14 y 22)*

Documento propaganda en escritura cuneiforme (539 a.C.) en el que Ciro el Grande justifica la anexión de Babilonia presentándose como el agente enviado por Marduk para restaurar la ortodoxia litúrgica violada por el rey Nabonido.

- **Continuum Hídrico:** *(Capítulos 1 y 2)*

Estado de mezcla inicial en el que las aguas dulces del Apsū y las aguas saladas de Tiamat fluían unificadas sin gradiente térmico, fricción ni fronteras de separación.

D

- **Decretos de los Destinos (*Šīmātu*):** *(Capítulos 2, 3, 5 y 9)*

Asignaciones métricas, leyes físicas, funciones sociales y coeficientes de destino promulgados por la asamblea divina para fijar la naturaleza inmutable de los entes.

- **Desmembramiento Somático:** *(Capítulos 11, 12 y 17)*

Reducción de la corporalidad primordial o real a *res extensa* o materia prima utilizable, sirviendo como arquetipo para la edificación del cosmos o para la purificación de la soberanía.

- **Dullum (Trabajo Obligatorio):** *(Capítulo 12)*

La carga física, la excavación de canales y la manutención agrícola impuestas al *Lullu* por la teología estatal babilónica para eximir a la jerarquía celestial del esfuerzo manual.

E

• **E-šarra:** *(Capítulos 9, 11 y 12)*

Nombre de la gran bóveda y cúpula del firmamento construida sobre la mitad superior disecada de Tiamat, que actúa como dique eólico e hidráulico frente a las aguas de arriba.

• **Enūma Eliš:** *(Capítulos 1, 3, 10, 12 y 13)*

"Cuando en lo alto"; incipit babilónico de la gran epopeya cosmogónica redactada en siete tablillas de barro, que legitima la hegemonía de Marduk y la centralidad de Babilonia.

• **Esagila:** *(Capítulos 9, 12, 14 y 17)*

Santuario y templo principal de Marduk en Babilonia, concebido como el polo de baja entropía, centro geopolítico y axis mundi del imperio.

• **Etemenanki:** *(Capítulos 3, 12 y 22)*

El zigurat o templo torre escalonado de Babilonia, cuya estructura de siete niveles funcionaba como un dispositivo topológico de acoplamiento entre el Apsū, la Tierra y la esfera celeste.

F

• **Farmacopea Ritual:** *(Capítulos 6, 15, 16 y 17)*

El cuerpo de conocimientos, recetarios y técnicas botánicas empleadas por los sacerdotes para administrar compuestos psicoactivos, analgésicos o antídoto en contextos de teurgia u obstetricia.

- **Fluctuación Estocástica:** *(Capítulos 4 y 9)*

Perturbación aleatoria e impredecible dentro de un sistema ordenado que amenaza con alterar el equilibrio homeostático e inducir una transición hacia el desorden.

H

- **Hul Gil (Falso Opio Sumerio):** *(Capítulo 15)*

Sintagma pseudofilológico creado por A.R. Neligan en 1927 para sostener la presencia de adormidera en la Sumeria arcaica, desmontado críticamente por Miguel Civil (1960) y la paleobotánica moderna (Salavert, 2022).

- **Huburu:** *(Capítulos 2, 4 y 9)*

El estrépito sordo, la agitación cinética y la vibración disonante producida por los jóvenes dioses, que quiebra la inercia del Apsū y desata el proyecto filicida inicial.

I

- **Imhullu (Viento Maligno):** *(Capítulos 9 y 10)*

Proyectil y operador pneumático de alta presión empleado por Marduk para dilatar el tracto digestivo de Tiamat, inmovilizar su masa y bloquear su articulación sonora.

- **Imtu:** *(Capítulos 4, 6 y 7)*

El veneno amargo, corrosivo y de origen ofídico inyectado por *Ummu-Hubur* en las arterias de sus once engendros para sustituir el flujo de la sangre divina.

K

- **Kingu:** *(Capítulos 5, 10 y 12)*

Servidor subalterno elevado a consorte de Tiamat y general de las huestes caóticas; depositario de las Tablillas de los Destinos cuya sangre es utilizada posteriormente para animar la arcilla del *Lullu*.

L

- **Legión Teratológica (Los Once Engendros):** *(Capítulos 4, 6, 7 y 8)*

Conjunto de aberraciones anatómicas e híbridos concebidos por Tiamat (*Mušmahḫū, Ušumgallu, Bašmu, Mušḫuššu, Lahamu, Ugallu, Uridimmu, Girtablullû, Umū dabrūtu, Kulullû, Kusarikku*) como armas de desestabilización biológica.

- **Lullu (*Lullû*):** *(Capítulos 5, 12 y 21)*

La especie humana primordial modelada a partir de la arcilla y la sangre del ejecutado Kingu, caracterizada por una doble naturaleza: vasallo del templo y portadora de la chispa de la rebelión primigenia.

- **Luz Negra:** *(Capítulos 18 y 21)*

Concepto de la teosofía del Sendero de la Mano Izquierda que simboliza la energía acausal y no manifestada del abismo de Tiamat, contrapuesta a la luz física ordenada por el Demiurgo.

M

- **Marduk:** *(Capítulos 2, 9, 10, 11 y 12)*

Dios solar de la tormenta, vástago de Ea y Damkina, proclamado campeón del panteón y arquitecto del cosmos tras la bisección de Tiamat.

- **Martakal:** *(Capítulo 16)*

Formulación médica asiria a base de semillas de cáñamo tostadas y solubilizadas en grasas, empleada como tratamiento antiespasmódico frente a temblores y convulsiones neurológicas.

- **Melammu:** *(Capítulos 2, 5 y 9)*

El aura de terror, resplandor numinoso y brillo imponente que manifiesta la soberanía ontológica de dioses, reyes y seres del abismo.

N

- **Nabonido:** *(Capítulo 14)*

Último soberano del Imperio Neobabilónico (556–539 a.C.), cuya reforma religiosa en favor del dios lunar Sîn y su exilio de diez años en Tayma provocaron la parálisis del *Akitu* y el colapso frente a los persas.

• **Necronomicon de Simon:** *(Capítulo 20)*

Grimorio esotérico publicado en 1977 por Peter Levenda, que articuló la demonología cuneiforme del *Enūma Eliš* con la mitología de horror cósmico de H.P. Lovecraft.

P

• **Paleobotánica (Análisis Carpológico y Palinológico):** *(Capítulo 15)*

Método de investigación microscópica de granos de polen y semillas en estratos arqueológicos, cuya aplicación en Mesopotamia demostró la ausencia de *Papaver somniferum* en el aluvión meridional arcaico.

S

• **Senaquerib:** *(Capítulo 13)*

Monarca asirio que en el 689 a.C. arrasó la ciudad de Babilonia y canalizó las aguas del Éufrates sobre el *Esagila*, justificando la agresión como una depuración de la viscosidad caótica del sur.

• **Solanáceas (Alcaloides Tropánicos):** *(Capítulos 1, 6 y 17)*

Familia de plantas (mandrágora, beleño negro) ricas en escopolamina y atropina, utilizadas por los exorcistas para bloquear la recepción colinérgica y desencadenar visiones cataleptoides y liquefacción somática.

T

- **Tehom (תְּהוֹם):** *(Capítulo 1)*

Término hebreo para nombrar el abismo de aguas en el Génesis bíblico; cognado filológico directo de *Tiamat* empleado sin artículo determinativo para retener su valor de nombre propio y divinidad personificada.

- **Teomaquia:** *(Capítulos 9, 10 y 13)*

Conflicto bélico y ontológico entre distintas generaciones de dioses que marca el paso desde el desorden informal hasta la imposición de una estructura geopolítica.

- **Tiamat (*Tiāmtu*):** *(Capítulos 1, 4, 10 y 11)*

La diosa primordial del océano salado, personificación de la matriz acausal, el espacio no delimitado y la alta entropía, cuya derrota y desmembramiento sirven de materia prima para la creación del cosmos.

- **Tuppu Šīmāti (Tablillas de los Destinos):** *(Capítulos 5, 9 y 10)*

El soporte físico e instrumental que concede el monopolio de la legislación cósmica, arrebatado a Kingu por Marduk durante la teomaquia.

U

- **Ummu-Hubur:** *(Capítulos 4, 5 y 7)*

Epíteto de Tiamat en su fase beligerante y teratológica ("Madre de la Corriente Caótica"), en la cual concibe a los once engendros y sustituye la sangre divina por el veneno *imtu*.

- **Upšuukkinaku:** *(Capítulos 3 y 9)*

Gran sala de asamblea del panteón divinal, donde se negociaba la potestad, se entregaban los atributos reales y se ratificaba la cesión del mando supremo al dios victorioso.

SILENOS 2026
CRISTINA LOBO & MANUEL RODSUA

www.ingramcontent.com/pod-product-compliance
Lightning Source LLC
LaVergne TN
LVHW101741071126
851857LV00037BA/99
* 9 7 9 8 2 3 5 9 2 6 6 5 3 *